"十四五"时期国家重点出版物出版专项规划项目
智慧建筑与建成环境系列图书
黑龙江省精品图书出版工程

当代医院建筑

张姗姗　董健菲　王　田　编著

哈爾濱工業大學出版社
HARBIN INSTITUTE OF TECHNOLOGY PRESS

内容简介

随着社会意识的发展和医疗技术的进步，医院建筑的功能、形式和追求也发生着日新月异的变化。本书结合哈尔滨工业大学建筑与设计学院张姗姗教授团队在医疗建筑领域的多年研究，以及哈尔滨工业大学建筑设计研究院在医院建筑设计中的实践经验，分别从综合医院和各类专科医院的不同角度探讨医院建筑设计，并结合智慧医院、绿色医院和健康医院等新兴医院模式，探讨医院建筑的设计理念及发展方向。本书将理论研究与实践经验相结合，兼具科学性与实用性。

本书面向医院建筑设计的各类相关人群，系统性地论述了医院建筑的相关研究，可为广大建筑设计师了解医院建筑发展趋势提供参考；详细列举了诸多对应案例，可为高校师生的科研提供实践案例；内容衔接了理论与实践，便于设计师和科研工作者更全面地认识医院建筑设计与研究的现状和发展趋势。

图书在版编目(CIP)数据

当代医院建筑/张姗姗，董健菲，王田编著.
哈尔滨：哈尔滨工业大学出版社，2025.4.—(智慧建筑与建成环境系列图书/孙澄主编).—ISBN 978-7-5767-1840-9

Ⅰ.TU246.1

中国国家版本馆 CIP 数据核字第 2025PG0524 号

策划编辑　王桂芝　张　荣
责任编辑　王　雪　马　媛　薛　力
出版发行　哈尔滨工业大学出版社
社　　址　哈尔滨市南岗区复华四道街 10 号　邮编 150006
传　　真　0451-86414749
网　　址　http://hitpress.hit.edu.cn
印　　刷　哈尔滨午阳印刷有限公司
开　　本　787 mm×1 092 mm　1/16　印张 16.25　字数 350 千字
版　　次　2025 年 4 月第 1 版　2025 年 4 月第 1 次印刷
书　　号　ISBN 978-7-5767-1840-9
定　　价　98.00 元

前言

当今中国的医疗建筑发生了巨大的改革与变化，逐步向服务型模式转变。产生这种变化的根本原因在于经济的发展、科技的推动和医疗模式的转变。具体来讲，对其影响最直接的是医疗模式的更新换代，由传统单一的药物治疗模式发展成为“药物－心理－社会”相结合的一体化诊疗康复模式。这在一定程度上拓展了医学治疗的深度与广度，使其达到了前所未有的高度，因此对医疗建筑的功能布局、流线安排、空间形态和环境氛围等设计要点提出了新的要求。

本书基于哈尔滨工业大学建筑与设计学院公共建筑与环境研究所在医院建筑方面的相关研究，以及哈尔滨工业大学建筑设计研究院近年来的医院建筑实践项目，从建筑学、城市规划、景观设计等多学科角度出发，结合目前国内外医院建筑设计发展趋势，阐述医院建筑设计的内容和特点。

本书依据医院建筑的分类，分为综合医院建筑设计、专科医院建筑设计、医院建筑发展方向与设计理念3个部分，共7章。其中，综合医院建筑设计部分结合哈尔滨医科大学附属第二医院、哈尔滨医科大学附属第四医院、大庆油田总医院省级区域医疗中心3个工程项目，介绍综合医院建筑设计的空间组织、被动式节能设计和功能组织；专科医院建筑设计部分，依据专科医院的分类，结合相关工程项目，分别介绍了传染病医院、中医医院、妇产医院、肿瘤医院、康复中心的建筑设计现状与特点；医院建筑发展方向与设计理念部分，分别介绍了智慧医院、绿色医院、健康医院等近年来逐渐兴起的医院建筑设计新形式和新概念，为医院建筑进入信息时代之后的发展提供方向。

本书采用理论与实践相结合的论述方式，同时兼顾研究型设计学者和实践型设计师的阅读需求，为建筑学及相关学科的设计工作者提供设计参考资料，有助于各学科之间更加方便、有效地理解、沟通与配合，有助于研究型设计学者融入设计实践工作，有助于实践型设计师从研究角度反思设计过程。

由于作者水平有限，本书不足之处在所难免，请读者及同行批评指正。

作　者

2025 年 2 月

目　录

第 1 章　当代医院建筑设计发展背景及现状

1.1　社会背景

改革开放以来，我国人民的物质生活水平有了很大的提高，医疗系统作为人们最为关心的系统之一，如何进行自身的优化以适应人们日益增长的需求，变得刻不容缓。

21 世纪以来，科学技术的发展为医学领域带来了许多新的变化。信息化发展使传统的地域空间划分不再是交流的限制，远程医疗成为医学发展的重要趋势，在影像诊断领域、外科手术技术、医疗设备等方面，都出现了突破性的、先进的发展成果。先进医疗设备的更新、新技术的应用都会使医疗模式产生变化、护理模式得到改善，诊疗方式有了革命性的发展，医院建筑也随之容纳了新的医疗内容。因此，先进的医学科技的应用使医疗建筑原有的格局受到了冲击，将对医院建筑的空间形态产生强烈的影响。

可持续发展理论从提出至今经过近 40 年的推广，已经受到大家的普遍认可。低碳理念的提出对各种资源优化更是提出了新一轮的要求。然而随着医疗、建筑、节能等学科技术的快速发展和迭代更新，原有的医疗建筑空间难以适配更新后的低碳设计需求，造成空间资源闲置和浪费，降低了资源使用效率。

中国的医院建设在医疗体制改革（以下简称医改）的大背景下经历了一系列重大变化，从 1985 年的“放权让利”到 1992 年“以工助医、以副补主”，再到 2000 年《关于城镇医药卫生体制改革的指导意见》中的“营利性医疗机构医疗服务价格放开，依法自主经营，照章纳税”，医院发展完全“市场化”。2006 年确定政府重新承担基本医疗费用。2009 年，中共中央、国务院出台了《关于深化医药卫生体制改革的意见》，明确提出了医药卫生体制改革的总体目标和完成时限。“到 2020 年，覆盖城乡居民的基本医疗卫生制度基本建立。普遍建立比较完善的公共卫生服务体系和医疗服务体系，比较健全的医疗保障体系，比较规范的药品供应保障体系，比较科学的医疗卫生机构管理体制和运行机制，形成多元办医格局，人人享有基本医疗卫生服务，基本适应人民群众多层次的医疗卫生需求，人民群众健康水平进一步提高。”

1.1.1　多元的社会背景

当今中国的医疗建筑发生了巨大的改革与变化，逐步向服务型模式转变，这种变化的根本原因在于经济的发展、科技的推动和医疗模式的转变。具体来讲，对其影响最直接的是医疗模式的更新换代,即由传统单一的药物治疗模式发展成为“药物—心理—社会”相结合的一体化诊疗康复模式。这在一定程度上拓展了医学治疗的深度与广度,使其达到了前所未有的高度,因此对医疗建筑的功能布局、流线安排、空间形态和环境氛围等设计要点提出了新的要求。

1.1.2 医疗改革推行现状

中共中央、国务院在2009年出台了《关于深化医药卫生体制改革的意见》,目前已实现“到2020年建立比较健全的医疗保障体系”的目标。国家统计局《中国统计年鉴2024——卫生和社会服务》数据显示,我国的医疗资源从1978年的16.9万家医疗卫生机构上升到2023年的107.1万家。根据“十四五”期间关于深化医药卫生体制改革的指导方针,我国自2009年以来,基本已完成城市与乡镇的基层医疗卫生服务覆盖。当前阶段的主要建设目标为:加强医改工作统筹协调,探索建立医保、医疗、医药统一高效的政策与机制。进一步完善医疗卫生服务体系,推动公立医院高质量发展。促进完善多层次医疗保障体系。有序推进医学中心、区域医疗中心、紧密型医疗联合体的建设,深化卫生健康人才培养机制,推进中医药传承与创新,并开展优质高效医疗卫生服务体系改革试点。深入推广三明医改经验,深化医疗服务价格、医保支付方式和公立医院薪酬制度的改革。深化药品领域改革创新,包括药品使用、管理、供应保障机制、审批制度等。推进数字化赋能医改、社区医养等新型医疗模式建设,联动多个行业和领域的全链条、全要素、全覆盖改革。

1.1.3 医院经济体制的变革

我国医疗保障制度的完善和城镇居民收入水平的提高,为人们的就医方式提供了更多的自主性和选择性。随着我国从计划经济向社会主义市场经济转化,医院也相应地由单纯的福利型向保障型(公立)和经营型(私立)多元化发展。这要求医院根据自身的情况,从医院的规模等级和服务的承受限度,来确定自身的发展目标。另外,还应注重社会经济效益和环境效益,做到医院的建设、技术装备水平与医院的等级相适应。

随着信息时代的到来,人们对科技成果的依赖性和应用程度越来越高,医院建筑向智能化方向发展成为新的方向,但建设投入大和运营成本高一直是医院建筑发展的重要瓶颈。同时,市场和经营的需求也应是医院建筑在功能配比和结构形式上需要考虑的因素。

1.1.4 新医疗理念的回应

医疗行为从早期的“以治疗为中心”转向如今的“以健康为中心”,在医院设计中对患者的关注也越来越多,如创造宜人舒适的室内外环境、引入便捷高效的导诊模式、更加关

注患者心理感受等。

现代医院的经营和管理常体现为以“病”为主，工作内容以医治疾病为核心，因此一定程度上会出现不计成本投入研发，耗材、人力支出超额等现象，进而造成患者医疗花费较高或医院资金周转困难等隐患。严格控制医院成本，是现代医院经营回应“以人为本”理念的重要环节。

1.2　医学背景

1.2.1　医学模式的发展及转变

医学研究自身经历了从经验医学模式到机械医学模式，再到现代生物医学整体医学模式的转变。20 世纪后期，人类疾病和死因统计资料表明，心理、社会因素与人类的疾病和健康有着极大的关联性。现代医院强调综合治疗，从单纯的生物角度发展成与建筑学、社会学、心理学、环境设备等密切关联的治疗行为，为患者创造整体医学环境。医学模式的转变大大扩展了医学空间研究的深度和广度，对医疗建筑的功能结构产生了巨大影响。

医学模式是指医学的发展和实践过程中，研究医学现象的理论图式和解决方案，也是一种思想体系和思维方式，即人们对社会某一阶段医学形式的总体概括。每个历史时期的医学模式都与该时期的社会生产力及科技水平相关。随着社会的发展和人类的进化，医学模式的发展演变大约经历了 3 个阶段，即古代经验医学阶段、近代实验医学阶段、现代医学阶段(图 1.1)。

1. 自然医学模式

自然医学模式是以古代朴素自然哲学思想为基础建立的一种朴素的整体医学模式。生产力和科学技术的进一步发展，使人们形成了朴素的、整体的自然哲学观，对人体病理知识和临床经验的积累，使人们对健康和疾病的认识也产生了变化。

2. 机械医学模式与生物医学模式

公元 15～16 世纪，近代医学受到意大利“文艺复兴”的影响，出现了一个空前繁荣的阶段，医学也逐渐成为一门科学。这一时期机械论盛行，人们试图用力学来解释一切现象，使自然科学蒙上了一层浓厚的机械论色彩。因此，17 世纪，医学界开始用机械运动来解释生命活动，形成了机械医学模式。这种医学模式把人体看作机器，把疾病看作机器故障，把医生为患者治病看作修理损坏的机器。

生物医学模式是 18 世纪以后，在近代实验医学的基础上形成的。传统的机械医学理论无法合理地解释当时的疾病现象。19 世纪下半叶，二三十种病原菌的发现，科学地

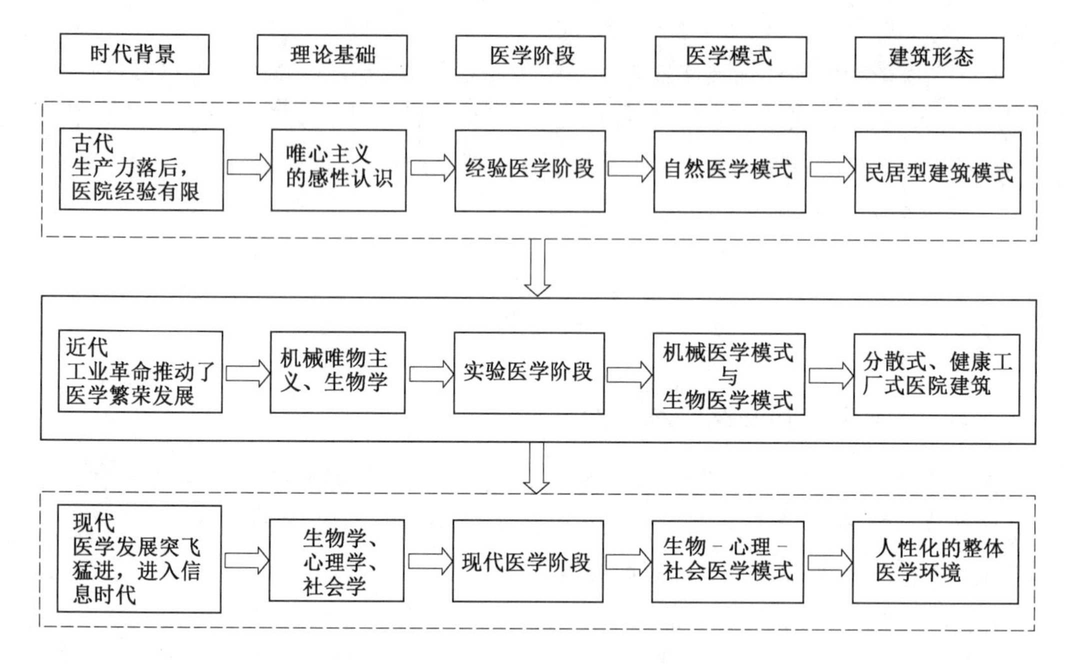

图 1.1　医学模式的转变

解释了传染病的形成机理，开辟了细菌学的新时代。自然科学和生物检验技术的发展和提高，使人们认识到疾病和人体生物学变量与细胞结构变化的关系，形成了在群体理性实验分析基础上的生物医学模式。

机械医学模式和生物医学模式在医学发展史上属于实验医学阶段。由于这一时期的医疗技术和设备逐渐成熟，医院出现了专业分科、医护分工的形式，从而使医疗结构中出现了不同临床科室和辅助部门，形成了各科室之间分工协作的近代医院模式，建筑形态为分科、分栋的分离式布局。这一时期大量涌现的医院建筑大多变成了“健康修配厂”，重视理性实验而往往忽视了人性的需求。

3. 生物—心理—社会医学模式

生物—心理—社会医学模式也被称为整体医学模式，是 1977 年恩格尔在《需要新的医学模式：对生物医学的挑战》一文中提出的。

生物—心理—社会医学模式强调人类对健康的需求不应只停留在生物层面，还应更加关注心理及社会环境因素对人类整体健康的影响，从本质上理解疾病的根源，并提出合理的医疗措施。这种整体医学模式是现代医学发展的必然趋势。

生物—心理—社会医学模式在医学发展史上归于现代医学阶段。在这种模式下，现代医院的形态表现为：高层集中式的医疗、教学、科研三位一体的医疗中心；重视患者生理、心理需求关怀的医疗服务理念；具有新技术、新设备的数字化医院。该模式强调综合治疗，不但从生物学角度，而且从心理学、社会学角度，在建筑、环境、设备等多方面为患

者营造良好的整体医学环境。新型医学模式下，医院不仅要为医疗行为提供合理的使用空间，还应充分从患者的心理需求出发，创造能够缓解压力，使患者轻松愉悦、感到温馨舒适的人性化康复场所。这一趋势在国内外均已得到广泛认同，如我国卫生部（现为国家卫生健康委员会）颁布的《综合医院建设标准》中，就将"以人为本，以患者为中心"纳入医院建筑的设计原则之中。

生物一心理一社会医学模式对医院室内环境提出了更高的要求。一方面，生物一心理一社会医学模式促使医院职能向多元化、复合化转变，医院不再作为城市中与世隔绝的"孤岛"，而具备社区服务、保健预防、商业消费等功能。调查数据显示，我国患者在医疗空间内的非医疗活动所占时间比例呈现逐渐增加趋势。另一方面，医院室内环境作为医疗模式的重要物质载体，除了为医疗行为提供安全、高效、合理的空间环境之外，还需要在减少患者就诊心理压力，甚至安抚患者家属紧张情绪方面承担重要角色。因此，在新型医学模式下，医院室内环境设计不能仅停留在满足医院的各项基本功能需求上。如何转变固有创作思维，获取患者的多元需求，并从患者需求的角度出发对医院室内环境进行设计与优化，是当前医院建筑设计面临的重要科学问题。

1.2.2　新医学模式的特点

生物一心理一社会医学模式强调，应更加重视患者的心理及社会环境等因素对人类健康的影响，而不应仅停留在关注疾病本身诱导因素的生物层面，从本质上扩展和发散理解疾病的根源，并提出合理的医疗技术手段和关怀措施。这种新的医学模式是现代医学模式发展的必然选择。

在生物一心理一社会医学模式下，现代医院形态、功能构成、布局方式、医疗技术、服务模式等出现了很大的变化和调整，出现了依赖于新医疗技术、新医疗设备的信息数字化医院；集中式的医疗、教学、科研三位一体的医疗中心；重视患者生理、心理需求关怀的医疗服务理念。新医学模式更加强调综合治疗，宏观层面上不但从生物学角度，而且从心理学、社会学角度关注患者的需求；微观层面上从建筑布局、环境、设备、内部装修设计等多方面为患者营造良好的医学就诊条件。

1.2.3　医疗需求与病谱的变化

人类疾病谱的变化会影响医疗设备、医疗机构的功能布局等方面。中国疾病谱的变化呈现出恶性肿瘤上升、慢性病显著增长的趋势。不同的疾病治疗需要不同的建筑空间与之对应。科学技术的发展使得医疗技术装备更加先进，更新速度也越来越快，可以说医疗技术和设备也处于一种动态发展之中。这些都将影响医疗机构的功能结构与空间变化。

1.3 医院建筑历史背景及发展脉络

现代的医院建筑受到了经济体制、医学模式和科技发展3个方面的巨大影响。医院的功能分科越来越细、医疗服务提供得越来越全面、内部流线越来越复杂、对技术的依赖性越来越强、建筑规模越来越大。医疗技术的发展产生了新的医疗设备、新的功能空间、新的诊疗方式。新的管理方式也使医院建设逐渐向社会化方向发展。

由生物医学模式转向整体医学模式的过程及社会医疗体制的改革，使医院的管理模式、医疗服务供给水平和社会医疗需求形成了互动关系，如整体护理模式病房、全科医疗、信息化管理等的出现，给医院建筑空间和医疗流程带来新的变化。新的医疗服务观念和体系的改革，使医疗建筑出现集约化和分散化的趋势。综合医院和社区卫生中心建设的两极化趋势愈加明显，两级之间出现更多的专门化设施。医疗科技的进步和医疗服务理念的发展使医疗场所家庭化，医疗资源总体配置均衡化，这对医院单体建筑设计也提出了更高的要求。

我国第一所自己兴建的大型综合医院是北京医科大学人民医院，原为中央医院，坐落在阜成门内，1918年开院。随后曾几易其名——中和医院、中央人民医院、北京人民医院，1958年成为北京医学院的附属医院，2000年至今为北京大学人民医院(图1.2)。

图1.2 北京大学人民医院

我国的现代医疗建设开始于20世纪70年代末期，经历几十年的发展，如今已经取得很大成就，规模已经达到世界中等发达国家水平，极大地满足了广大人民的需求。有研究表明，当社会的病房床位拥有量达到3.0床/千人时，医院的发展呈稳定势态，医院的建设重心将由外延性扩展转向内涵性发展。因此，我国的医疗建筑尤其是城市大型综合医院现在正处于转型与发展的又一个高潮时期。2002年9月10日，按照中央机构编制委员会的批复，中国医学科学院北京协和医院与信息产业部邮电总医院合并重组为中

国医学科学院北京协和医院。合并重组后的北京协和医院是我国最大的综合医院。

从 20 世纪 90 年代开始，我国医院的建设量明显增多。一方面，随着人民生活水平的不断提高，人们对就医环境提出了更高的要求；另一方面，医疗技术水平快速发展，对医院物质空间的数量与质量都提出与以往不同的要求。这些都促使医院建筑设计师及专家学者研究新形势下现代医院建筑设计的各方面问题，越来越多的医院建筑工程设计心得以及医院建筑设计领域内的专项研究成果出现在建筑设计类的期刊杂志上，体现新时期设计特点的、论述医院建筑设计的专著也应运而生。此外，医院建筑设计及装备方面的国内国际研讨会也频频召开，汇聚了与医院建造、管理、使用等相关的专家进行讨论。这使得建筑师对医院建筑设计这个复杂的、涵盖多学科知识的工作有了更全面、更深入的了解。此外，一些在国际上以医疗建筑设计闻名的著名建筑设计事务所也与国内建筑设计院寻求合作或者参加国际招标。它们的参与为国内医院建筑设计界带来了新的设计理念和技术，在某种程度上推动了国内医院建筑设计水平的发展。

现代化医院建筑是跨专业的综合建筑。对医院建筑设计的认识来自对医学、医疗设备工程学、建筑学、社会学、管理学、经济学与信息科技等领域的多方面应用与整合，是庞大而复杂的工程艺术。医院建筑的设计要求则更为严谨和庞杂。在科技迅速发展的今天，医院建筑的学科发展也随着各个科学系统的进步而不断变化，随之产生的超出发展预期的未知因素也越来越多。然而在目前的医院建设中，仍必须研究制定可遵循的设计准则，作为规划发展的参考，如西班牙佩德罗医院(Pedro Hispano Hospital)，建立 H 形主构架建筑，预留充足的空白用地，以应对未来医院的发展规划(图 1.3)。

图 1.3　西班牙佩德罗医院

新材料、新技术、新的施工方法的运用使得医院建筑的建设速度大大提高，对医院建筑的规划用地、建筑密度、建筑布局、医疗流线、功能关联以及空间安全性等提出了新的挑战。人们开始意识到医疗建筑首先要满足医疗功能需求的重要性。随着医院建筑功能体系的日渐成熟，对医院建筑的研究也由生物医学模式转向整体医学模式。这一阶段的医疗关注点从物理治疗层面抽离出来，开始关注到医疗过程中患者的心理感受及社会层面的医疗服务。如今，医院建筑朝着数字化、绿色化、共享化、转化医学综合化的趋势发展，对建筑设计本身又提出了新的设计要求。在医院建筑的功能布局方面，要考虑不同医疗功能之间的功能关系、流线关系和空间关系。

第2章　综合医院规划设计

2.1　医疗机构选址

2.1.1　医疗机构选址原则

综合医院在设计之初就需要考虑其选址问题,选址的合理与否将直接影响到医院的发展乃至周边地区的发展。首先,选址应当注重平衡医疗资源在各地区之间的差异,并且大型的综合医院应承担对周边地区医疗机构的指导服务责任,充分发挥自身的优势,提高区域医疗的质量和服务效率。其次,综合医院作为政府主导提供公共服务的重要基础设施,应与城市总体规划相一致,进行空间上的优化布局,如中心城区综合医院资源接近饱和的情况下,可以考虑用城市中心综合医院的小地块换取外环区域的大地块和资金,或者在外环区域建立大型的医院分院等,既可以有效解决外环区域医疗设施可达性和医疗服务水平不足的问题,又可以缩小医疗服务水平差距,促进医疗服务均等化。最后,城市的发展规划并非一成不变的,随着城市发展战略和经济发展速度的变化,城市总体规划也会发生变化,因此在选址时,需要掌握最新的城市发展规划要求,并具备一定的超前意识,保证综合医院的选址能与城市发展相契合。

《城市公共设施规划规范》(GB 50442—2008)规定了医疗卫生设施规划千人指标床位数、医疗卫生设施规划用地占中心城区规划用地比例等,并提出一系列要求,如大城市中应预留"应急"医疗卫生设施用地;医疗卫生设施用地布局应选址在环境安静、交通便利的地段,同时需适当考虑服务半径。

在当今社会快速发展的背景下,综合医院的精准布局应运用科学的研究方法,确定合理的配置标准及布局模式,以发挥最大的公共效益。例如,地理信息系统(GIS)等信息技术的应用。基于GIS的加权空间阻隔模型可达性分析,综合考虑了人口需求和综合医院提供的服务,可以有效、合理地对周边地区综合医院的可达性进行模拟分析,也希望经过后期不断地研究,将综合医院的等级、床位数、医生等卫生人员、医疗服务种类质量等影响因子量化,对综合医院的可达性进行更加准确的评估与计算。利用不断优化的加权空间阻隔模型,对现有的城市综合医院可达性进行分析,把城市划分成若干服务区,并在确保有效医疗服务可达性的前提下,结合每个医疗服务区内部的医疗卫生资源分布、服务需求、医疗卫生服务现状等精准布局后期拟规划综合医院的位置。通过建设较少数量的综合医院，充分利用现有的医疗资源，既可以达到有限投资的目的，又可以促进医疗服务均等化，充分满足综合医院的使用需求。

2.1.2 医疗机构选址影响因素

综上所述，综合医院的选址需要考虑的因素有以下几点。

1. 自然因素

应选择地质较好、地势平坦、不存在洪涝问题的地块，这样方便医院的无障碍设计。如果选择山地建筑的地块，应充分考虑高差处理，尽量用坡道联系各个功能分区。另外，由于综合医院存在着大量污染源（废水和污染物），院内产生的污染物必须进行专门的处理，因此选址时需要将传染病区布置于该地区常年主导风向的下风向，避免由于风力作用将污染源带到生活区、商业区等人口密集的区域。

2. 城市市政因素

综合医院作为大型公共建筑，需要大量的电力和能源，在选址之初，需要考虑周边的市政设施，如排水、供电、煤气等。

3. 交通因素

交通是否便利是综合医院需要考虑的重要因素之一，紧急情况的患者转运和特殊病情患者的救治都需要快捷便利的交通。医院之间应有专门的绿色通道联系，至少要有交通便利的路段可供传染病患者转移。

4. 周边环境因素

医院应有优质的空气质量和绿化植被条件，远离污水和垃圾处理等污染场地。应远离振动源、噪声源，避开车站、空港和闹市区等地。

5. 可持续发展因素

在规划选址及建筑的场地布置阶段，要具备一定的前瞻性，能够考虑并预留未来发展的需要条件，即改建、扩建及紧急处理等情况。城市中往往难以预留出既满足疾病预防控制中心单独建设要求又可以有适当预留的场地，在这种情况下，与其他医疗机构共建便成了解决这一问题的良方。

2.1.3 城市医疗机构分级网络建设

现阶段，我国依照原国家卫生部（现为国家卫生健康委员会）的相关分级规定，将医院按照任务及功能分成一、二、三级。一级医院通常指的是向社区输出较小规模的医治、康复等方面服务的单位。二级医院则是为相比前者更大的区域带来综合性医治服务并且进行一定程度研发的单位。三级医院是指向多个地区输出较高水平医疗服务并且配

备特定领域专项医治的单位。除了医疗服务，三级医院还要承担研发及教学等方面的任务。基层医院通常指的是一级医院及以下等级的医疗部门，如乡镇卫生院、乡村卫生室及社区医院等。

近年来，伴随着医改政策的试行与逐步实施，医疗设施的主体——医疗建筑的布局也体现出了多种演化趋势。

1.“城市—社区”二级医疗服务功能的架构

医改的核心目标在于确保资源分配的公平性，以期可以形成“轻疾入社区、重病进医院”的患者分流，借助这一手段来降低综合类型医院的负荷，并且发挥基层医治部门的作用。

例如，黑龙江省大庆市依托大庆油田总医院大型综合医院的功能，在覆盖大庆市的86 个居民社区内，建立了 13 个社区卫生服务中心和 44 个社区卫生服务站(统计截至2005 年，属医院建设时期的背景条件)，服务人口达 55 万。除此之外，在大庆油田总医院及各个社区医治部门中构建“双向转诊通道”，即患者在基层单位经过诊定，假如有必要可以直接由医务人员陪伴转移至大庆油田总医院进行医治，避免了挂号等一系列烦琐的程序；患者从大庆油田总医院出院以后，可以到社区卫生服务站进行后续的康复治疗。

“双向转诊”的趋势是正确的，思路也值得肯定，但如何能够抓住综合医院面向城市社区卫生服务中心的对口支援机会，并尝试纵向“链条式”管理，通过医院实现对社区卫生服务中心的带动，再由社区卫生服务中心来促进社区卫生服务站发展，进而建立起“金字塔”形的医疗服务网络系统，实现优势资源的互补与共享，是“城市—社区”二级医疗服务功能架构能否成功实施的关键。

2. 一、二级综合医院和专科医院的转化

在《医院分级管理办法》中，我国的医院分为三级十等，即按照功能区别的一、二、三级医院，各级医院在通过评审之后再确定为甲、乙、丙三等，并在三级医院增加设立特等级别。如果将这些分级纳入到上文所说的“城市—社区”二级医疗服务功能架构中，原有的三甲医院由于设备完善、医疗水平高等因素，将成为城市的核心医疗机构；之前存在的一级医院，可转化成为社区医治部门；而其中最为尴尬的则是之前位于中游的大量一、二级的综合医院和专科医院等，在新型的结构当中难以明确自身的定位，只能向两个方向转化：一部分降为社区卫生服务机构，因其规模较大、设备完善，可承担更多的作用；而另一部分，只能向专科的医疗机构发展。

3. 社区卫生服务机构将承担更多功能，成为公共卫生服务体系的基础

在 2009 年最新一轮医改的纲领《中共中央国务院 关于深化医药卫生体制改革的意见》中，特别提到以覆盖城乡居民的基本医疗卫生机制的构建与完善，保障人民拥有更安全、更有效、更便利的医疗卫生服务为长期发展目标。在此当中，最为核心的一点是实现新式医疗系统的构建，将社区放在更为重要的位置，形成以基层为核心的互相关联的网络。在这样的情况之下，社区医疗部门将会担负相对更为多元化的职责，不仅要对居民的疾病进行医治，还要提供疾病预防、生育保健以及传染病防治等诸多方面的服务，通常出现的各类病症均可在社区卫生服务机构进行较为有效的医治，使其从实质上变成大众健康的“守护者”。

4. 按照城乡一体化的发展态势，加强农村医疗卫生服务体系

要想建设一个较为完善的医疗系统，城乡资源的平等分配是不可忽视的。在医改的过程中，以县医院为领头者、村镇级别的诊所为基石的医疗服务体系将得到更深层次的完善。其中，县医院的核心职责在于提供基础医治及危急患者的抢救，而与之对应的村镇诊所则承担治疗普通病症及传授疾病预防、生育保健等方面知识的职能。政府的工作重点是办好县级医院，同时在每个乡镇办好一所卫生院，通过多种形式支持村卫生室建设，保证“一村一卫生室”，并对农村医疗卫生条件进行大力改善，从而提高服务质量。

2.2 综合医院规划设计及功能组织
——以哈尔滨医科大学附属第二医院改扩建工程为例

2.2.1 项目基本信息

哈尔滨医科大学附属第二医院是集医疗、康复、教学、科研为一体的三级甲等综合医院。本项目位于黑龙江省哈尔滨市，用地面积 20.95 hm^2，位于保健路和学府路交叉路口处，现拥有 1 个门诊部，6 个住院部，床位 1 600 张。一、二期规划占地面积 8.24 hm^2，建筑面积 152 630 m^2。用地内保留外科病房楼和报告厅，外科病房楼内现设有放射科室和 24 间手术室、中心供应室等。院区规划图如图 2.1 所示。

从医院远期发展来看，用地现状存在以下几个制约因素：在功能方面，院区内建筑密度较高，空间围合感不强，医疗区为分散式布局，各医疗单位联系不方便，给患者就医带来诸多不便。在交通方面，院区内目前人车混行，道路指引性不强，停车场地紧张，无法满足就诊人员停车需要。在环境方面，室外环境质量不高，公共空间的景观形象急需改善与优化，室外缺乏必要的供患者康复的绿地与活动设施。

为了医院的长期发展，全面改善医院的就诊和住院条件，使之成为环境幽雅、设施齐全、功能完备的现代化大型综合医院，设计师对哈尔滨医科大学附属第二医院医疗区的建筑功能分区、道路、绿化和环境景观进行了统一规划和设计，并且满足一次规划、分期实施的要求。院区鸟瞰图如图 2.2 所示。

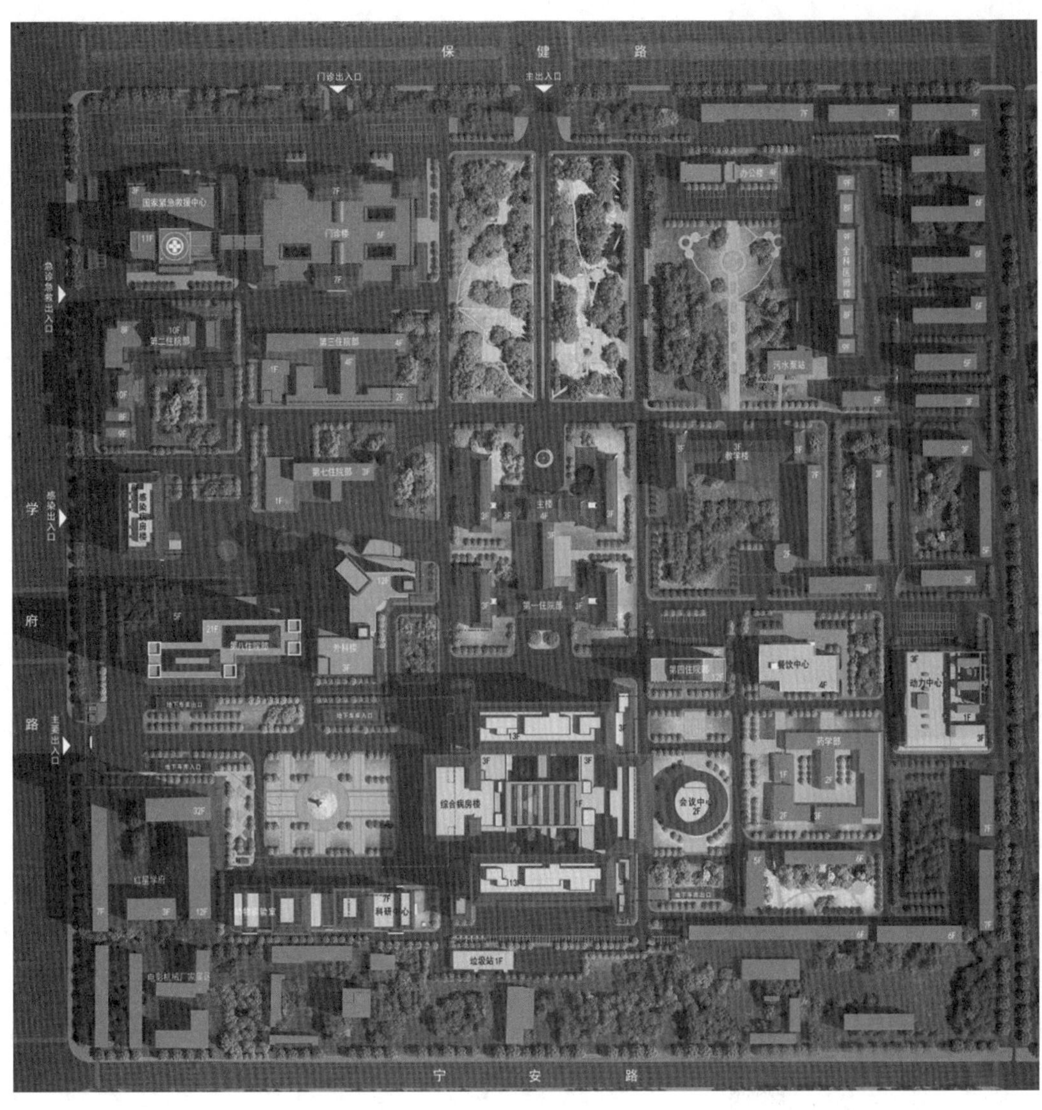

图 2.1　院区规划图

2.2.2　功能布局设计构思

在医院的规划设计和功能组织中，有以下几种布局方式：垂直集中式布局、分散可生长式布局，以及集中式与分散式相结合的布局。在垂直集中式布局中，应采用直列式、错列式及斜列式，因为这几种布局能够在建筑之间形成较为舒适的风环境(图 2.3)。在功能组织设计时，应该考虑对夏季主导风的利用和减少冬季主导风的影响。另外，要注意对医院各单体朝向、体形系数、高度等因素进行调节。

在空间允许的情况下，由于某些医院的污染性大，所以不宜集中布置，此时医院的布

图 2.2　院区鸟瞰图

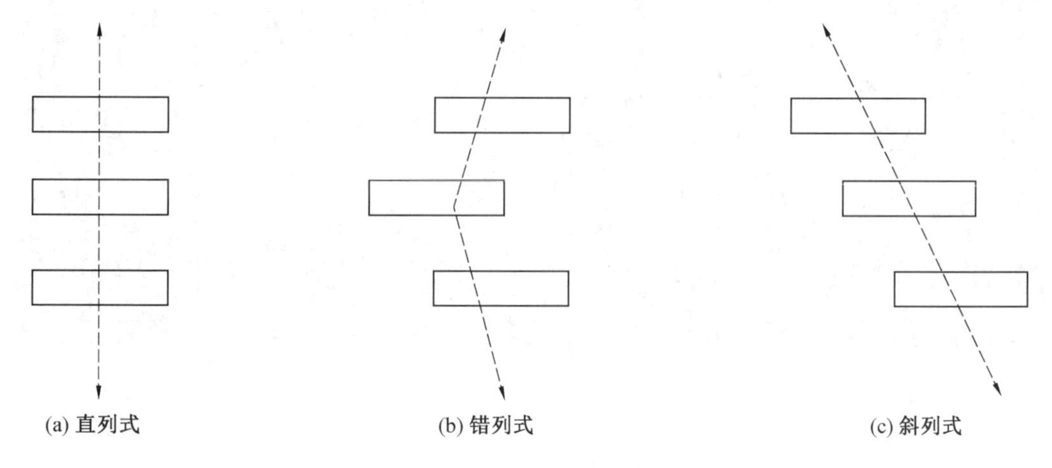

图 2.3　垂直集中式布局方式

局可考虑分散可生长式布局方式(图 2.4),这种方式具有功能流线便捷、交叉污染小及可持续发展的优势。

由于建筑高度过高会影响住院部建筑功能的使用,造成流线过长的问题,以及建筑的形体比例不当会增加建筑能耗,所以在建筑设计中采用集中式的医技部和分散式的住院部相结合的布局方式,可以保证良好的自然通风及日照。

为适应日新月异的医疗发展要求,最大程度实现医院的可持续发展,应将其建成"一

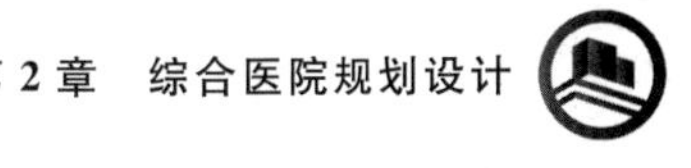

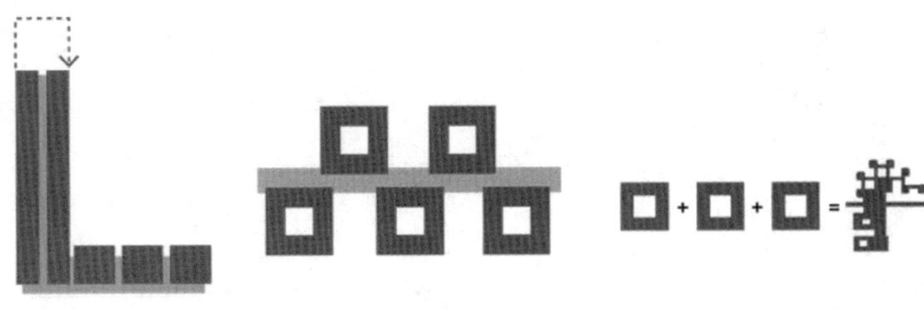

(a) 垂直集中布局　(b) 分散生长布局　(c) 组合调控布局

图 2.4　分散可生长式布局方式

切以患者为中心”的，集医疗、急救、康复、教学、科研为一体的现代化医疗中心。通过整合多种空间、完善功能布局，塑造和谐优美的空间形态；梳理与组织交通形态，实现医患分流、洁污分流，提高医院的运行效率和安全性。保持合理规模与可持续发展，一次规划，分期实施，以人为本，使人与自然共存，创造宜人的环境。

开放式的规划通过对时间和空间的精心安排，满足了医院在任何时候都具有可发展性、建筑可分阶段施工的要求，使医院总体从静止的建筑成为可发展变化的综合体，充分满足了独立部门的发展和整个综合体发展的要求。

2.2.3　规划组织设计原则

1.“中轴对称”的院区骨架

在医疗区用地内规划设置的贯通南北的中轴线，连接场地主入口、主楼、住院楼以及综合病房楼，主入口西侧设置门诊楼，东侧设置教学楼和全科医师楼，与主楼共同围合形成开阔的中心广场，构成了医院总体设计的骨架，形成了清晰的建筑意向。规划轴线分析图如图 2.5 所示。

院区内设置若干独立的小规模的开放空间，空间设计收放自然、适度，作为患者散步休闲的场所。医院街内的绿化采用乔木与灌木相结合的方式，为患者在此休息提供荫凉，避免阳光直射。景观绿化分析图如图 2.6 所示。

2. 功能分区

院区西侧为医疗区，门诊楼设在主入口西侧，面向保健路，配备单独的门诊和急诊出入口。医疗区南部由原有外科楼和二期综合病房楼形成住院区，环境优美，闹中取静，便于患者康复。在医疗区西南角设置了传染病房楼，独立成院，最大限度地减少对其他部门的干扰。院区东侧为教学生活区，全科医师楼与办公楼、教学楼形成独立的内院，并且与院区中心绿地隔道相望。教学区南侧设置餐饮中心和会议中心等辅助空间。院区整体呈现医疗区向交通便利的西北侧集中，教学生活区向东南侧集中的功能分布趋势。功能分区图如图 2.7 所示。

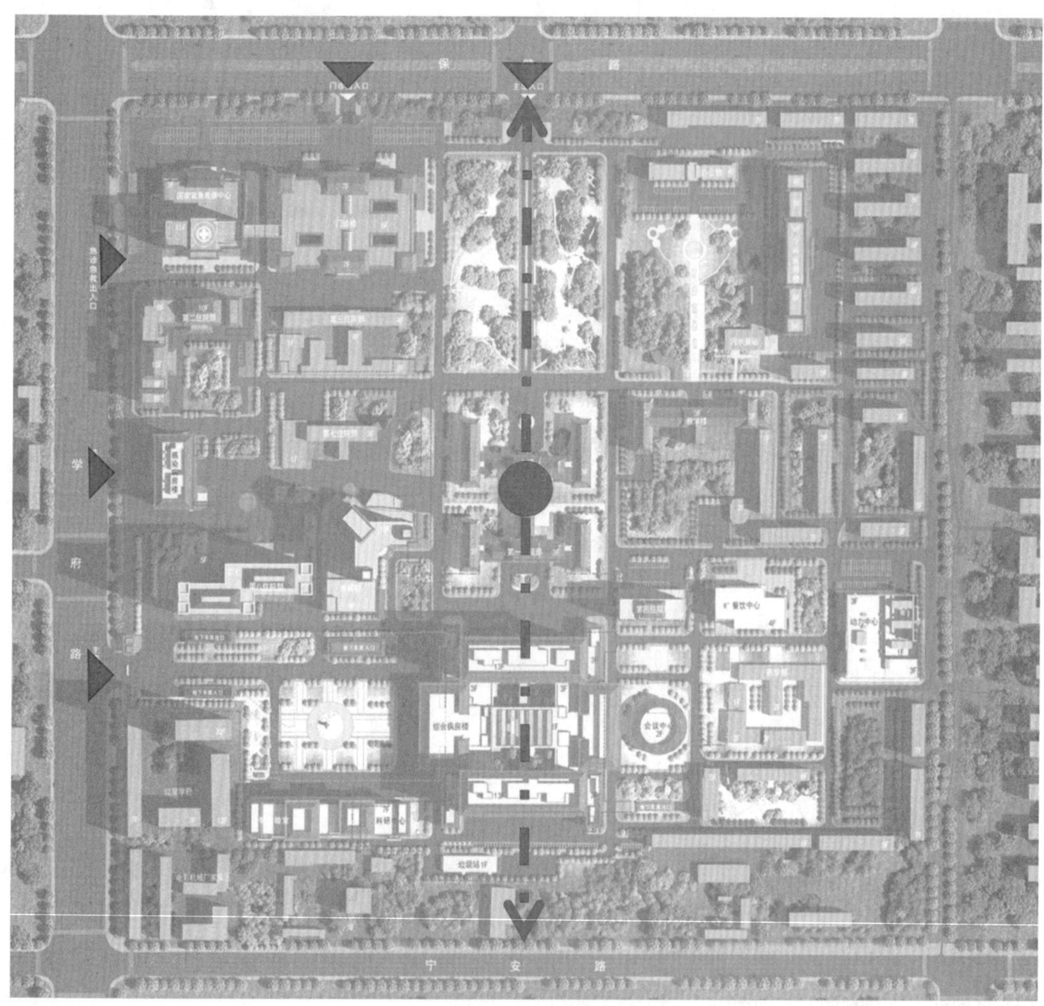

图 2.5 规划轴线分析图

3. 交通流线

总体布局遵循功能分区合理、洁污路线清楚、避免或减少交叉感染、布局紧凑、交通便捷、管理方便的原则。在保健路开设医疗区主入口，供大量就诊人员出入；在学府路开设一个住院部出入口、一个货流出入口，货流出入口相对独立，减少了与人流的交叉。

院区周边设环行车道，停车场全部采用周边停车，将大部分机动车约束在院区周边地带，减轻院区内部交通噪声干扰。整个院区的交通明确，井然有序。急诊部、住院部门前设置大型停车场，在功能上解决了区域内的车流可达性问题，在形式上避免其对院区整体的噪声影响。

4. 开放空间

医院主入口广场空间设置医院标牌和各功能入口方向指示牌，这是开放性的交通空

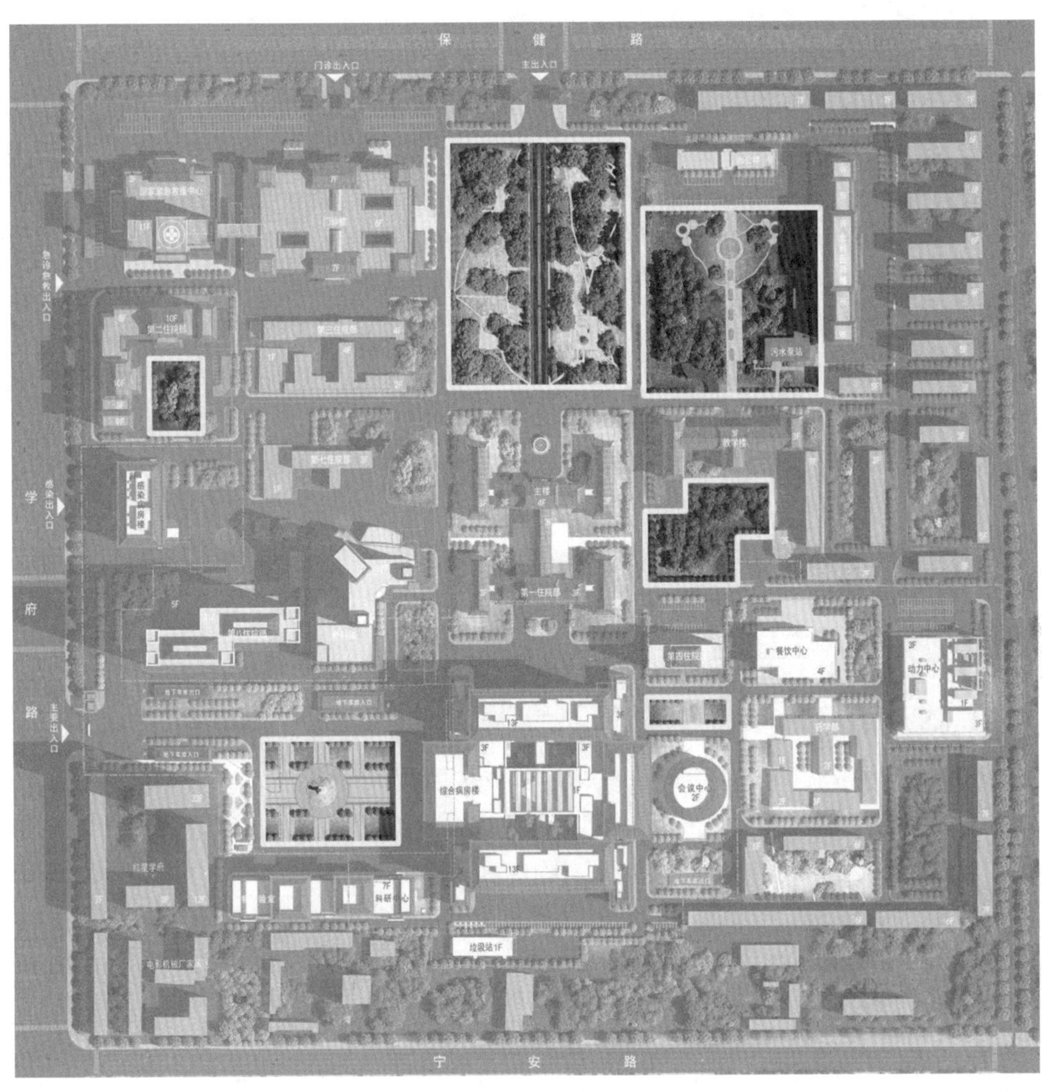

图 2.6　景观绿化分析图

间，也是患者进入医院前的缓冲过渡空间。医院街通过雕塑、广告牌、草坪等植被以及灯具、座椅等街道家具的设置强调地区的识别性。医院中心广场开敞的空间既提供了良好的视觉效果，又突出了院区的文化性。在院区庭院设置小规模开放空间，满足患者散步休闲需求，广场绿化采用乔木、灌木相结合的方式，以便患者休憩停留。通过布置草坪、水面、喷泉组合和景观序列，充分利用基地的地形地貌，以及建筑物的防护间距和所有空地，布置庭院化康复活动场地等设施。开放空间示意图如图 2.8 所示。

5. 院落式建筑空间组合

院区内建筑采用中国传统的院落式空间组合方式，形成若干庭院空间，庭院内敛安

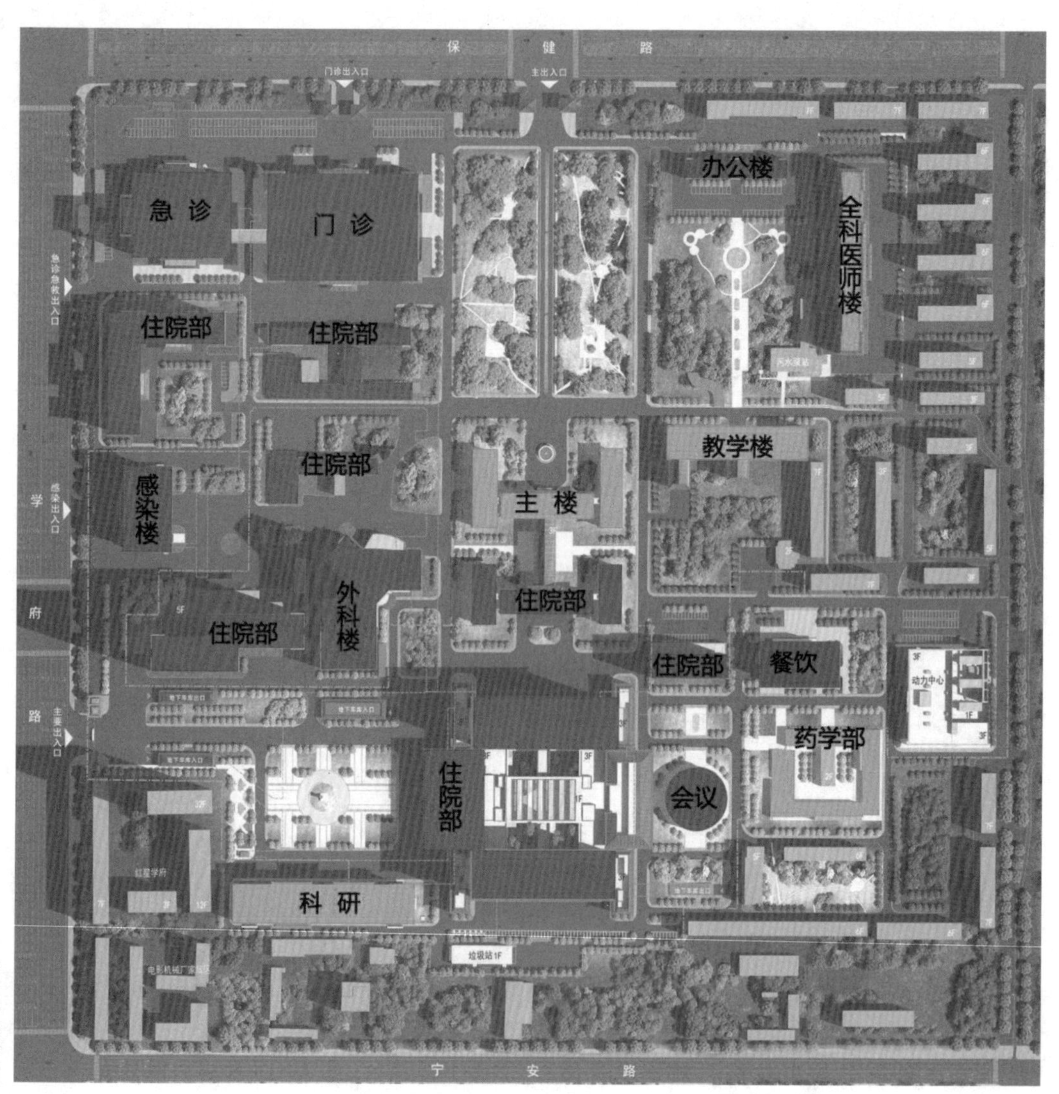

图 2.7 功能分区图

静，具有良好的医疗环境(图 2.9)。结合简约的中国古典建筑形式，创造出中国传统建筑的空间韵味。

6. 标识

标识反映了院区特色与形象，导向标识具有指引和美化环境等功能。标识图案、文字、色彩融为一体，并选择适当位置设置，与建筑(门诊楼)和谐统一(图 2.10)。

(a)

(b)

图 2.8　开放空间示意图

图 2.9　院落式空间组合鸟瞰图

图 2.10　门诊楼入口

2.3 综合医院交通流线规划设计
——以大庆油田总医院省级区域医疗中心建设工程(住院二部重建)设计方案为例

2.3.1 项目基本信息

本项目位于黑龙江省大庆市萨尔图区大庆油田总医院院区内。院区南侧紧邻中桥路,西侧紧邻中康街,东侧紧邻萨环东路,北侧为世纪大道,距离大庆市火车站不到2 km。周边交通便利,可达性强,总体来说医院地理位置较为优越。医院周边景观资源丰富。大庆市素有“天然百湖之城”“北国温泉之乡”的美誉。基地周边有丰富的水体资源及绿化空间。基地位于院区南侧,西侧紧邻院区内原门诊部,北侧紧邻院区内住院三部。大庆油田总医院院区分为医疗(门诊、住院、医技)、医辅保障、教学科研、行政管理、院内生活等5个功能区。其中,医疗区包括门诊一部、门诊二部、住院一部、住院二部、住院三部、各医技楼(核医学PET—CT中心、放射楼、消毒供应中心和药学部),医辅保障区、教学科研区、行政管理区和院内生活区位于医疗区外围,布局相对合理(图2.11)。

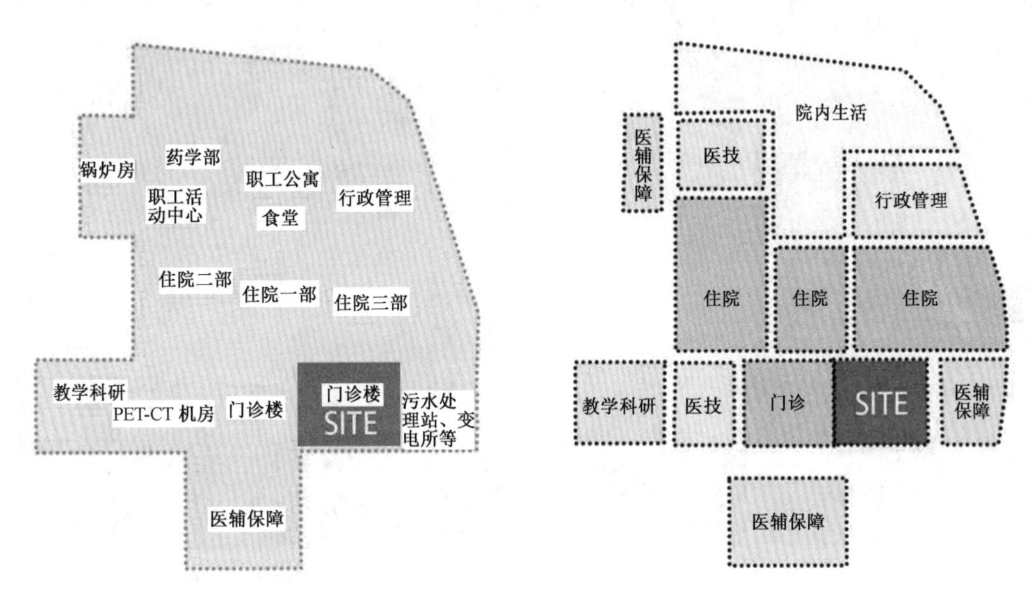

图2.11 大庆油田总医院院区功能分区

本项目旨在打造区域新名片,带动区域经济发展新引擎,建设面向未来的国际化医疗区。项目建成后,将为新区提供基本公共卫生服务和医疗卫生服务,有利于满足群众日益增长的多样化卫生服务需求,提高居民的生活质量,促进当地医疗卫生事业发展;节约能源,以人为本,充分考虑使用者的各种需求,提供人性化的医疗、休息空间;打造大庆市的医疗新门户，以完整的建筑形象，高效衔接公共空间，通过丰富的室内外环境和多样的共享空间营造充满活力的医疗环境，打造具有高端品质、高标准国际化、区域地标特性的医疗建筑。

本项目的设计理念是"生命之帆，健康港湾"（图 2.12）。建筑形体犹如停靠在港湾的船只，守护生命，宁静安详。项目总用地面积 19 719.04 m^2，总建筑面积 48 000 m^2，地上 10 层（塔楼 10 层，裙房 5 层），建筑高度 45.90 m，建筑基底面积 7 566.14 m^2，道路面积 3 342.05 m^2，绿化面积 5 932.45 m^2，硬质面积 2 878.4 m^2，容积率 2.43，建筑密度 38.37%，绿地率 30.08%。总平面图如图 2.13 所示。

图 2.12　项目设计理念

2.3.2　交通流线规划设计原则

1. 根据基地周边情况规划流线

基地周边建筑为原门诊楼、住院三部建筑。基地南侧与东侧临近医院外围的立交桥。可以看出，基地由于临近主要城市街道，其建筑形象比较重要。此外，基地建筑与北侧的住院三部建筑也有着对话关系。基地现状如图 2.14 所示。

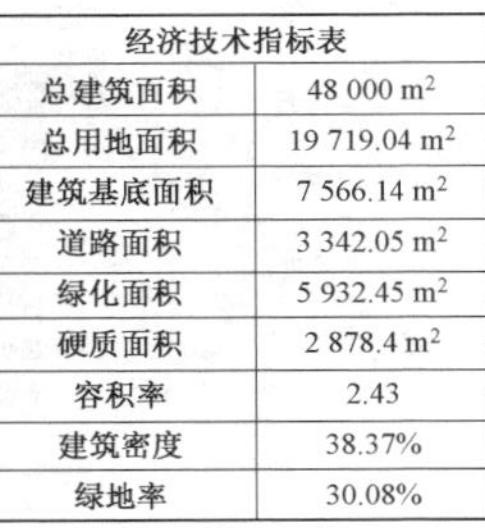

经济技术指标表	
总建筑面积	48 000 m^2
总用地面积	19 719.04 m^2
建筑基底面积	7 566.14 m^2
道路面积	3 342.05 m^2
绿化面积	5 932.45 m^2
硬质面积	2 878.4 m^2
容积率	2.43
建筑密度	38.37%
绿地率	30.08%

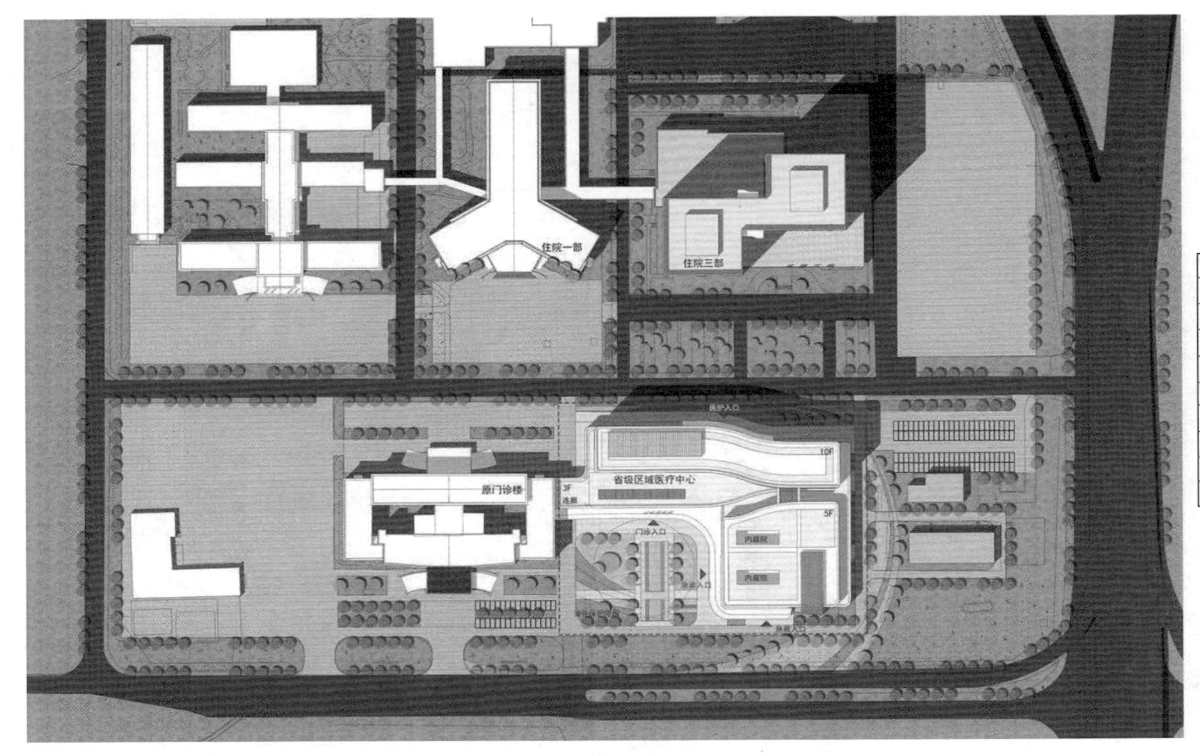

图 2.13　总平面图

图 2.14　基地现状

基于基地现状，深入分析人行和车行流线。就诊人员主要通过公共交通工具到达基地。基地周边的公共交通工具有两种，一种是沿中七路有规划轨道交通 1 号线；另一种是公交车，有中七路、中康街和中桥路 3 处公交站点(图 2.15)。将医院入口分为社会车辆入口和员工车辆入口。社会车辆主要停放于南侧人流量大的区域，员工车辆主要停放于北侧比较安静的区域(图 2.16)。

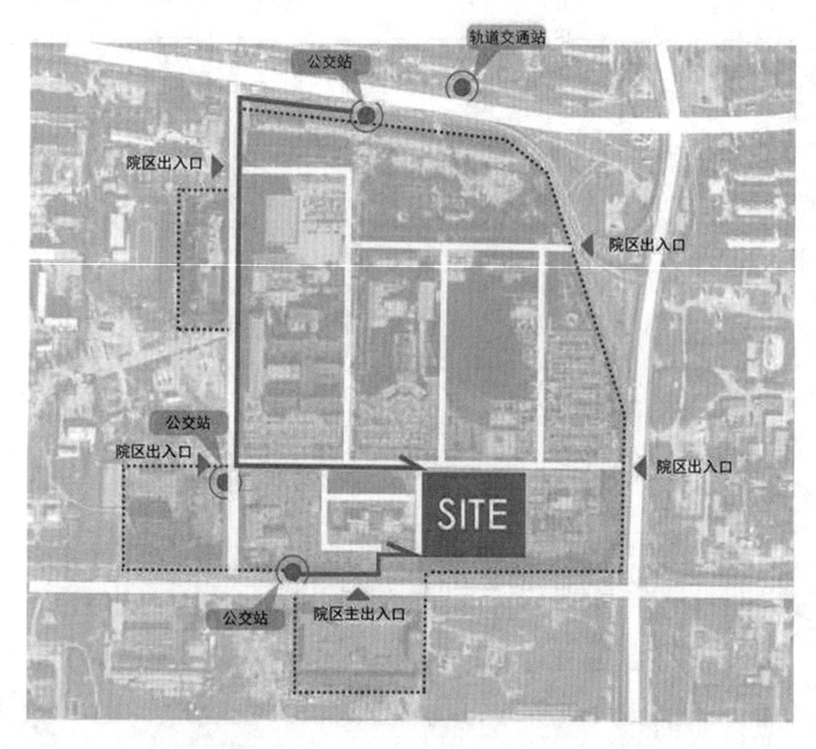

图 2.15　人行流线分析

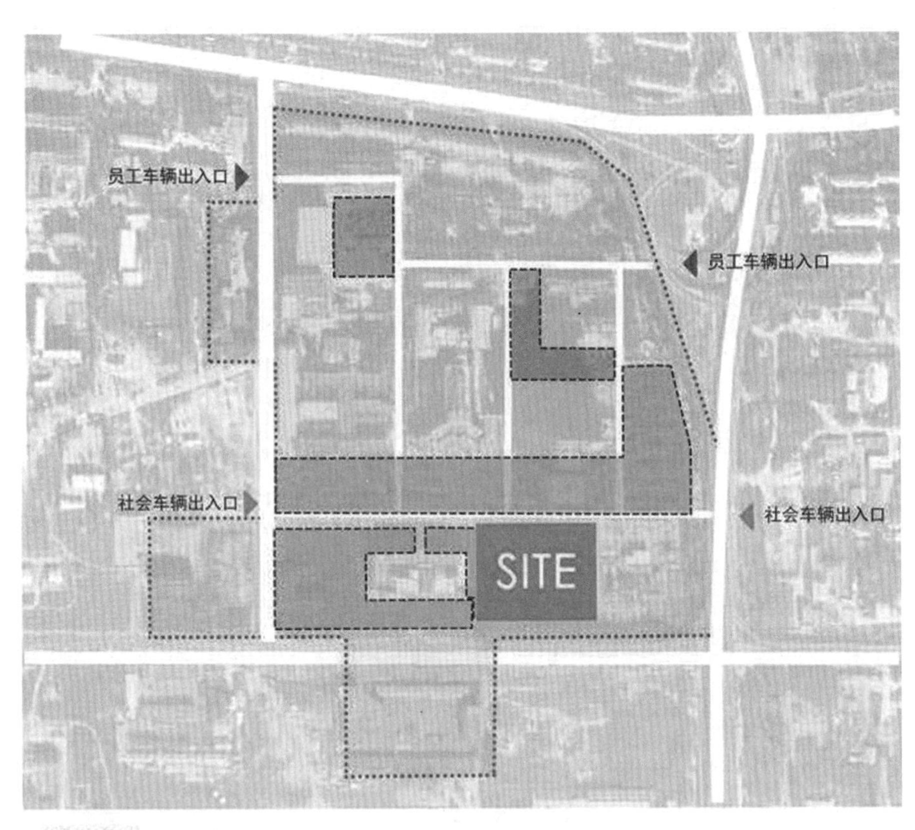

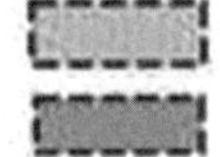

图 2.16　车行流线分析

医院内部道路比较开放自由，基地所处位置交通便捷，可达性强。基地南侧是医院的主入口，为主要人流的来向。东侧是医院的次入口，也有一定的人流。结合医院内部的布局，将基地内新建建筑的主入口同样设在南侧，可以很好地结合基地人流，并且形成沿街的立面形象。建设基地对周边建筑的影响主要有两点：一是新建建筑与原有门诊楼较近，考虑到功能的近似性，应将两栋建筑功能互联；二是应当考虑建筑沿街形象(图 2.17)。

2. 结合功能布局细化流线

拆除基地内原有建筑，整合基地环境，并空出废弃油井的范围。结合设计任务书的面积要求，且避让出废弃油井位置，在基地内布置出 L 形的建筑体量。后侧体量拔高成高层体量，前侧体量降低成低矮体量，形成前低后高的建筑语言，从而避免对街道造成压迫感，形成良好的街道形象。适当退让高层部分体量，并拉出阳光大厅的体量空间。从阳光大厅向左拉出体量，与原门诊楼连为一体，使得功能互通互联。此外，柔化建筑形体，避免磕碰死角。适当改造原门诊楼，使得二者结合得更加紧密。深化细节，完成最终

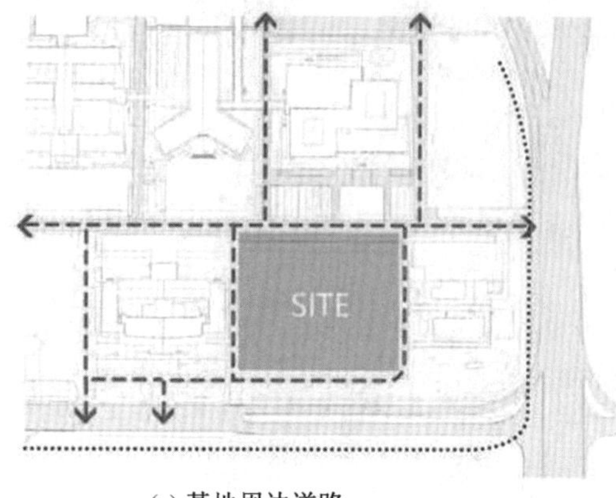

(a) 基地周边道路

(b) 基地出入口

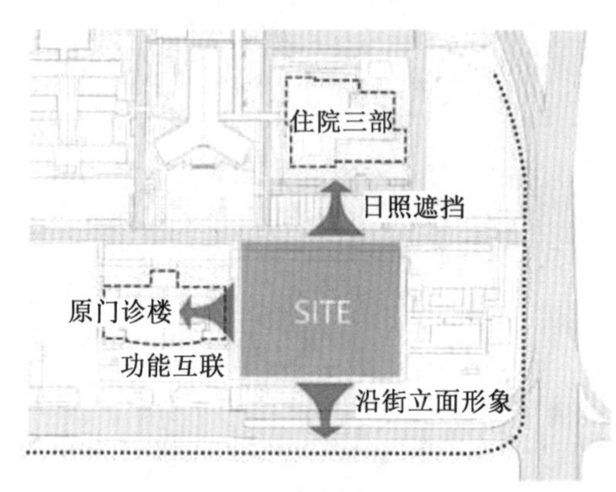

(c) 影响分析

图 2.17　基地环境分析

设计(图 2.18)。

基地周边车行道路充足,可达性较好。因此,在基地内部,拟打造一个步行花园式医院。基地内仅设宽度满足规范需求的硬质铺地,供应急车辆驶入基地。基地内步行空间充足,各个入口可达性强。基地内广场仅行人通行,且广场绿化充足,品质较好,营造了较为舒适的步行空间和可达性强的步行体系(图 2.19)。

在布局中最大限度地做到人车分流、医患分流、洁污分流。交通流线组织遵循人车分流、简短高效、互不干扰的原则。通过合理组织人行流线,达到流线清晰高效、避免交叉的目的。其中,门诊和急诊流线均位于明显、可达性强的位置;医生流线与就诊流线分开,避免互相影响;污物流线及供应流线与上述流线分开,从而达到流线互不干扰的目的。建筑出入口根据基地流线及布局的位置进行合理设计。门诊入口、医生入口、污物出口互不干扰。停车场设置于基地外部,避免车辆对基地内环境造成影响(图 2.20~2.25)。

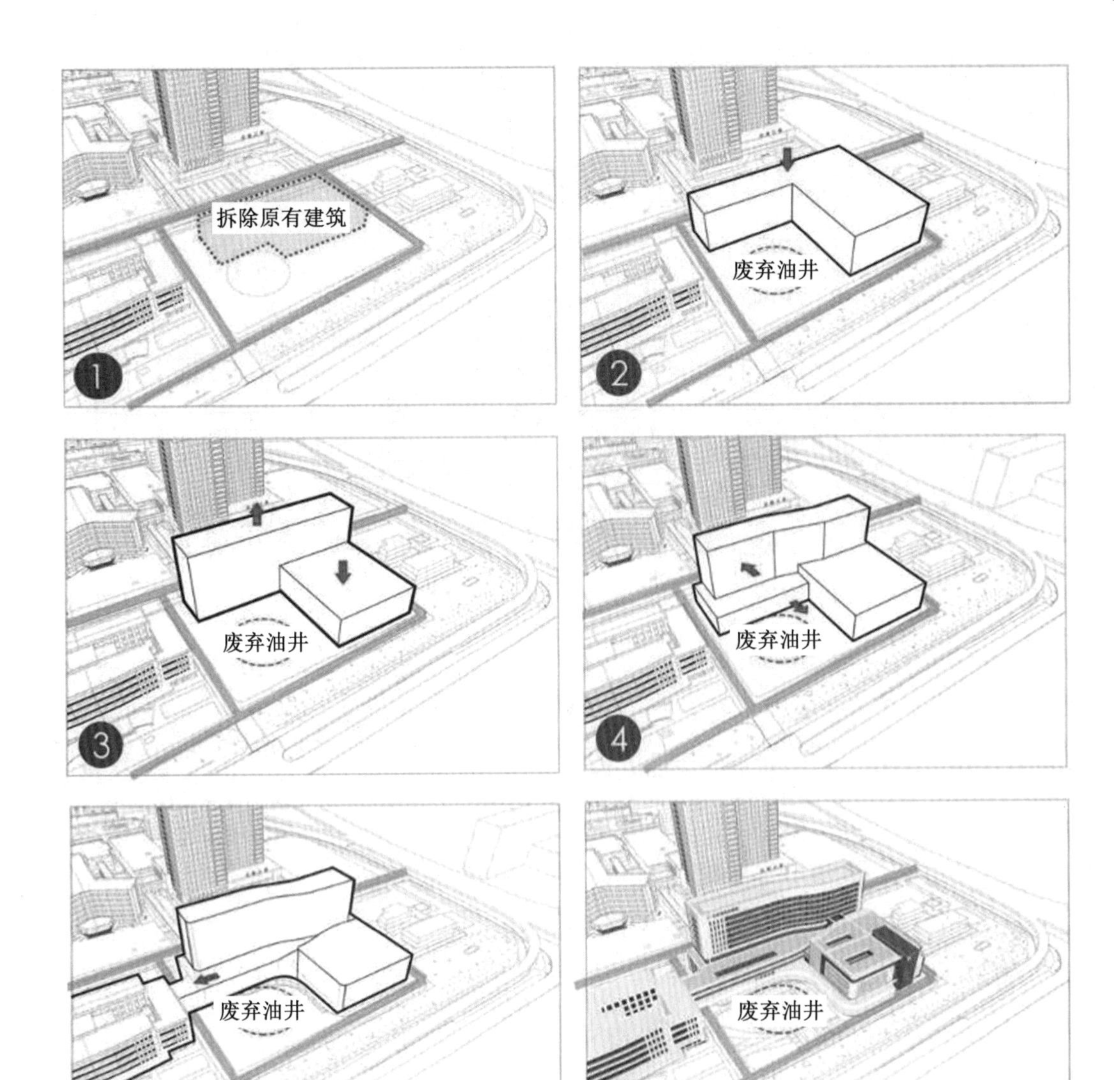

图 2.18　体块生成

3. 城市空间塑造

(1)基地西南角临近医院主入口，人流主要从此而来。本项目广场设在临近人流量大的主入口附近，有效地起到疏散人流、合理引导入口空间的作用。

(2)考虑到建筑的临街形象及其形成的空间感受，采取了前低后高的建筑形式，有效地联系了主街、基地建筑和位于北侧的住院三部建筑，形成了良好的空间关系。

(3)在南侧城市道路上，可以看到高低起伏、富有节奏感的建筑天际线，对于营造城市空间形象有良好作用。

图 2.19　沿街人视图

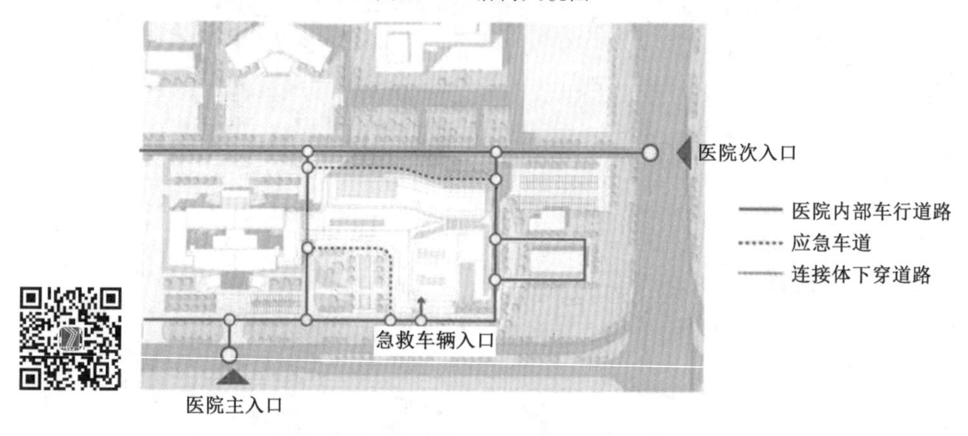

图 2.20　基地车行流线

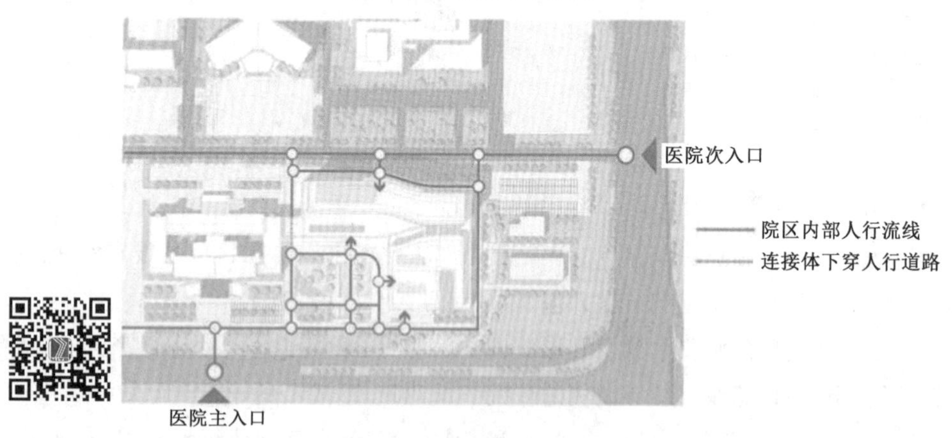

图 2.21　基地人行流线

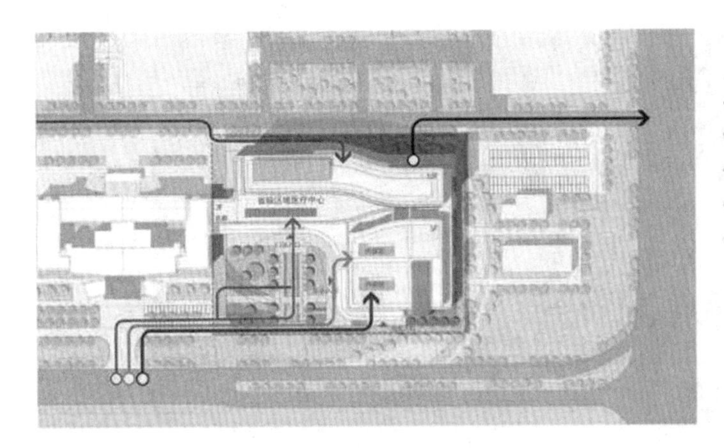

图 2.22　基地使用流线

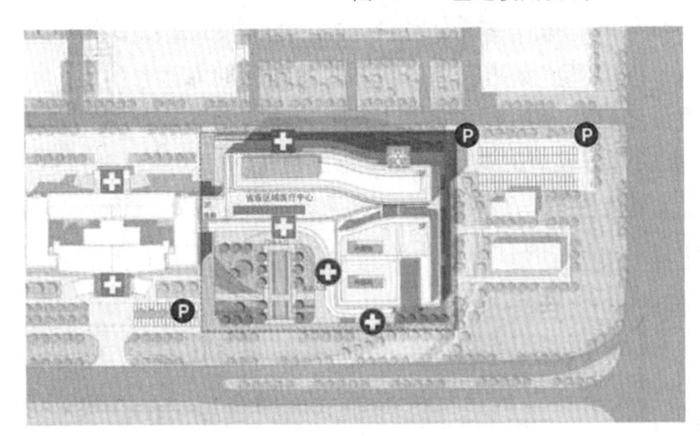

图 2.23　基地出入口

图 2.24　主入口人视图

图 2.25　院内人视图

(4)基地内西南角处设有集散广场,广场所处位置有效地组织了基地的人流:一方面是从主入口而来的人流,另一方面是从东侧次入口和西北侧而来的人流。

(5)建筑沿南侧城市街道进行了不同程度的退让,使得建筑形体在南侧街道上富有层次感,有收有放。同时,高层部分较大的退让有效避免了建筑对城市街道的压迫。

(6)通过将阳光大厅设置在本项目与原门诊楼建筑之间,并且以二、三层的连廊进行联系,有效地实现功能互联、流线简洁的目的。人流进入主入口后可以向左或向右选择不同方向。城市空间分析如图 2.26 所示。

4. 建筑空间塑造

(1)原门诊楼和新建门诊综合楼前低后高的形体共同围合出了半开敞式的空间庭院。

(2)新建建筑的可受光面横向展开,充分接纳日照,日照条件比较好。

(3)三面围合的绿化广场为各个建筑立面提供了良好的景观视野。

(4)由于医院整体绿化布置较为零散,广场设计采用了完整的方形,便于整合周边绿化景观。

(5)除了广场绿化,建筑屋顶和屋面同样布置了绿化。屋面绿化与地面绿化形成了层层跌落的效果,达到了景观延续的目的。

(6)建筑屋面均布置了绿化,为高层区域提供了绿化空间,使人们可以亲近自然。建筑空间分析如图 2.27 所示。

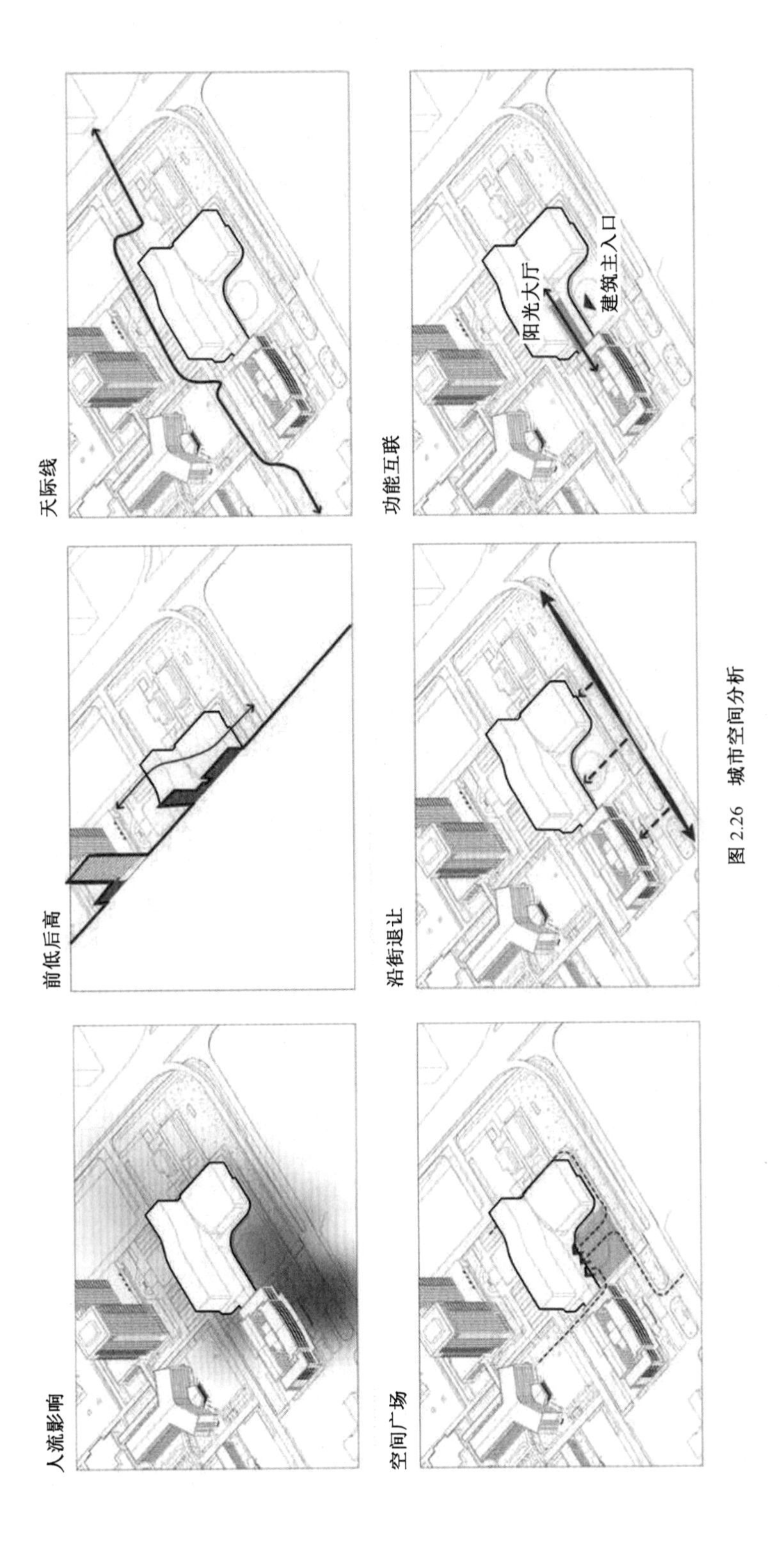

图 2.26 城市空间分析

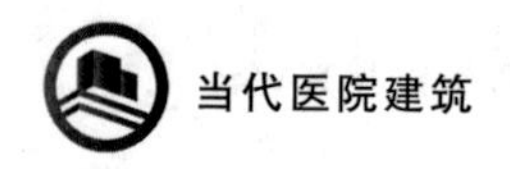

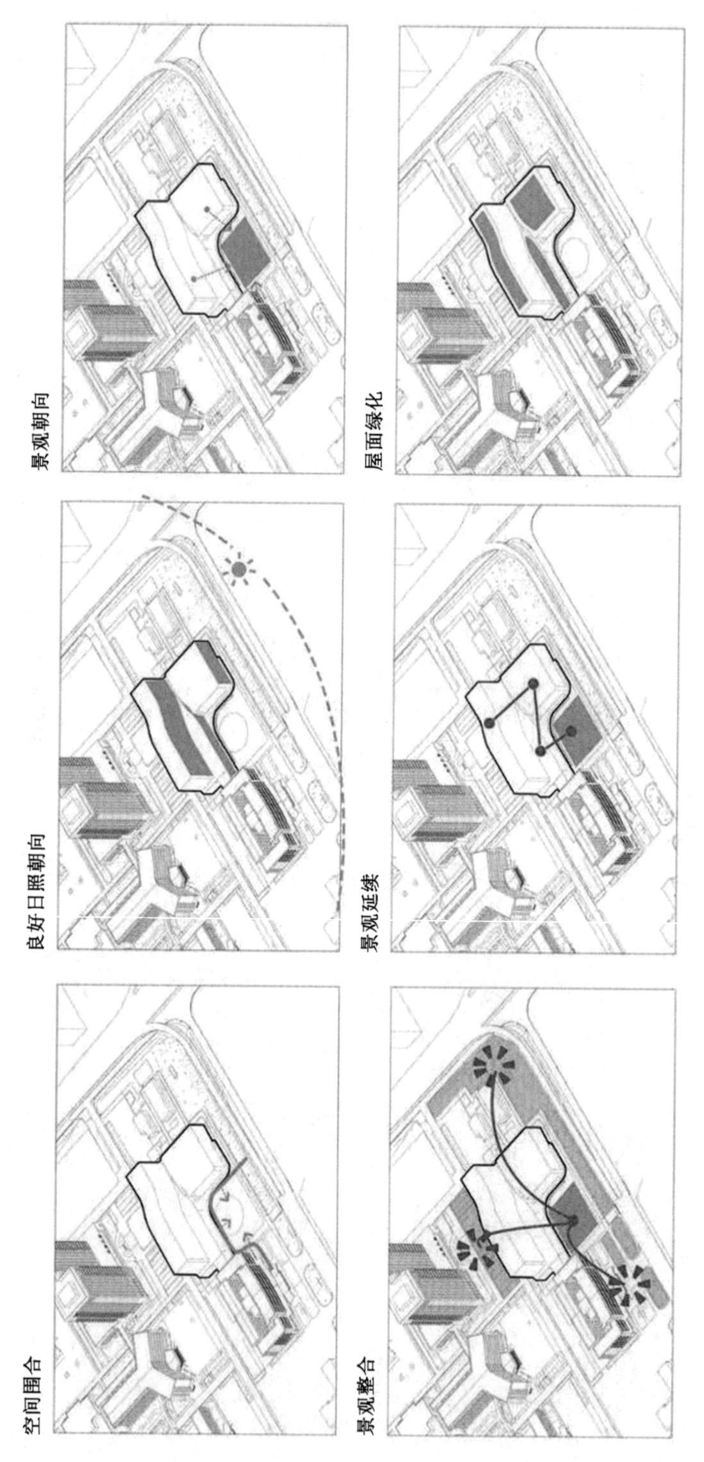

图 2.27　建筑空间分析

2.4　综合医院功能分区与“平急结合”设计
——以哈尔滨市第四医院异地新建项目为例

2.4.1　项目基本信息

项目位于哈尔滨市道外区东风镇黄家崴子路中段，规划总用地面积 100 443.9 m^2。建筑鸟瞰图如图 2.28 所示。项目建成后，病房规模 1 200 床，新建总建筑面积 132 032 m^2，其中，地上建筑面积 112 032 m^2，地下建筑面积 20 000 m^2，门诊综合楼 17 040 m^2，医技楼 37 960 m^2，住院楼 42 120 m^2，行政楼 4 320 m^2，物业餐厅 4 320m^2，传染科楼 2 400 m^2，教学科研楼 13 372 m^2，职工护工宿舍 6 000 m^2，动力中心 3 500 m^2，污水处理站及垃圾转运间 900 m^2，门卫 100 m^2。容积率为 1.12，绿化率≥35%，建筑密度 25%～35%。基地区位及总平面图分别如图 2.29 和图 2.30 所示。

图 2.28　建筑鸟瞰图

建筑形态设计灵感源自环抱的双手。病房楼与配套综合楼如捧起的双手，围合出舒适宜人的内院空间，象征着医务人员用双手守护患者，营造出一个温馨、健康的避风港湾，其设计理念如图 2.31 所示。内院与不同标高的屋顶花园、室内共享中庭共同构成立体生态系统，整座医院被打造成一个大型的城市花园，院中有园，院在园中。

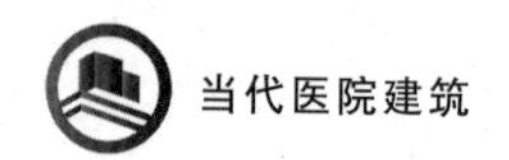

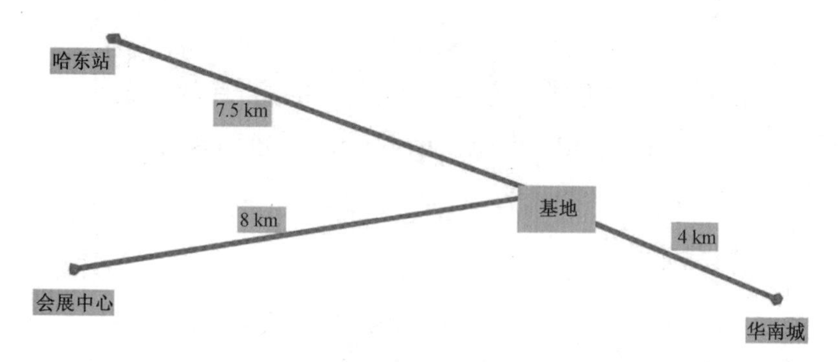

图 2.29　基地区位

图 2.30　总平面图

2.4.2　功能分区设计

1. 基地分析

基地周边现状如图 2.32 和图 2.33 所示。

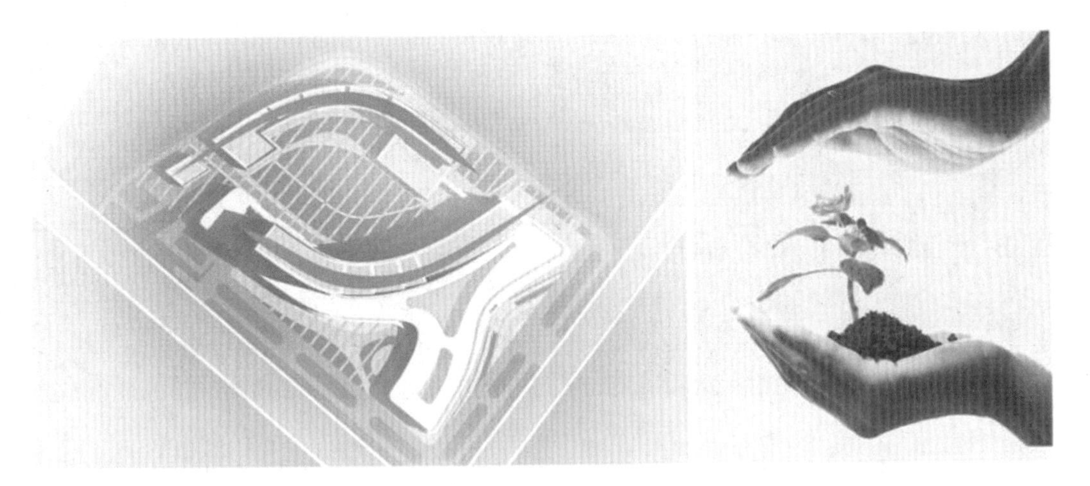

图 2.31　设计理念

图 2.32　主入口位置设置

2. 建筑布局方式

项目采用半集中式布局形式，门诊、医技、住院及后勤功能单元以中央交通廊或连接体组成有分有合的整体，各部分既联系方便，又适当分隔。中央交通廊往往以“医疗街”的形式出现。建筑空间流线清晰，联系便捷，功能分区明确，便于设置各自独立的出入口，较好地解决了自然通风和采光问题(图 2.34 和图 2.35)。

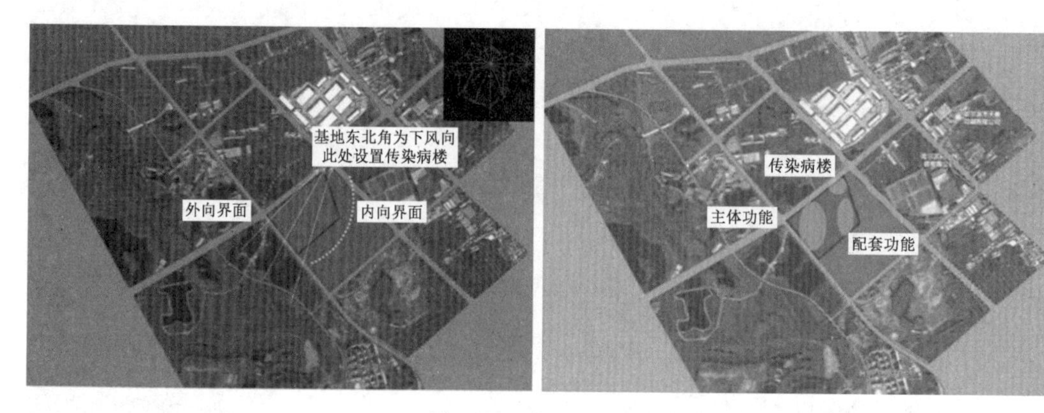

图 2.33 位置关系图

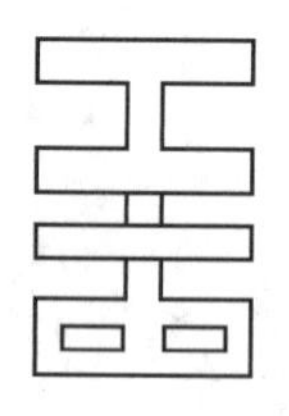

图 2.34 半集中式布局形式示意图

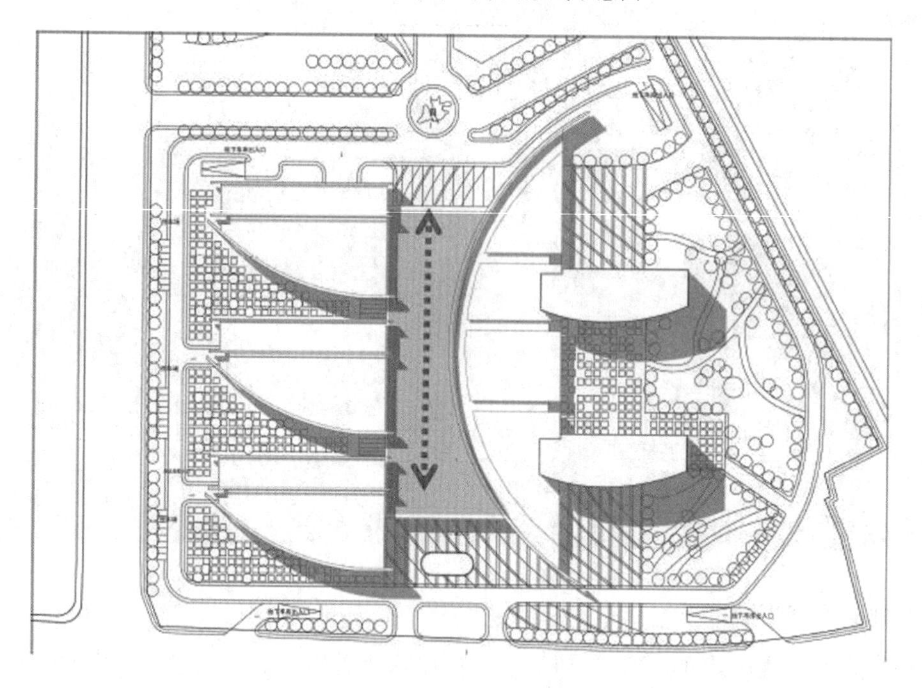

图 2.35 医疗街建筑布局形式

3. 综合医院功能组成

综合医院的 7 项设施包括门诊设施、急诊设施、医技设施、住院设施、后勤保障设施、行政管理设施和院内生活设施(图 2.36)，项目主要建设内容包括门诊综合楼(急诊)、医技楼、住院楼、传染科楼、动力中心楼、污水处理站及垃圾间、地下停车库、行政办公楼、物业餐厅楼、职工宿舍楼、门卫室及科研教学楼。7 项设施各组成部分用房在总建筑面积中所占的比例，应符合《综合医院建设标准》(建标 110—2021)的相关规定(表 2.1)。

综合医院 7 项设施	项目主要建设内容
·门诊	门诊综合楼(急诊)
·急诊	医技楼
·医技	住院楼
·住院	传染科楼
·后勤保障	活力中心楼
·行政管理	污水处理站及垃圾间
·院内生活	地下停车库
	行政办公楼
	物业餐厅楼
	职工宿舍楼
	门卫室
不属于综合医院 7 项设施的设施	科研教学楼

图 2.36　综合医院功能组成

表 2.1　综合医院 7 项设施用房的比例

部门	7 项设施用房占床均建筑面积指标的比例
急诊部	3～6
门诊部	12～15
住院部	37～41
医技科室	25～27
保障系统	8～12
业务管理	3～4
院内生活	3～5

注:7 项设施用房占床均建筑面积指标的比例可根据地区和医院的实际需要调整。

4. 功能分区

功能布局如图 2.37 所示。门诊部由公用部分、诊断治疗部分和各科诊室组成，应设在医院交通入口处，与急诊部、医技部毗邻，有直通医院内部的联系通道，并应处理好门诊部内各部门之间的关系，使患者尽快到达就诊位置，避免迂回往返，防止交叉感染。急诊部应自成一区，单独设置出入口，便于急救车、担架车、轮椅车的停放；急诊部应与门诊部、医技部、手术部有便捷的联系；急诊、急救应分区设置。医技综合楼通常设置在门(急)诊楼与住院楼之间，并设联系通道，以方便门诊、住院患者。住院部通常由出入院管理部和病房两部分组成，各科病房由若干护理单元构成，与医技部、手术部和急诊部应有便捷的联系。感染科宜独立选址分区建设。医院主要科室基本流程如图 2.38 所示，该项目建筑人视效果图如图 2.39～2.41 所示。

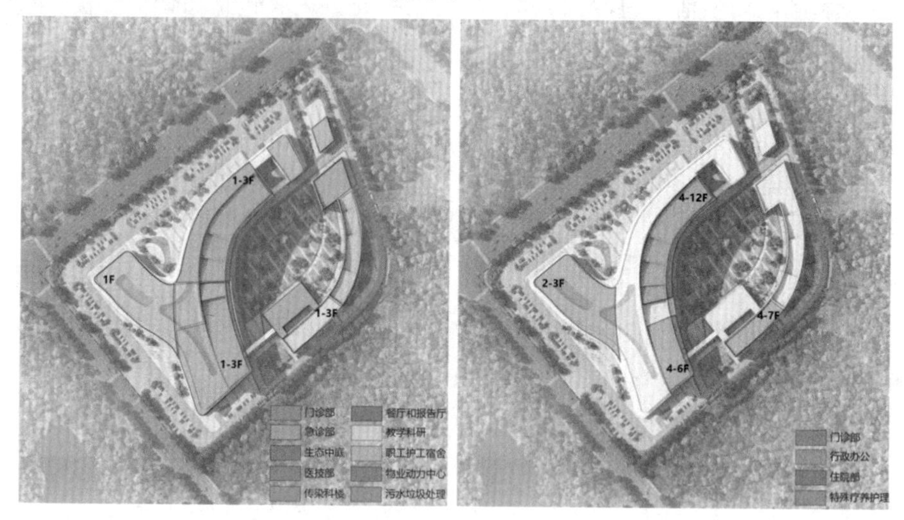

图 2.37　功能布局

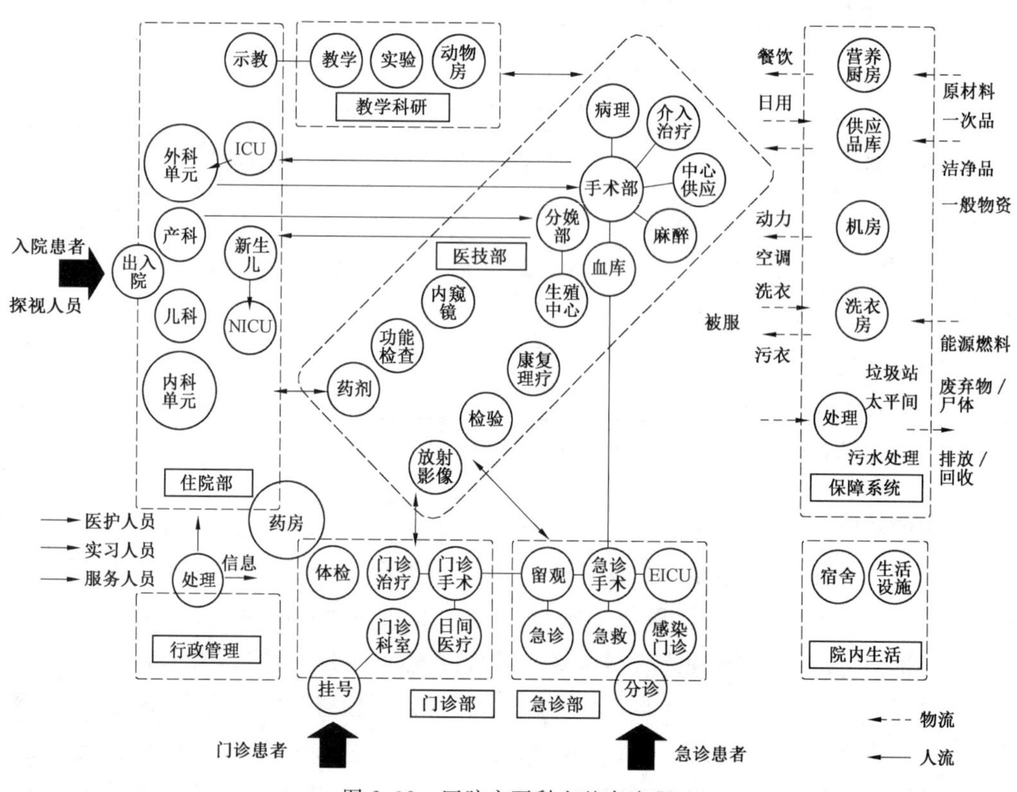

图 2.38　医院主要科室基本流程

图 2.39　建筑人视效果图(1)

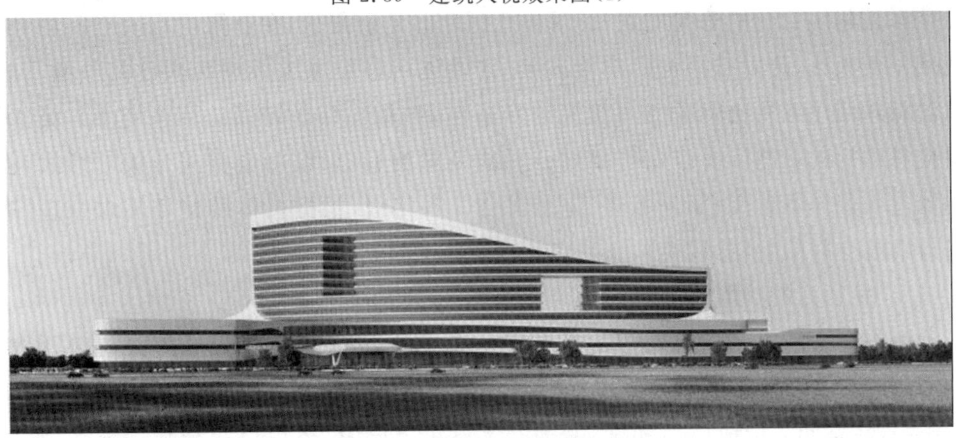

图 2.40　建筑人视效果图(2)

图 2.41　建筑人视效果图(3)

2.4.3 “平急结合”与转换设计

公共卫生安全关系着民众的生命健康、社会的安全稳定、经济的正常发展。对突发公共卫生事件的应急处理体现了医疗卫生系统的重要性。医院建筑作为医疗卫生系统的承载主体，提高应急救治能力成为提升公共卫生安全保障的关键。突发公共卫生事件一般具有事发紧急、发展速度快、早期难以控制的特点，需要采取非常规措施应对。应对突发公共卫生事件，医院建筑需要建立合理的应急医疗空间调配与转换机制，需要提供充足而专业的医疗空间有效配合应急救援，服务规模和服务能力要能够满足救治流程和医疗设备条件的应急需求。因此，在应对突发公共卫生事件时，提升医院建筑应急能力的关键点在于制定出合理的作用机制和提供有效的医疗空间支持。

1. 效度平衡的应变功能转换

从医院建筑的功能角度出发，针对应急医疗的复杂需求，在有限的医院空间内，实现空间利用最大化，建立有限度的功能转换，在功能转换中寻求效率和限度的平衡。医院建筑的特殊使用性质决定了空间功能的专属性，并非所有空间都具有可变性与灵活性，解决应急医疗的功能转换首先需要划分功能需求类型，采取功能空间分级的形式，将医院功能空间分为不可变、部分可变、完全可变 3 种等级，根据具体的使用需求合理、适度地进行功能空间的“平急转换”，满足应急救治的空间需求。

(1)应急医疗的功能需求。

①医疗安全需求。应急医疗的首要需求是安全，由此在功能布局上提出了医患分流、洁污分流、人物分流、传染病与非传染病分流、不同传染病种分流的设计要求，并配合气流组织，在空间内形成压力梯度，避免交叉感染。同时，还可以结合数据统筹，有效控制应急医疗空间规模，降低人员聚集和医疗物品的使用频率，提高应急医疗效率，降低感染风险。

②弹性空间需求。面对目前应急医疗技术中的多种需求和有待探索的未知需求，在医疗建筑空间设置上需要留有余地，通过留白、可变、放空的设计方法，可以提升医院建筑的弹性程度，为医院建筑的应变功能转换带来更多的可能性。

③公共健康需求。应急医疗是一种公众行为，感染者是部分群体，医院建筑在应急功能设置中还需要考虑其他群体的就医需求。随着医疗服务模式的转变，医院建筑可考虑根据病种进行功能布局，从而实现门诊、检查、治疗、住院一体化。缩小建筑单体规模，使其更具灵活性，也可以降低院内感染控制难度。在应急医疗中还需要关注患者的生理卫生和心理卫生需求，在满足基本救援需求的同时提供适宜的空间环境。

(2)分级转换的功能设置。

结合应急医疗的功能需求，可从城市街区、医院院区、建筑内部空间 3 方面进行分级

转换的功能设置。从城市街区角度，围绕区域健康与安全的设计理念，结合医院周边的用地性质，设置分级功能转化，保留街区的基本使用功能，从城市绿地、社区活动中心等休闲类设施场所入手进行应急功能转换，加上部分学校、办公楼、厂房等办公类设施，形成区域应急效应。从医院院区角度，应强化弹性空间，合理规划预留用地和分期建设用地在应急状态下的作用，可以以最高等级对其进行功能转化。在院内急诊、感染疾病科、住院部附近设置的预留场地，以及科研办公、实验室等配套设施可以作为部分可变的功能空间。院内的交通流线区域、救护车停车位等专属区域不做功能转化考虑。从建筑内部空间角度，要考虑相邻功能空间的联动和扩充，在功能设置时可将重点空间与辅助空间搭配，提供应急状态下的转化条件。

分级转换的功能设置思路可以分别作用于新建医院建筑项目和既有项目改造。例如，德州市东部医疗中心新建方案从城市街区角度考虑，在应急状态下，地块北侧的养老公寓区和科研办公区可作为居家隔离和医护生活区域，西侧的养护中心区可作为轻症治疗区域，南向的城市绿地空间可作为临时避难场所。另外，在院区内，北侧预留用地在应急状态下可做临时场地。同时，急诊急救中心和感染楼位置关系较近，且与其他医疗空间位置相对分离，在应急状态下便于封闭利用(图 2.42)。在建筑内部设计时考虑空间预留。首先，德州市东部医疗中心供应空间面积设置得较宽松，一是考虑到未来的设备增量需求，二是其位置与手术辅助区相邻，在必要时可以作为手术辅助区的面积扩充。其

图 2.42　德州市东部医疗中心新建方案

(图片来源：https://www.163.com/dy/article/FQF6BB6S0525918I.html)

续图 2.42

次,将信息中心与诊室相邻设置,在诊室需要面积扩增时可以改造或临时征用信息中心。最后,在急诊留观区旁设置图书阅览区,急诊需求量增大时可对图书阅览区临时进行改造。

对于既有医疗设施的应急功能改造,应以提高医疗设施的安全水平为主旨,且改造过程应具有专业性、系统性。改造对象多需构成应急医疗单元,在改造中应强化其内部的组团结构,以满足应急医疗中的隔离救治需求;在设备方面要结合院内通风系统、废水处理系统等设施,控制应急单元内的气压、气流方向,考虑废水承载的能力和余量。例如,尚荣医疗负压隔离病房改造在普通病房单元的基础上,根据负压病房的洁污分区,考虑电梯井交通核的位置,将尽端病房改造成医护休息洁净区,并配合设置通风系统。

2. 区域限定的空间支持

医院建筑的特殊使用流程和以功能为主导的限定性运行模式,使得空间应急转换模式的灵活性在医院建筑中变得有限。结合前文提出的功能转换等级的概念,不同的转换等级会限定出不同的空间区域,因此空间转换的灵活度在限定区域里可以得到较好的支持。在纵横衔接的应急救治网络体系中,传染病医院是救治的核心机构,发热门诊是接诊患者的主要窗口,负压病房是患者治疗、康复期间长时间使用的空间,这 3 类空间是应急救助的主要支撑空间。为解决救助空间容量不足的问题,首先要提升这 3 类救助空间的使用效率,建立有区域限定的灵活转换空间;其次是提高空间容量,根据不同的使用性质,在医院空间区域限定的基础上分别加入空间余量,作为应急救治的储备支持。

发热门诊在应对突发公共卫生事件中起到预诊、鉴诊和留观作用。目前部分综合医院的发热门诊以感染性疾病专科形式设立,在功能上,发热门诊应是一个小而全的医疗

单元。为了避免交叉感染，就诊患者需要在此区域内完成自分诊至隔离留观的过程，因此发热门诊的功能设置需要包括：门诊、医技、隔离观察、医护休息、设备用房等。考虑到应急状态下的独立接诊情况，可以增加与救治功能相匹配的处置室和抢救室，为应急医疗提供多空间支持。以泰安市立医院发热门诊楼为例，该楼共设 7 层，1 层为发热门诊，2～3层为肠道病房区，4～5 层为呼吸道病房区，6 层为实验区，7 层为 ICU 病区。发热门诊楼为隔离患者与易感者划分了特殊区域和通道。同时，门诊区分为肠道门诊和呼吸道门诊两部分，分别设有独立挂号收费及出入院办理区域。医护人员在门诊楼北侧设置独立出入口。负压病房的护理单元也采用洁污分流设计，不同区域间设有卫生通过空间、物品传递窗口，病房区的外廊为患者通道，也是病房与室外连接的过渡区域。

病房区是感染者与医护人员长时间密切接触的地方，是重要的应急医疗功能区域。与普通医院病房的护理单元平行式布局相比，用于传染病隔离的负压病房多采用尽端式布局，此种布局方式可以提高医护人员的救治效率，同时可以对患者的行走流线加以限制，降低感染风险。在采用尽端式布局的基础上，以下针对负压病房尽端布局形式（表 2.2），围绕功能分区和连接方式探讨其空间灵活性。负压病房单元内，洁净区与半污染区之间用卫生通道连接（满足更衣、喷淋等防护需求），半污染区与污染区之间设立缓冲间。医护休息室、会议室在洁净区，病房及患者通道在污染区。在污染区与半污染区功能划分方面可以考虑以下两种情况：一种是“大污染区”，将护士站、会诊室纳入污染区范围内，优势在于可以更及时地观测患者，但会将一部分交通区域同时划入污染区，扩大了污染区域面积；另一种是“局部污染区”，仅将病房与患者通道作为污染区域，护士站、库房等均在半污染区，优势在于缩短医护人员在污染区内的时间，降低医护感染概率。

表 2.2 负压病房尽端布局形式

布局形式	尽端平行	尽端插入	尽端半包围	尽端全包围
图示				
说明	洁净区、半污染区、污染区顺次平行布置。便于护理单位之间的衔接	洁净区与半污染通道相连，污染区布置在半污染通道两侧。简化半污染区功能，降低感染率	洁净区在尽端，半污染区与污染区沿 L 形廊道布局，降低患者间的感染率	洁净区被半污染区全包围，污染区顺次半包围。半污染区可变性较强

续表2.2

布局形式	尽端平行	尽端插入	尽端半包围	尽端全包围
案例	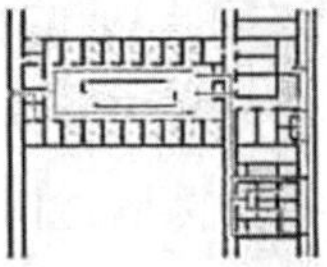	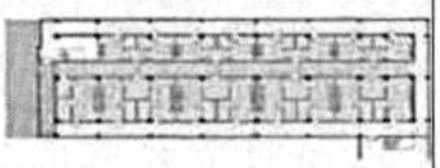		
设计方或项目	华诚博远工程技术集团医疗建筑设计研究院	尚荣医疗负压隔离病房改造方案	鹤壁市人民医院负压病房楼	泰安市立医院发热门诊楼病房区

第3章　综合医院建筑设计

3.1　综合医院建筑功能布局架构
——以哈尔滨医科大学附属第二医院改扩建工程为例

3.1.1　建筑空间功能布局方式

综合医院的功能基于临床诊断、治疗需求而形成明显的内在关联性。为了保障这种组织关联，对于空间组织的途径、措施、过程、方便度等需进行综合分析和研究，组织过程应以医疗功能的满足和使用者的心理感受为目标。医院设计在空间组织上除了要参考建筑实例和设计师自身的经验，在设计过程中还应在心态、时间上去深入调查使用者的感受和意见。医院建筑具有复杂性和专业性，因此设计中应首先以谦虚聆听的心态对现行模式进行全方位的分析，避免固有模式的刻板印象，提升医院空间的组织效率。

对于框架体系和功能流线，在设计当中应是从大关系到细微关系的研究。医院内部与外部、各科室之间、科室内各功能组团之间、各组团内部最小空间单元之间都存在着频繁的人员交流、物品更替、信息交换等，即形成人流、物流、信息流。合理的框架体系为不同级别内这3种流线的通畅提供最为重要的保障，设计中医院的平面布局随这3种流线的变化而调整，需要系统解决，逐级深化。不同级别空间系统的功能流线影响范围不同，但各种流线的设置原则是相通的，即洁污分离、传染与非传染分离、一定程度上的医患分离，形成医院众多部门间的联系框架。医院各部门功能关系图如图3.1所示。

部门(科室)级空间系统应具有一定的独立性、排他性，同类科室应靠近设置，且不宜被其他部门(科室)功能所穿越，应尽量趋近于闭合状态，最好保证有一个翼端，防止各科室患者盲目穿行，造成交叉感染。部门(科室)级空间系统的位置设置是整个医院人流组织的最重要环节，每个部门内部又具有更加详细的功能关系。医院药房基本功能关系如图3.2所示，产科基本功能关系及其与其他部门的联系如图3.3所示。

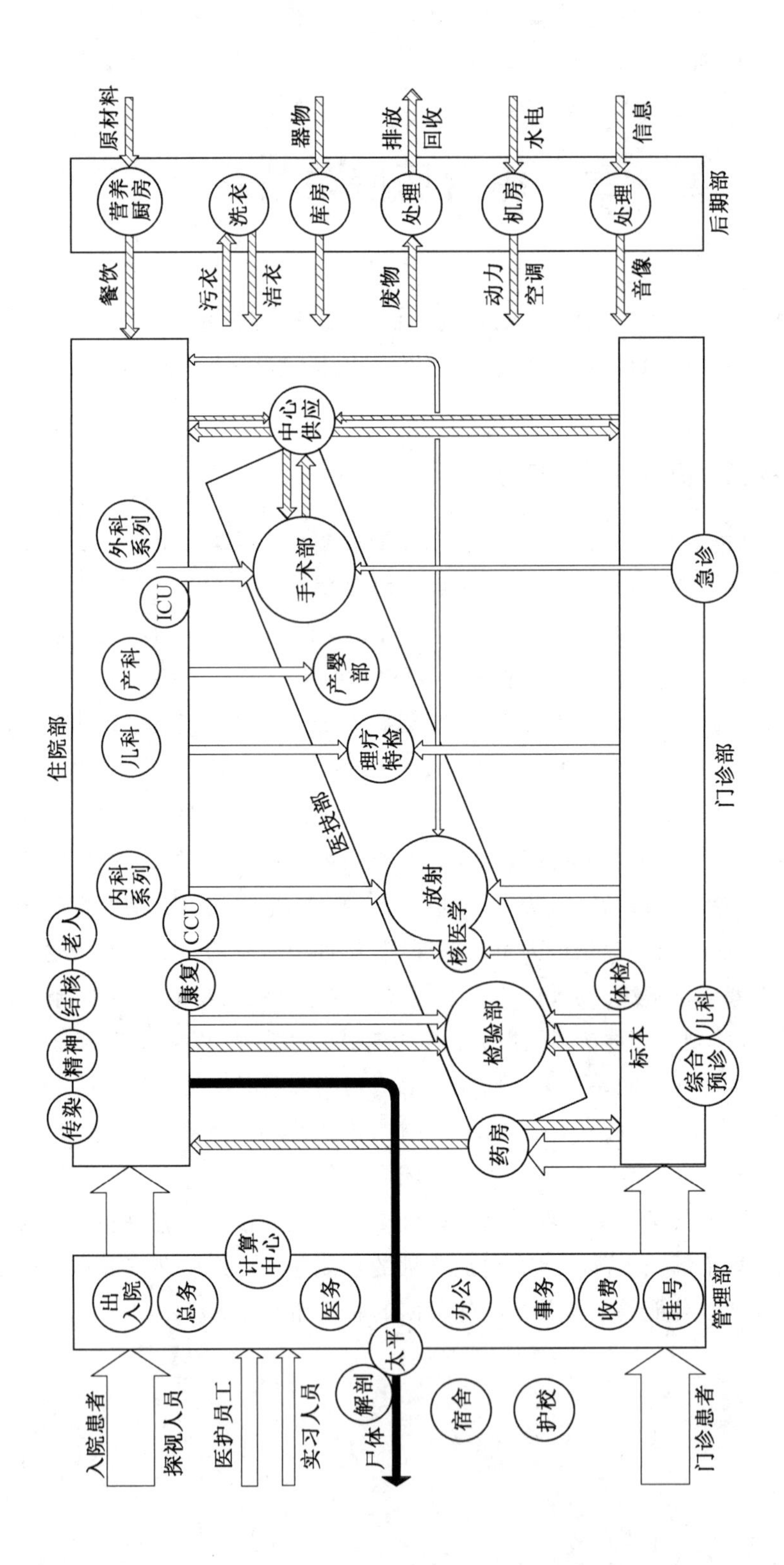

图 3.1　医院各部门功能关系图

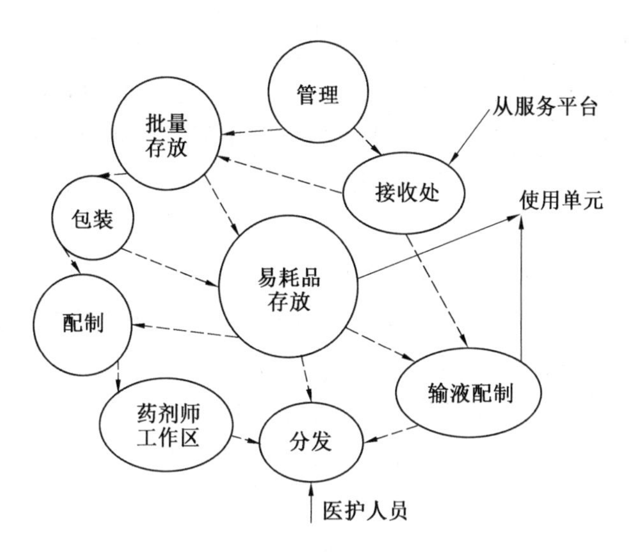

图3.2 药房基本功能关系

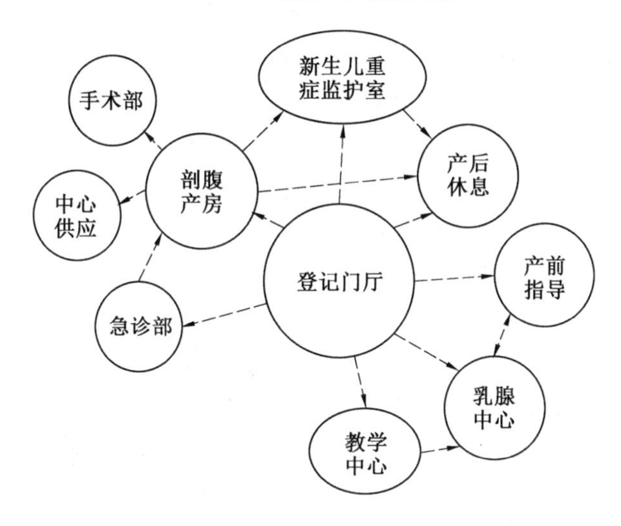

图3.3 产科基本功能关系及其与其他部门的联系

组团级空间系统内由于彼此联系的强度、频度、急迫度都普遍非常高，因此交通空间的设置上应严格符合操作流程，简明的内部流程可直接影响空间组织效率的提高和就医流线的缩短，可减少相关人员不必要的奔波、等候、滞留等时间的浪费，在细节上做到对功能的最大程度支持。

医院空间布置首先应具有一定的规律、层次，导向性较强；空间定位应遵循人们的行为经验，不可违背系统从高到低的搜寻规律；组织模式应尽量单纯，避免复杂隐秘，在一定视线范围内可能引起关注的目标不应太多或毫无差异。对于一些关联需求急迫度极高的空间应设置便捷的专用通道，且在使用中务必保证通畅。所谓的流线清晰并不仅仅是图纸上、理论上的清晰，更需要通过各种诱导设计使得各项参与群体能够自然、自觉地

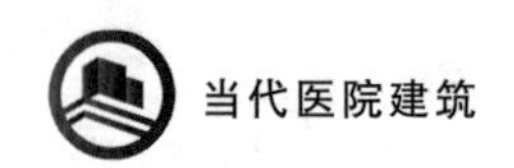

按照预先设计的路线去完成。因此，空间组织效率的提升，并不仅仅是空间之间绝对距离的改变，更要兼顾到空间诱导性的设计，使得各种理论上明确的流线简明易找、视线通畅，能够在使用时被人们快速地识别并按其落实。空间框架的设置应兼顾上述设备系统的配给，在满足医疗功能和空间之间联系需求的情况下，将需求相近的空间单元靠近设置，从而符合可持续发展的价值观。

对于规模较小的综合医院来说，应该从缩短患者步行距离和提高空间利用率的角度出发，对功能布局进行"精简"和再排布。我们可以从传统医院功能气泡图中获取灵感，选择普遍需要的基础功能空间，重新排布位置顺序，"近者相近"，构建"小组"或"小品单元"，内部配备少量人员，即可灵活应对该功能区块的看病需求，配合鲜明的导引系统，有效避免流线交叉，提高效率。具体实施方案是对医院内部功能进行重新组合，改进后的功能区块布置示意图如图 3.4 所示，由于规模有限，需要适当减少功能分区，一般只保留基础配置。同时，由于妇产科医生相对较少，可以将妇产科门诊和妇女保健及计划生育合并为"妇女小组"，只需要少数几名医务人员就能兼顾 3 方面的工作。健康教育室临近"中医小组"，也可兼作妇科健康教育宣传室。如果条件允许，还可以将门诊分为普通门诊、专家门诊、中医门诊 3 类，并将医技科室的分区设置相应地配合，以提高空间利用率。

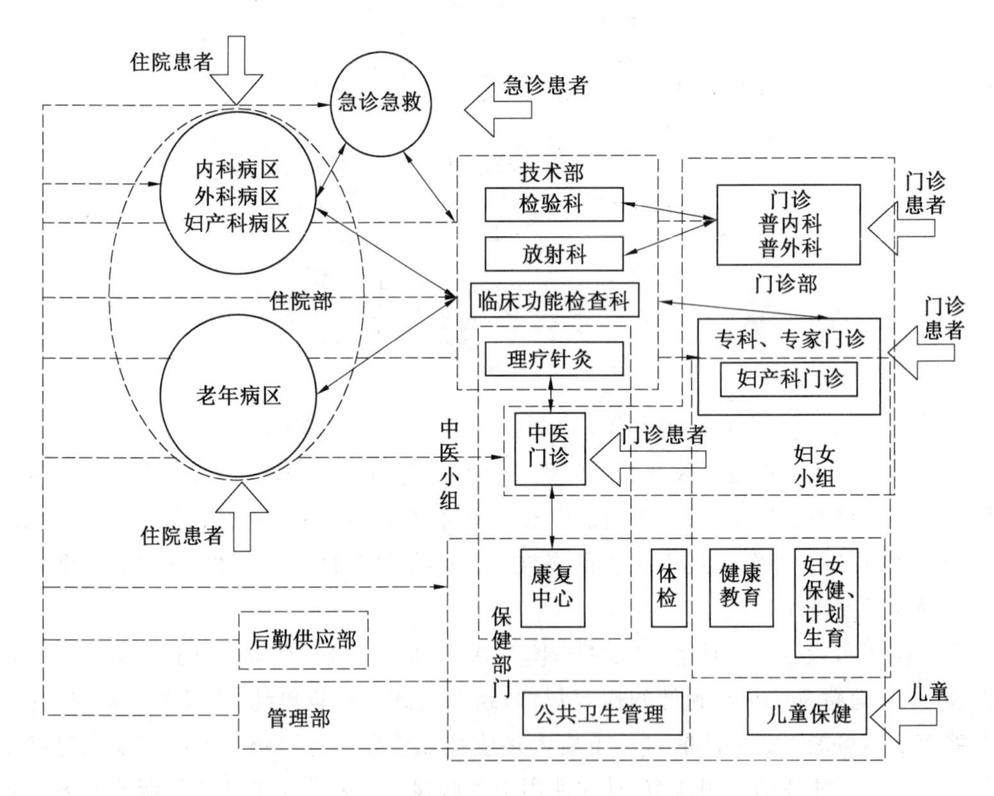

图 3.4　改进后的功能区块布置示意图

与此同时，“中医小组”可以将中医门诊、针灸和康复中心合并在一起，靠近老年病区设置，缩短患者就诊距离，优化空间深度体验。

3.1.2　项目案例

1. 项目基本信息

哈尔滨医科大学附属第二医院是集医疗、康复、教学、科研为一体的三级甲等综合医院。为了医院的长期发展，全面改善医院的就诊和住院条件，使之成为环境幽雅、设施齐全、功能完备的现代化大型综合医院，本项目对哈尔滨医科大学附属第二医院医疗区的建筑功能分区、道路、绿化和环境景观进行了统一规划和设计，并且满足一次规划、分期实施的要求。

医院医疗区占地面积 20.95 hm^2，位于保健路和学府路交叉路口处，现拥有 1 个门诊部，6 个住院部，床位 1 600 张。一、二期规划占地面积 8.24 hm^2，用地内保留外科病房楼和报告厅，外科病房楼内现设有放射科室和 24 间手术室、中心供应室等。

用地现状从医院远期发展来看，存在以下几个制约因素：功能方面，院区内建筑密度较高，空间围合感不强，医疗区为分散式布局，各医疗单位联系不方便，给患者就医带来诸多不便；交通方面，院区内目前人车混行，道路指引性不强，停车场地紧张，无法满足就诊人员停车需要；环境方面，室外环境质量不高，公共空间的景观形象急需改善与加强，缺乏必要的供患者康复的绿地与活动设施。为适应日新月异的医疗发展需求，最大限度地实现医院的可持续发展，需要把哈尔滨医科大学附属第二医院建成“一切以患者为中心”的花园式智能化医院，使之成为集医疗、急救、康复、教学、科研为一体的现代化医疗中心。

2. 功能布局

1 层包括急诊部、发热门诊、传染门诊、健康体检中心、妇产科门诊、儿科门诊、放射科、中心药局等(图 3.5)。2 层包括妇产科、检验科、外科一、外科二、急诊部观察室、冠心病监护病房(CCU)等(图 3.6)。3 层包括内科一、内科二、内科三、外科三、外科四、急诊部日间病房等(图 3.7)。4 层包括内科四、内科五、内科六、超声科、电生理科等(图 3.8)。5 层包括健康体检中心、耳鼻喉科、口腔科、其他科室、内窥镜科等(图 3.9)。6 层包括理疗科、中医科、皮肤科、手术部、办公区等(图 3.10)。地下 1 层包括放射科、商业街、地下停车库、设备用房等(图 3.11)。

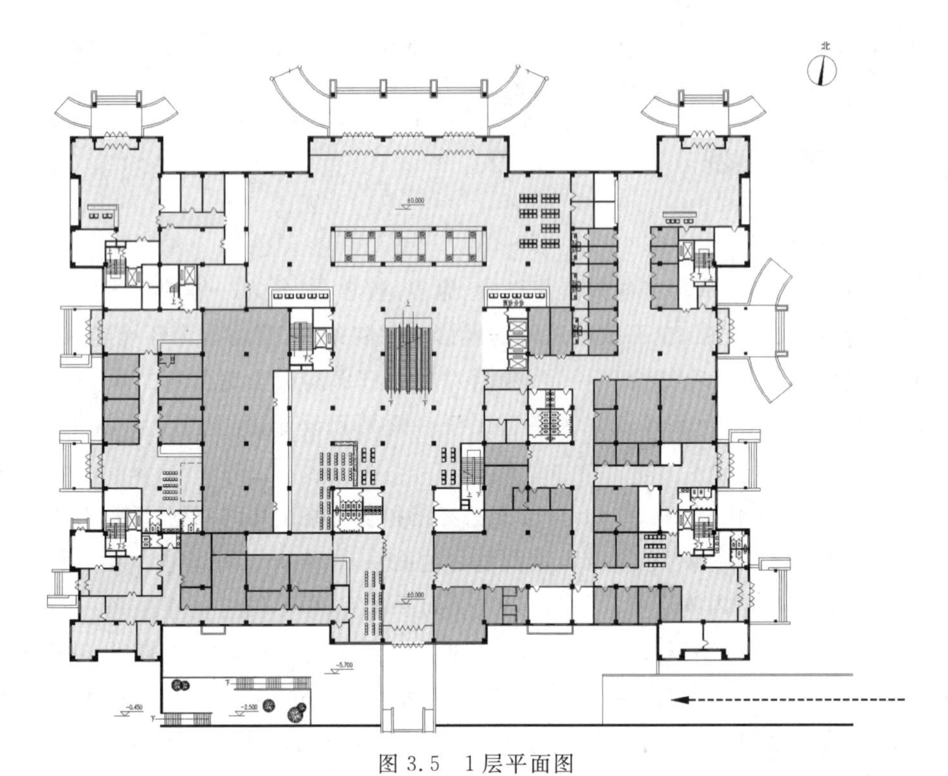

图 3.5　1层平面图

图 3.6　2层平面图

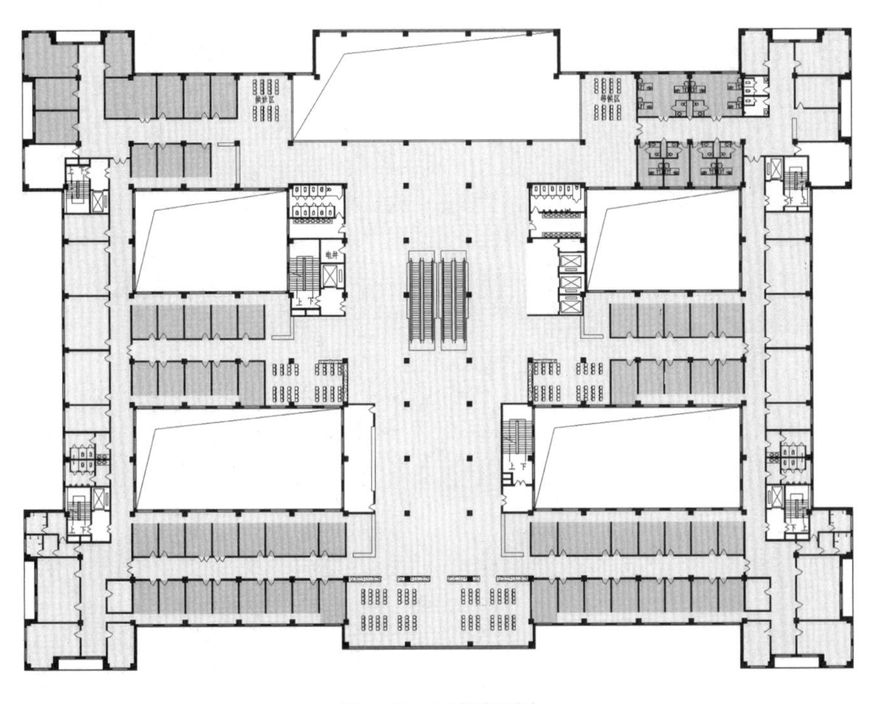

图 3.7　3 层平面图

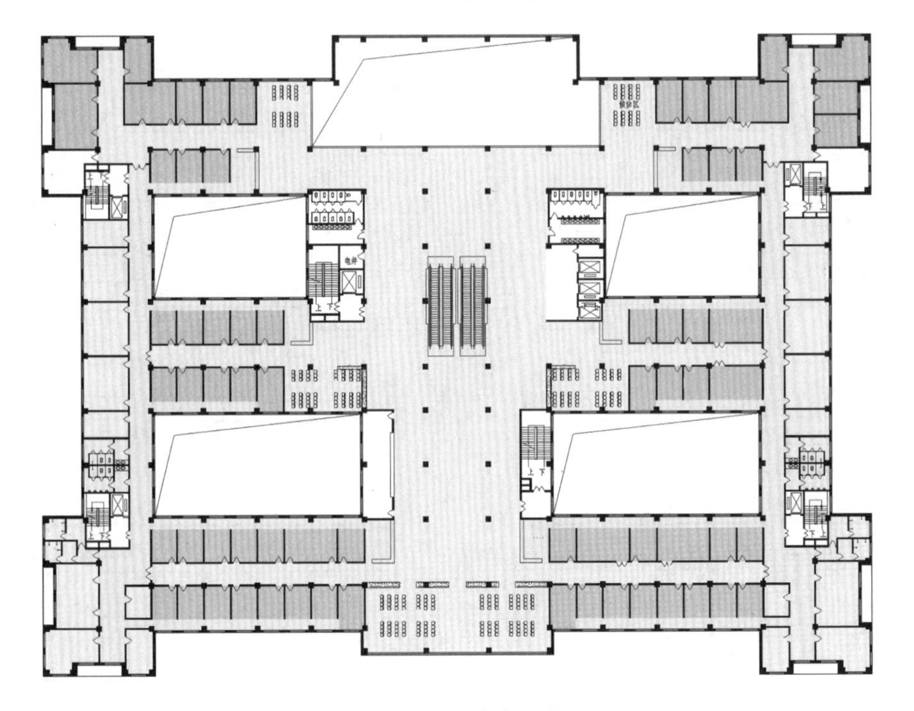

图 3.8　4 层平面图

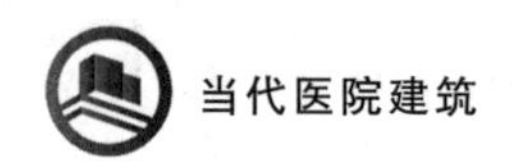

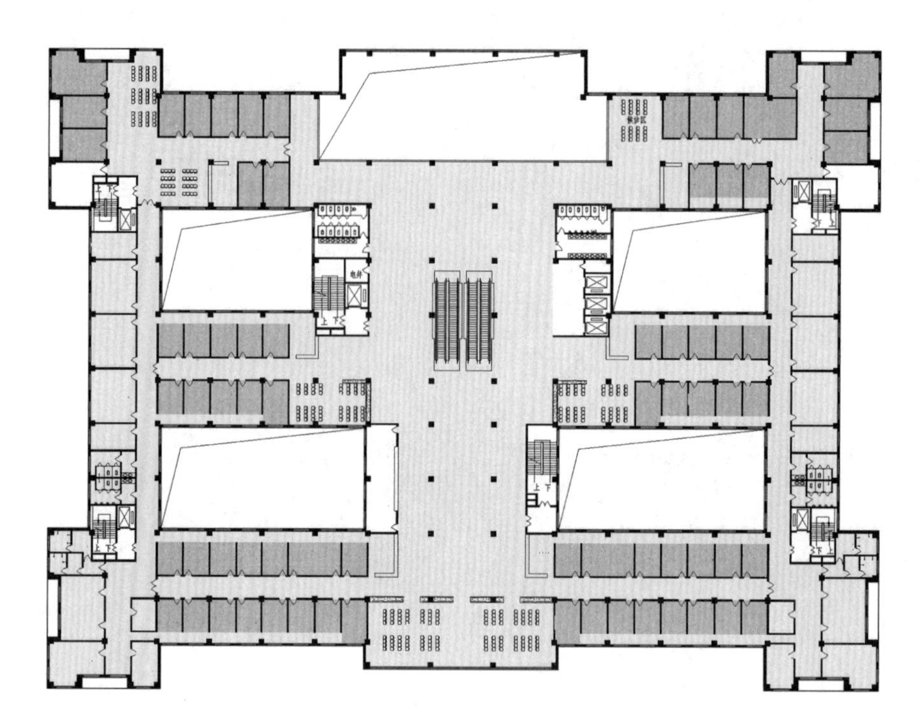

图 3.9　5 层平面图

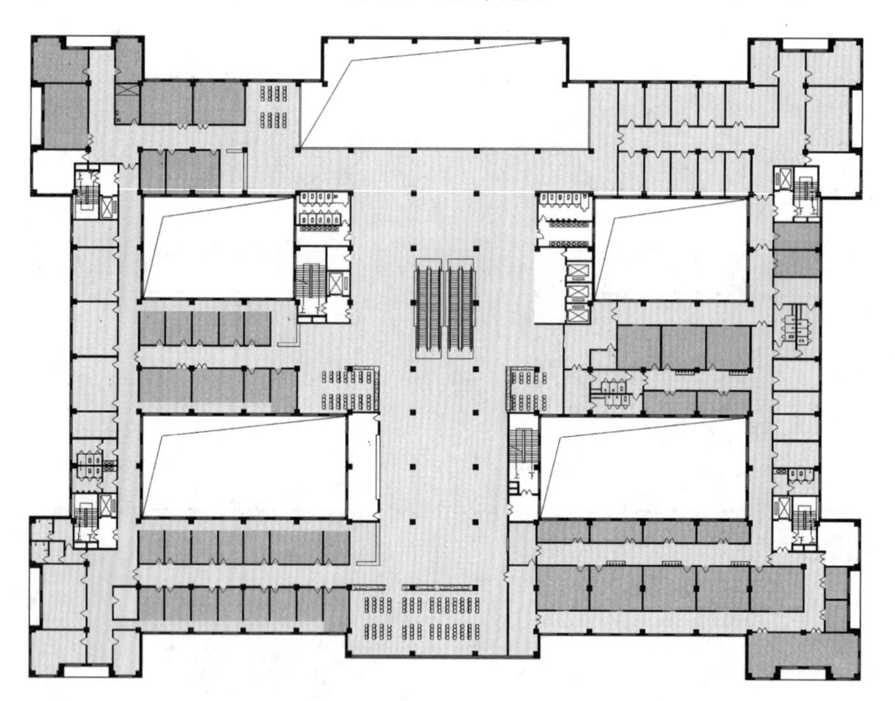

图 3.10　6 层平面图

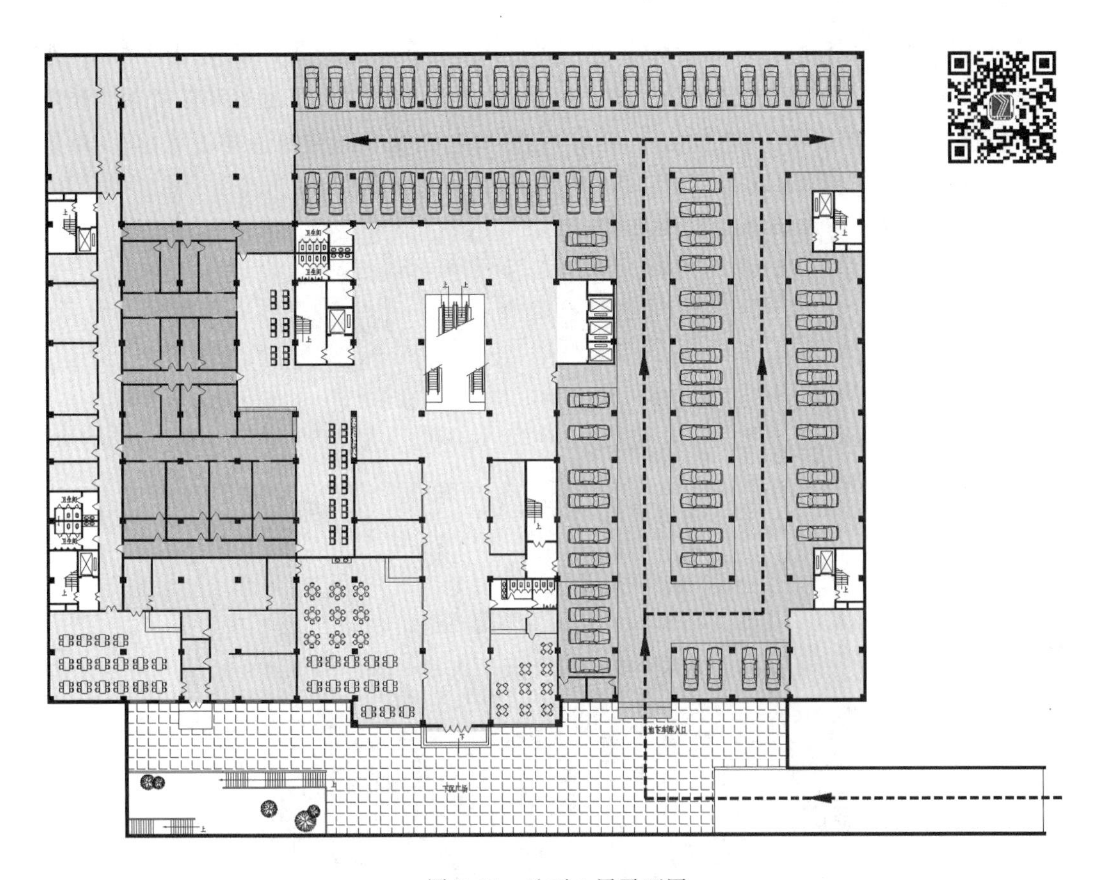

图 3.11　地下 1 层平面图

3.2　综合医院建筑交通流线组织
——以哈尔滨医科大学附属第四医院
门诊外科大楼建筑设计方案为例

3.2.1　交通流线组织方式

1. 交通体系

交通体系作为各功能框架的具体联系方式，是空间组织效率的核心内容，受到功能框架的影响，同时受到交通形式、消防疏散等影响。各种流线需遵循洁污分离、传染与非传染分离、一定程度上的医患分离的设计原则。医院的交通体系除了符合一般大型公共建筑的交通流线组织规则，在设计中应在应用成熟经验的基础上，与医院的就医流程相吻合，结合各医院的具体情况、医疗的发展趋势和使用者提出的新需求来进行设计。

水平交通的组织方式以走廊和大厅的形式为主。水平交通作为医院空间组织方式最主要的体现，其含义已经不单是符合规范的普通走廊，其形式越来越丰富（图 3.12～

3.15)。按照现行规范规定，室内走廊净宽不应小于2.4 m，这是根据医院使用中2辆担架车错车所需空间的最低标准进行设定的，勉强可满足日常使用。然而如果有紧急情况发生，对组织效率将形成很大的制约性。因此，设计师应根据实际情况适当拓宽，至少对易形成大量人流通行的走廊必须拓宽。若走廊兼作其他用途，至少应达到3.5 m。

图3.12　与候诊功能符合的走廊——哈尔滨新区松北医疗联合体

图3.13　建筑之间的连接廊

水平交通的地面应避免各种小高差的设置，实在无法避免时也应以缓坡处理。廊道不宜过长，否则通风和采光都将受到影响。同时，应符合消防疏散的需求。走廊在细节设计上应充分考虑患者使用，满足人性化需求，如地面需有一定的防滑性能、设有材质亲

图 3.14 走廊氛围

(图片来源:ZGF 事务所官方网站)

切的扶手等。

选择合理的水平交通形式对于加强相关功能空间的联系至关重要。例如,正方形的护理单元比长方形的护理单元效率更低。护理单元平面交通组织与护理部工作效率具有密切的联系,紧凑的护理单元布置,可加强护士站与各病房间的联系,从而提升该空间组团内部的组织效率。从最初的矩形护理单元(图 3.16)发展到环形护理单元(图3.17)、双环形护理单元(图 3.18),大大缩短了护理人员的路程。

各种“厅”的出现多为大量人流的分流和汇集节点或者交通廊的转折,往往并非单纯的交通功能,经常与其他功能复合,如候诊、宣传、小景观摆放等,必须具有鲜明的诱导特征,否则易形成大量人员的滞留、驻足和往复。大厅中其他功能的位置对厅内交通影响较大。例如,门诊大厅属于所有门诊患者的必经之地,大厅中的导诊、挂号、查询、电话、楼梯、电梯位置等错综复杂,极易造成患者与患者、患者与未患病的健康人员的交叉感

图 3.15　建筑之间的空中走廊

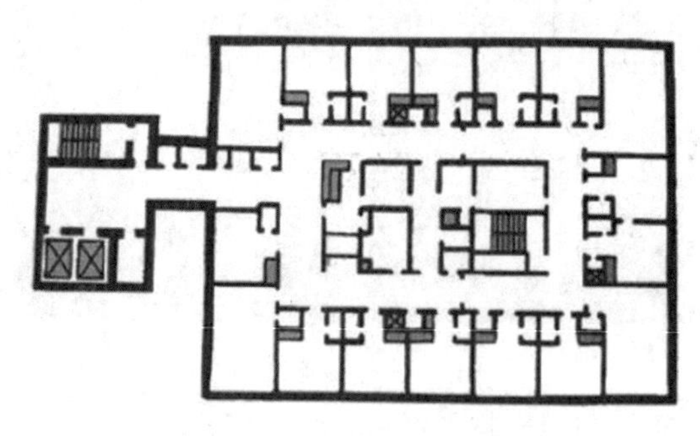

图 3.16　矩形护理单元

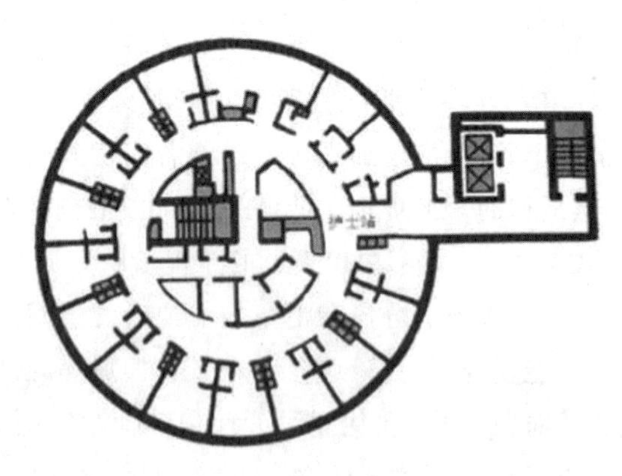

图 3.17　环形护理单元

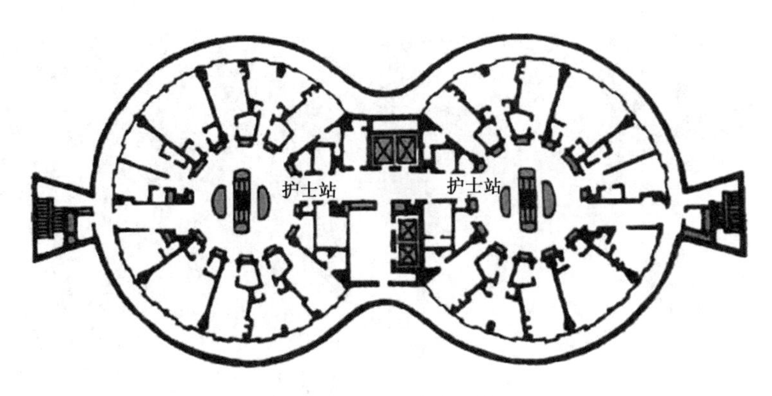

图3.18　双环形护理单元

染，利用其交通功能迅速疏散人流、防止形成高密度状态的持续至关重要。部分医院的交通厅案例如图3.19～3.21所示。

图3.19　哈尔滨市第六医院——大型交通厅

随着高层医院的发展和电梯的普及，电梯已经成为医院垂直交通最重要的交通工具，是空间组织的重要影响因素。医用电梯与普通电梯的区别在于前者运行过程更加平稳、电梯轿厢尺寸需容纳医用推车。电梯的选择可根据分层运行的管理模式、客梯与医梯公用电梯厅等方式提高电梯的运行效率。此外，具有高污染度的区域或传染病区应单独配电梯，不可与其他流线合用。哈尔滨市第六医院大厅扶梯及电梯厅分别如图3.22和图3.23所示。

2. 医患双维分化的交通组织

医患分流应该在医院中推行，与之相对应，医院的空间需增多，投资成本需增加。以板块式空间为构成框架的门诊空间中，就诊单元体作为媒介，连接就诊者和医务工作者。这刚好可以形成医患双维分化的交通组织形式(图3.24)。医疗建筑本身就是就诊者聚集的场所，也是一个大的公众感染源。解除疾病困扰是就诊者的夙愿，也是医务工作者的追求。医院门诊的人流复杂，出于减少互相传染的目的，就诊空间在设计时要尽量做到清洁无菌。同时，避免交叉感染的有效手段就是流线分开、互相隔离。这样既方便了

图 3.20　哈尔滨新区某三级综合医院项目设计方案——大型交通厅

图 3.21　大庆油田总医院省级区域医疗中心建设工程(住院二部重建)医院街——小型交通厅

就诊者的行进路线,也使医务工作者的流线更加便捷高效,并为其创造了一个安静的工作环境,从而节省就诊者的就诊时间,提高就诊效率和就诊质量。

(1)医患流线独立分化。

门诊设计中,将就诊者和医务工作者的路线进行分离,彼此相对独立,各行其道,不再交叉在一起。在医院平面构成的交通系统中建立双维流线概念,加入医用通道,实现医患双流线架构。该类型交通的空间组织简洁明了,视线畅通,有较好的可识别性。中

图 3.22　哈尔滨市第六医院大厅扶梯

图 3.23　哈尔滨市第六医院电梯厅

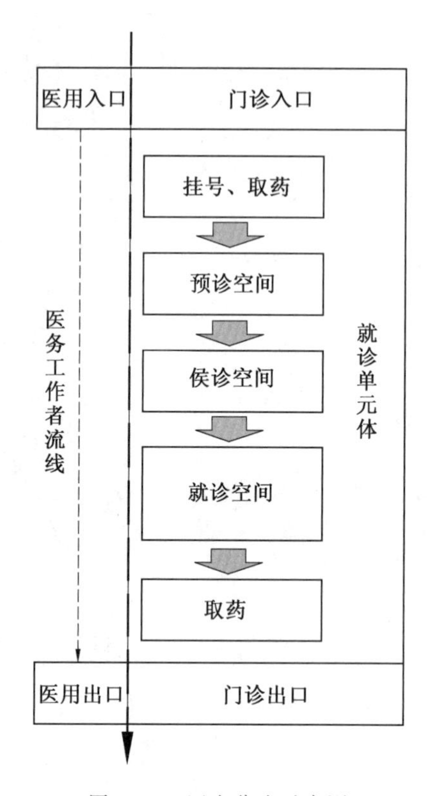

图 3.24　医患分流示意图

间的交通空间为就诊者所用，进入就诊空间后，两侧的就诊空间依次排开。医生与就诊者各行其道，保证各自流线的畅通、快捷有序和不交叉。同时，也有效控制了医患交叉感染。医患流线除了独立分化，也要形成清晰明确的层级关系。就诊通道，需要从入口大厅到就诊科室，再到具体的诊室。医用通道，需要从入口到医用办公室或休息室，再到达诊室。各自的通道形成清晰的层级关系，有效地组织人流，提高就诊效率。

(2)医患双流线体系。

对于医疗建筑来讲，有两类使用者，一类是就诊者，另一类是医务工作者。人性化的推行不仅仅针对就诊群体，也要做到对医务工作者的人性关怀。在该空间模式中，双维流线的空间架构是必不可少的，二者各自的流线通道沿就诊组合体的两侧展开，简洁明确，可视性和可达性极强。就诊者和医务工作者沿着各自的通道行进，最后交会到就诊单元体中，进行医疗行为。双流线体系模式图如图 3.25 所示。

3.2.2　项目案例

1. 项目基本信息

哈尔滨医科大学附属第四医院是一个集医疗、教学为一体的三级甲等医院，医院历史悠久，实力雄厚。其位于铁路街、颐园街、银行街与果戈里大街围合的区域内，是哈尔

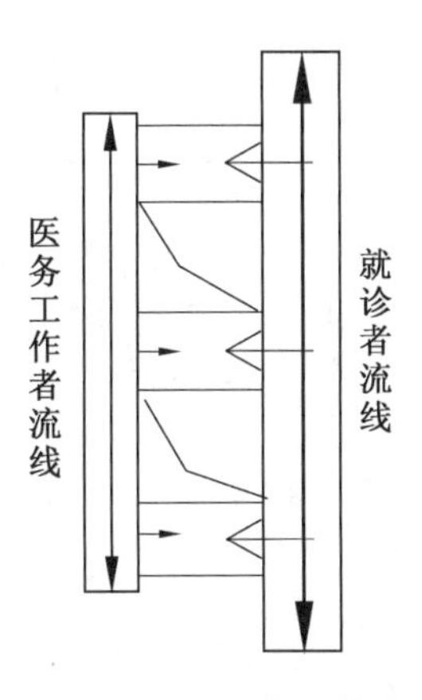

图 3.25　双流线体系模式图

滨市南岗区核心地带，院内及周边有大量具有哈尔滨传统特色的历史保护建筑，其街区是城市文脉的重要组成元素，也是哈尔滨对外展示的重要窗口。因此，新楼建成后将直接影响该地区的城市景观及医院的形象。但由于院区内建筑密度较大，用地紧张，所以医院范围内需要就保护建筑、服务功能、交通组织、绿化景观以及建筑外部形象特征等几个方面进行整合。项目建成于 2009 年，用地面积 3.44 万 m^2，建筑面积 13.7 万 m^2，共设置 1 000 个床位。该项目曾获 2012 年度黑龙江省优秀工程勘察设计二等奖，2013 年中国建筑设计奖(建筑结构)银奖。

2. 交通流线组织

建筑平面采用中轴对称的布局方式，主交通核集中设在建筑的中轴线上，使人流到达各个科室的路线清晰，距离较短。在建筑的中间部位，设置了室内采光中庭，使所有的诊室都能够获得良好的采光和通风。

入口层主要有服务功能及交通枢纽功能，包括门诊药局、静点中心、出入院手续办理、门诊挂号收款、儿科门诊、血库、传染科及门诊办公室。入口层连接住院部和医技楼，面向住院部设有独立的出入口及交通核，使得住院患者的流线不与其他流线交叉；面向医技楼，也设有独立的出入口。门诊患者与医护人员流线分离，有各自的出入口及交通组织，分区明确。门诊部入口如图 3.26 所示。鸟瞰图如图 3.27 所示。入口层功能流线分析图如图 3.28 所示。

地下 1 层主要为辅助用房，包括药库及药品配送、中心供应、病案科、餐饮中心及洗浴中心，同时服务医护人员和门诊患者，流线多有重合。地下 1 层功能流线分析图如图 3.29 所示。

门诊层设置分科门诊室、医生办公室、公共等候区及公共服务区。医护人员流线独立，且方便到达各分科门诊室。公共等候区视野良好，且方便门诊患者到达各分科门诊室。门诊功能流线分析图如图 3.30 所示。

手术层包括百级、千级、万级、负压手术间，做到洁污分流，设有专用污物电梯，可将

图 3.26　门诊部入口

图 3.27　鸟瞰图

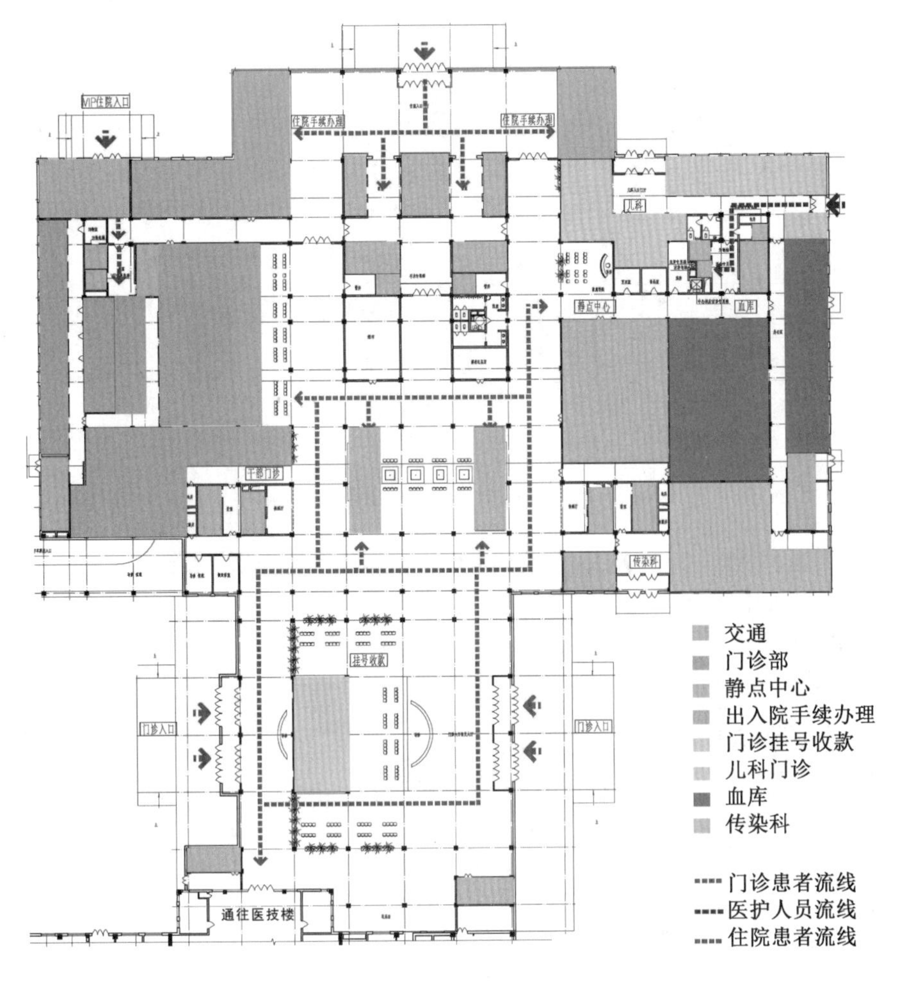

图 3.28　入口层功能流线分析图

污染物运送至地下 1 层中心供应区，与患者流线、医护人员流线无交叉重合。医生拥有专用手术交通，可保证其流线的独立，避免与患者接触。手术层功能流线分析图如图 3.31所示。

ICU、CCU 层包括 ICU 中心监护、CCU 中心监护、ICU 医生工作区、CCU 医生工作区、手术部医生工作区。医护人员经由交通核到达该层后，需进入更衣室更换洁净衣物，再进入工作区、监护室等地，洁污分区明确，保证监护室内的洁净。部分手术医生可到达更衣淋浴区及医护用房等。患者经由核心筒到达该层后，同样需要经由缓冲区进行杀菌消毒，方可进入监护室。患者家属探视流线独立，只能通过窗户进行探视，避免打扰监护室内医护人员的工作与监管。ICU、CCU 层功能流线分析图如图 3.32 所示。

肿瘤外科层、妇产科层包含独立的治疗室、配药室、病房及医生办公室等，交通流线设计避免住院患者流线与医护人员流线交叉。肿瘤外科层及妇产科层功能流线分析图分别如图 3.33 和图 3.34 所示。

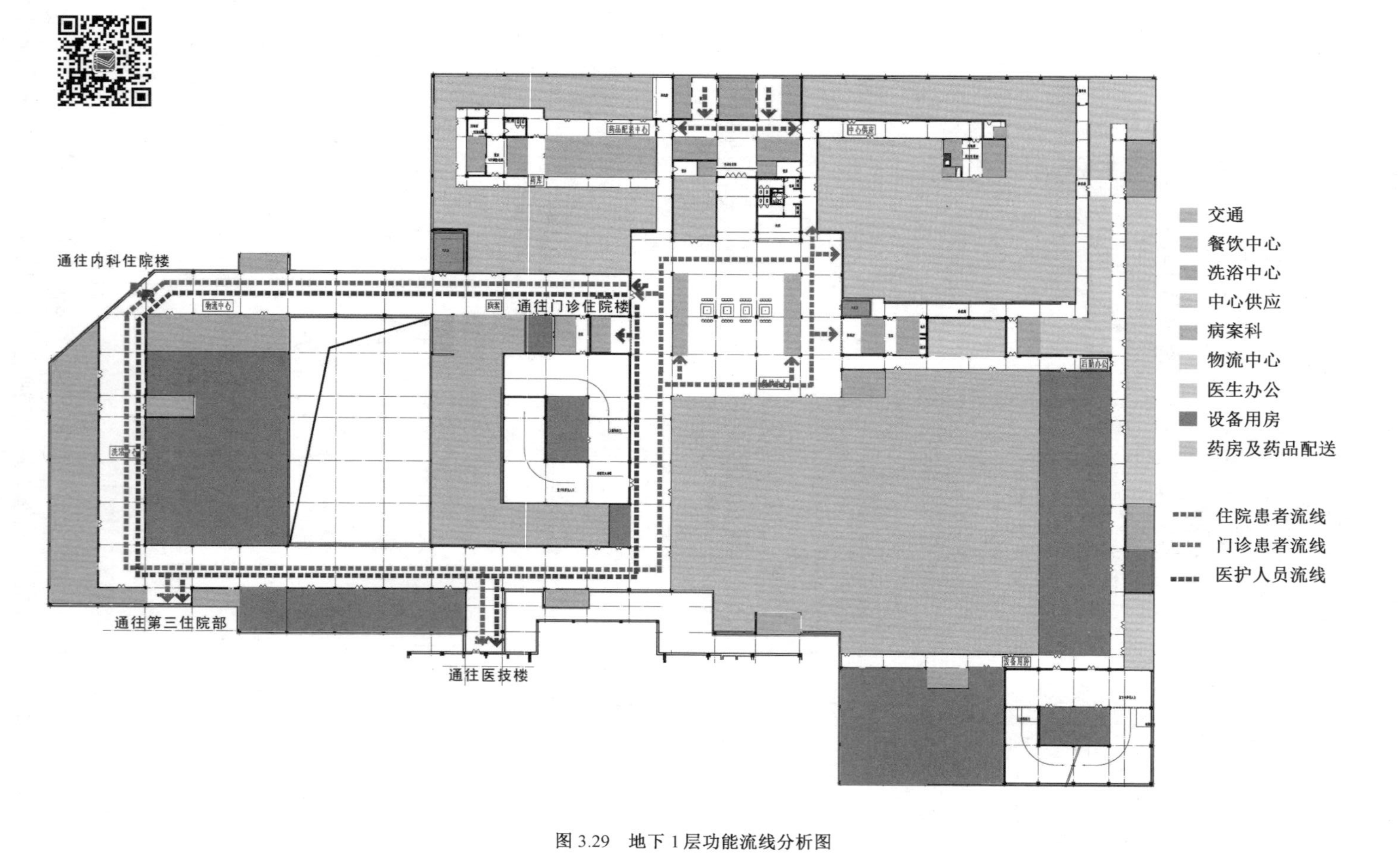

图 3.29　地下 1 层功能流线分析图

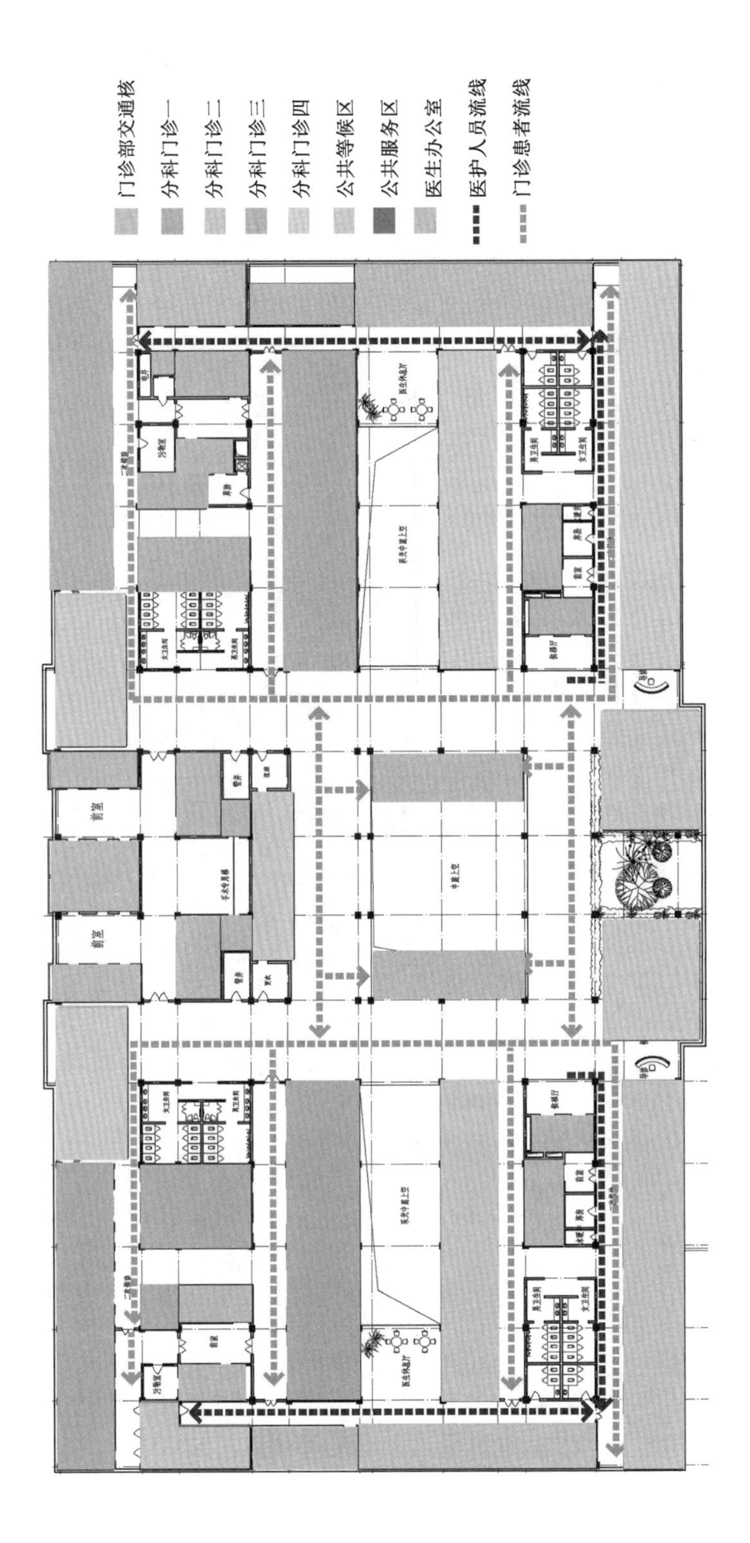

图 3.30　门诊功能流线分析图

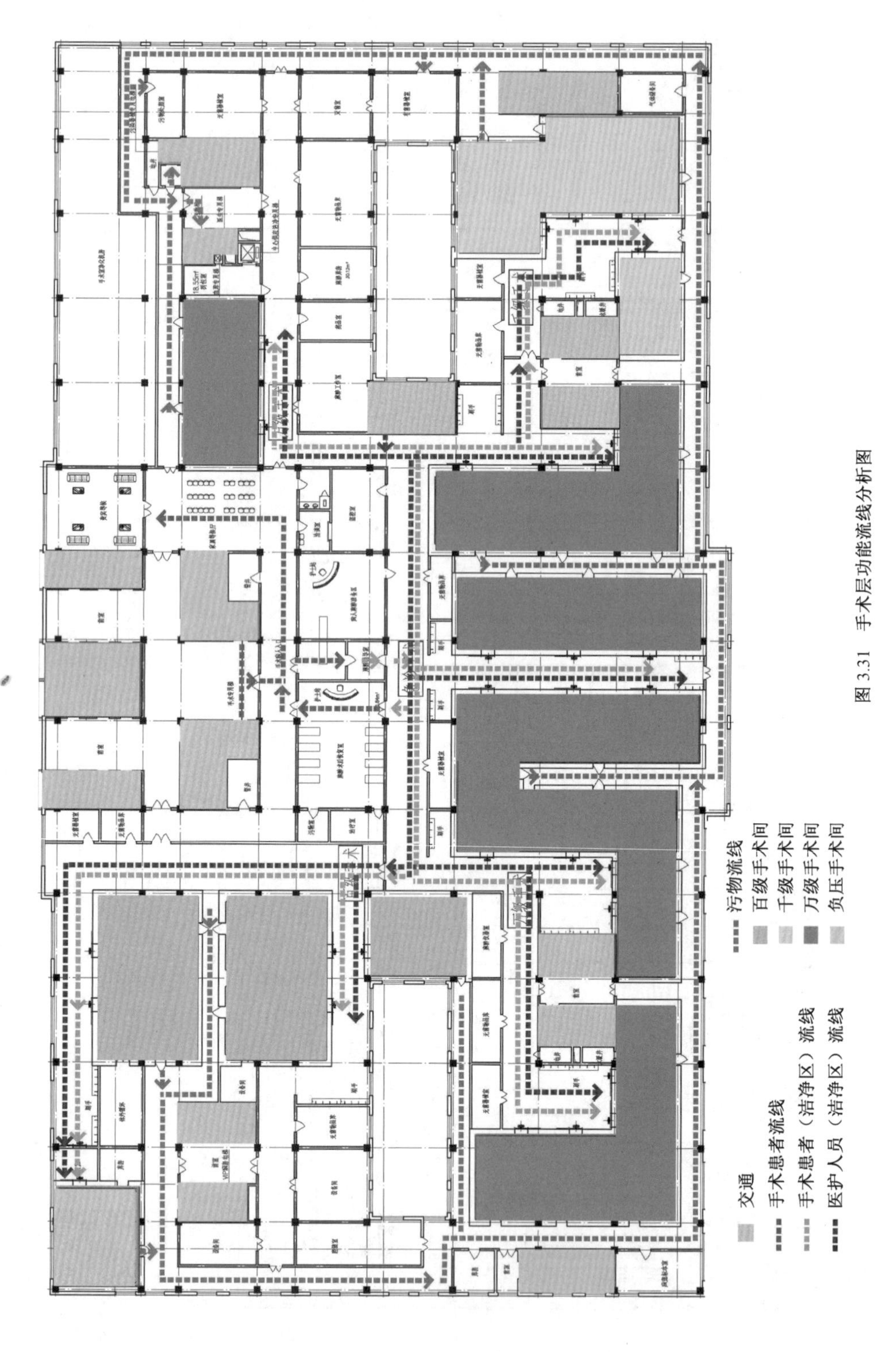

图 3.31　手术层功能流线分析图

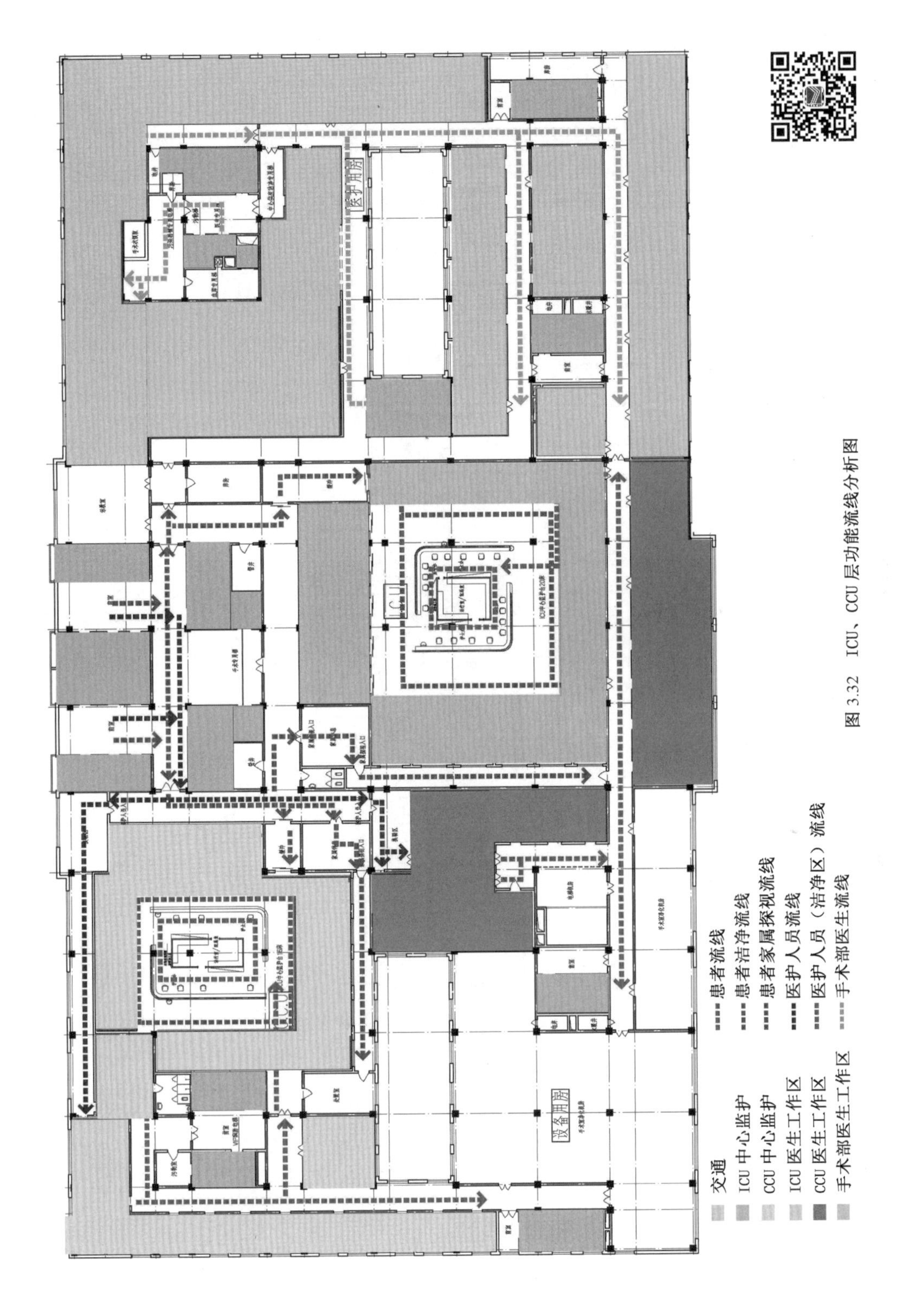

图 3.32　ICU、CCU 层功能流线分析图

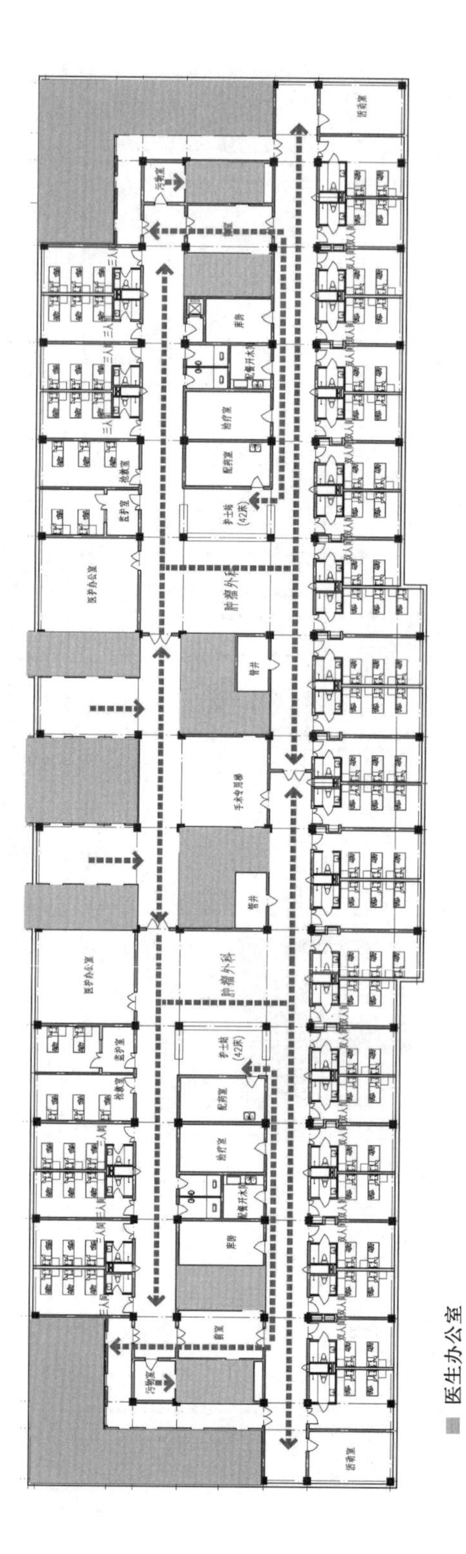

图 3.33　肿瘤外科层功能流线分析图

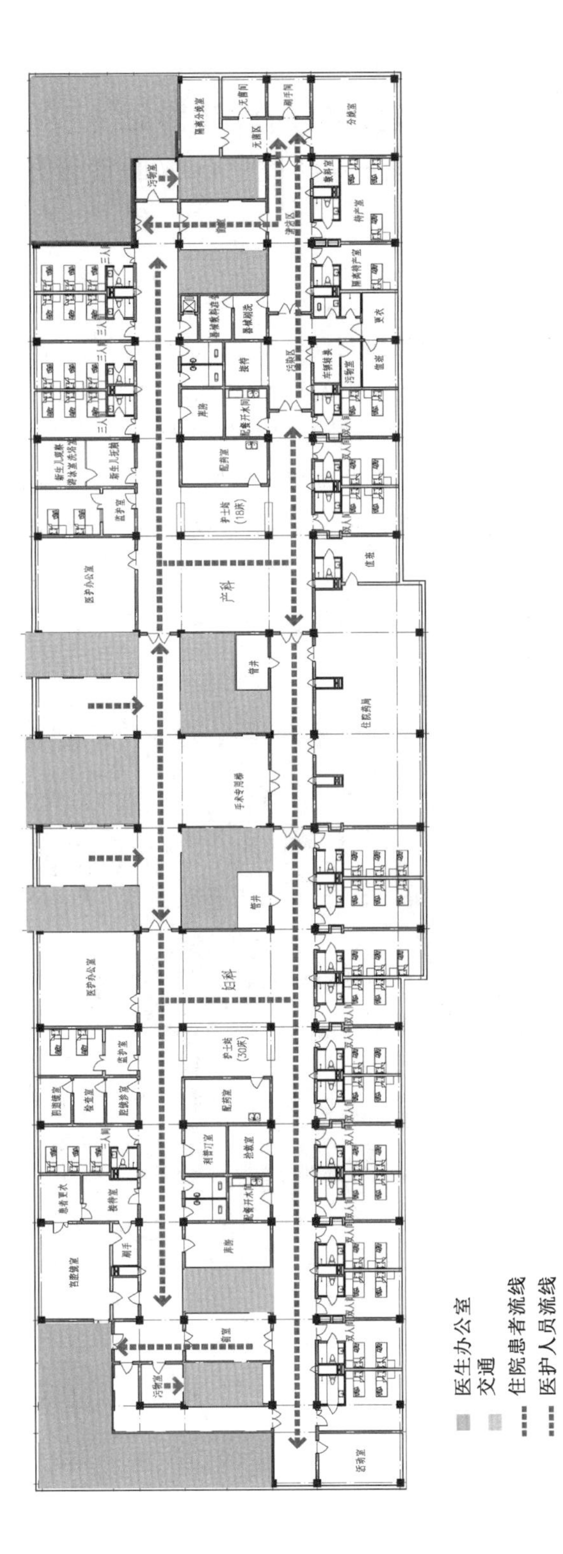

图 3.34　妇产科层功能流线分析图

3.3　综合医院建筑空间设计构思
——以哈尔滨某三级综合医院(含疫情防控中心)项目设计方案为例

3.3.1　项目基本信息

项目位于哈尔滨新区松北组团内,龙川路与学海街交叉口东南角区域,占地面积约10 hm^2。项目主要交通为学海街和地块北侧的龙川路,基地北侧为部分村落及农田,东侧为住宅小区和音乐学院,西侧为多个居住区,考虑到南侧为大学宿舍,故将医院的污染区远离大学设置。基地北侧为龙川路,西侧为学海街。基地毗邻哈尔滨商业大学。总平面图如图3.35所示。本基地形状近似东西方向矩形,结合周边现状和规划条件,故在北侧龙川路开设主要出入口,西侧开设次要出入口。项目总用地面积97 500 m^2。东西长约500 m,南北长约200 m。总建筑面积为97 400 m^2,床位数为800个。本项目的功能分区、入口分析、车行流线如图3.36～3.38所示。

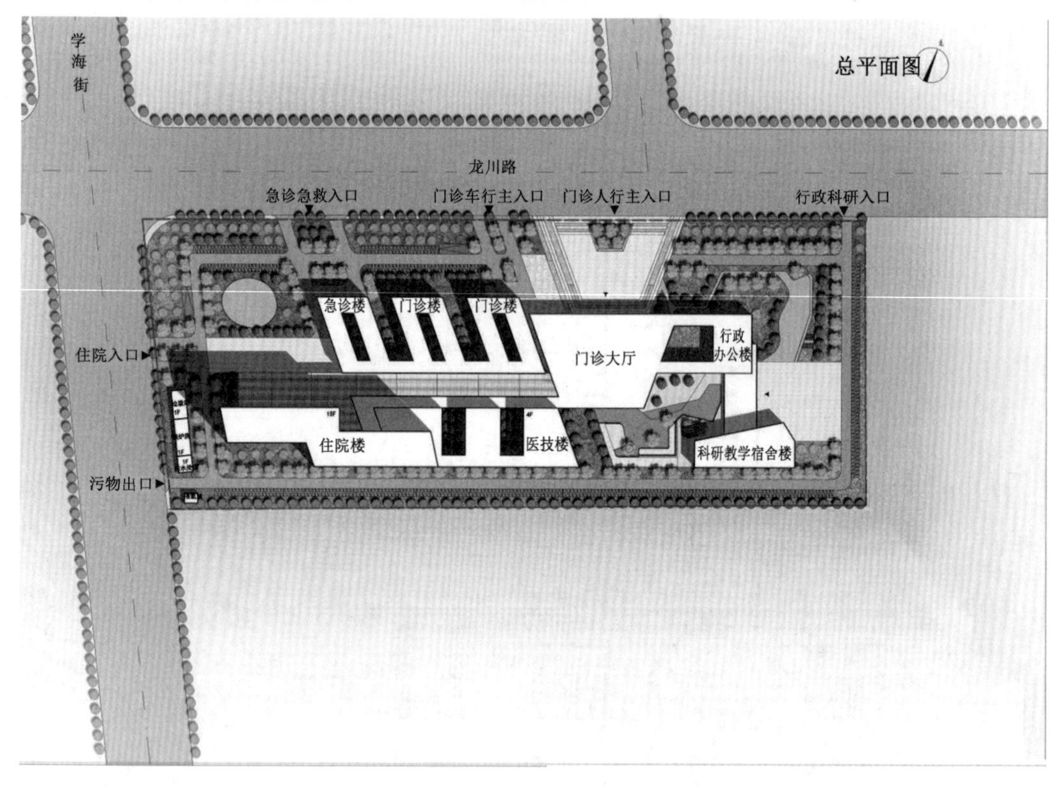

图3.35　总平面图

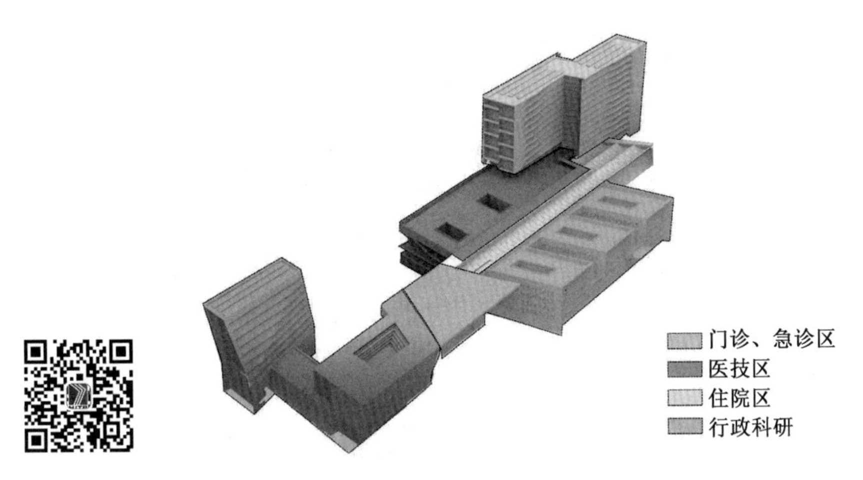

图 3.36　功能分区

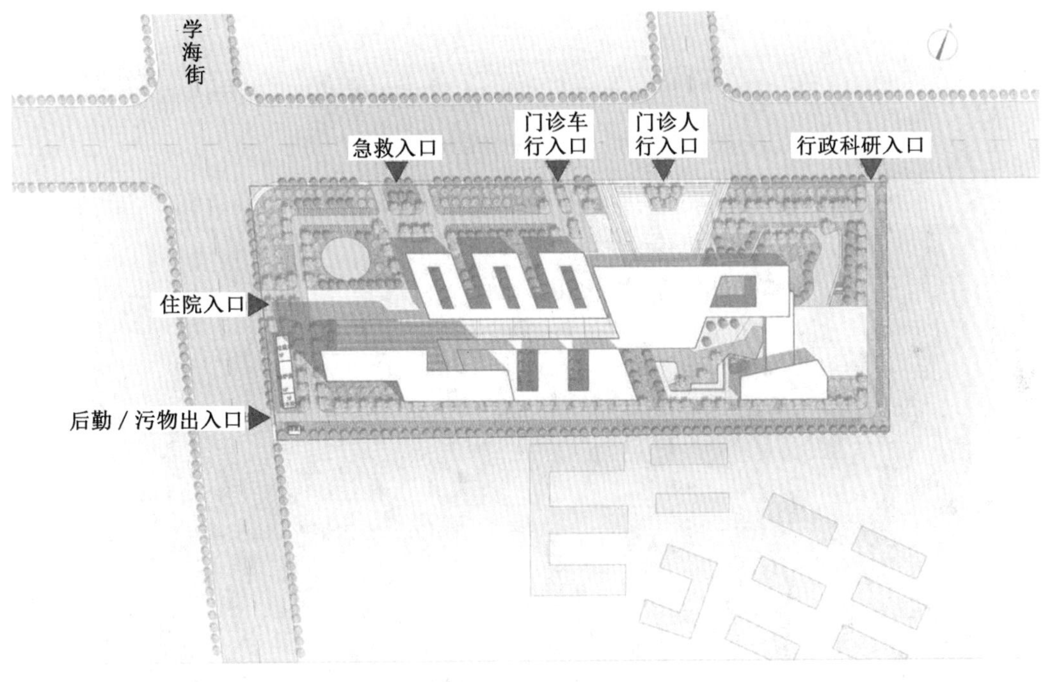

图 3.37　入口分析

以“生命之舟”为设计理念，旨在打造“稳重、安全”“现代、大气”“理性、高效”“高科技、高情感”的现代化医疗健康设施。鸟瞰图及透视图如图 3.39 所示。

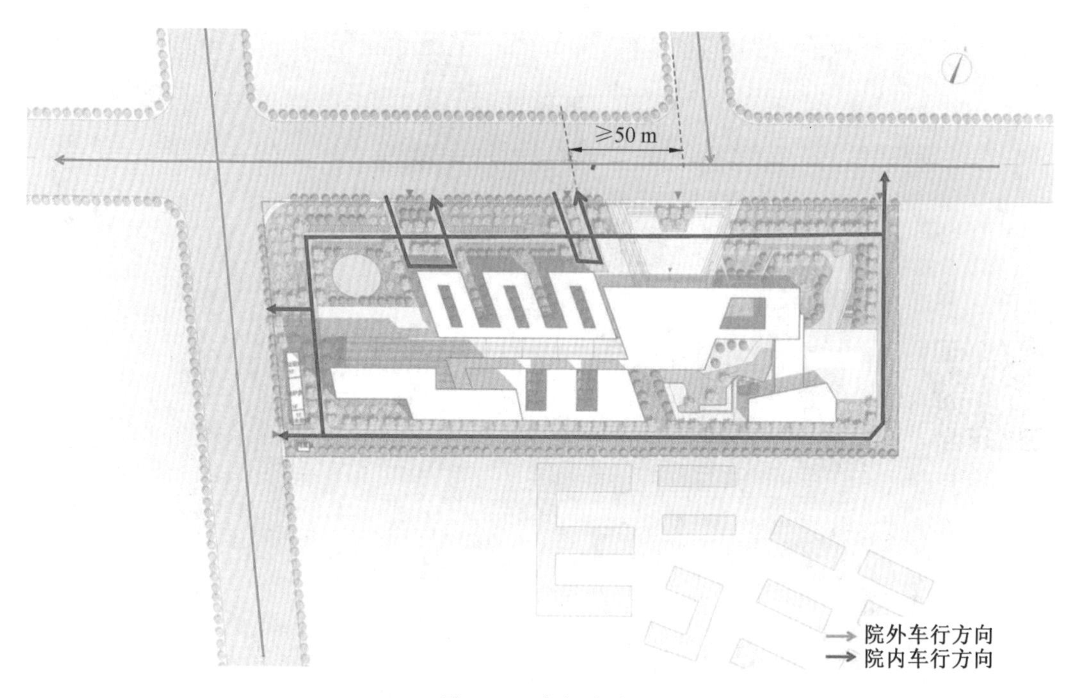

图 3.38　车行流线

图 3.39　鸟瞰图及透视图

续图 3.39

3.3.2　门诊楼建筑设计构思

对于复杂的医院建筑，国际上往往采用简单的方式来予以表达，英国的 Nucleus 体系、比利时的 Meditex 体系，就是模块化的组合方式。模块化既有利于医院结构的清晰和识别，又为医院今后的扩展提供了方便，使医院成为可生长的细胞组合，为长期的发展提供最有效的平面。功能结构关系和空间的成长性形象如蝴蝶，紧凑而清晰、简单、快捷和有序列。

门诊楼采用模块化设计方式，将患者候诊区、患者诊疗区及医护辅助区进行模块化设计，组成可变的模块（图 3.40～3.42）。模块功能分区明确，流线清晰，患者一次候诊、二次候诊可以避免走回头路，大大提高了医院的工作效率。模块中心为庭院，人们在诊室可以享受到庭院的绿化景观。各层平面功能分区及平面流线如图 3.43～3.50 所示。

图 3.40　门诊楼入口

图 3.41　门诊楼大厅

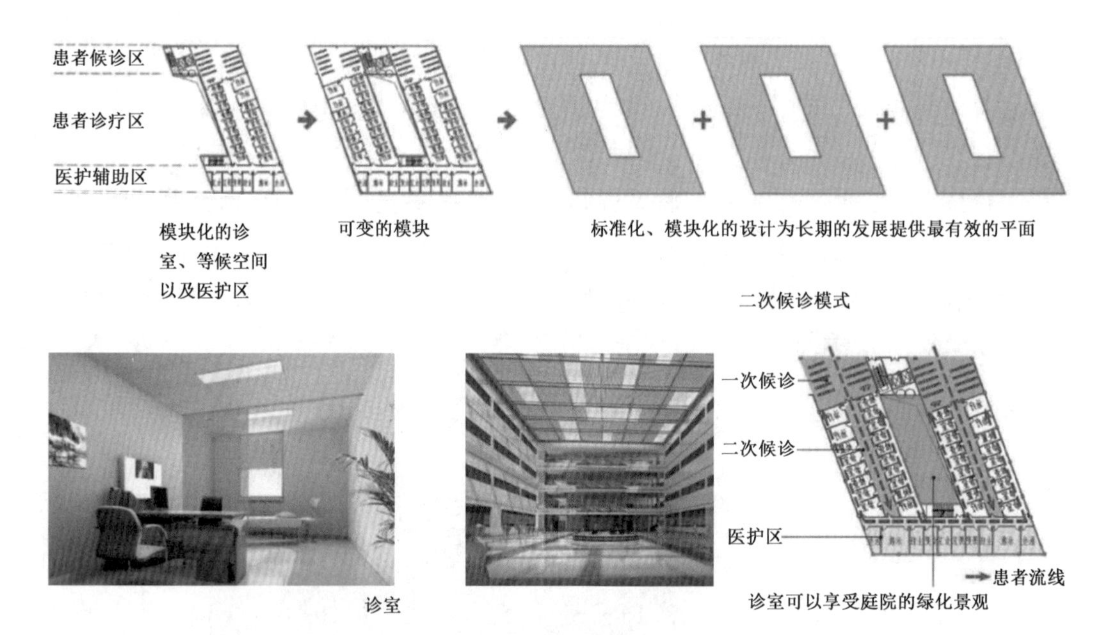

图 3.42　模块化布局方式及流线设计

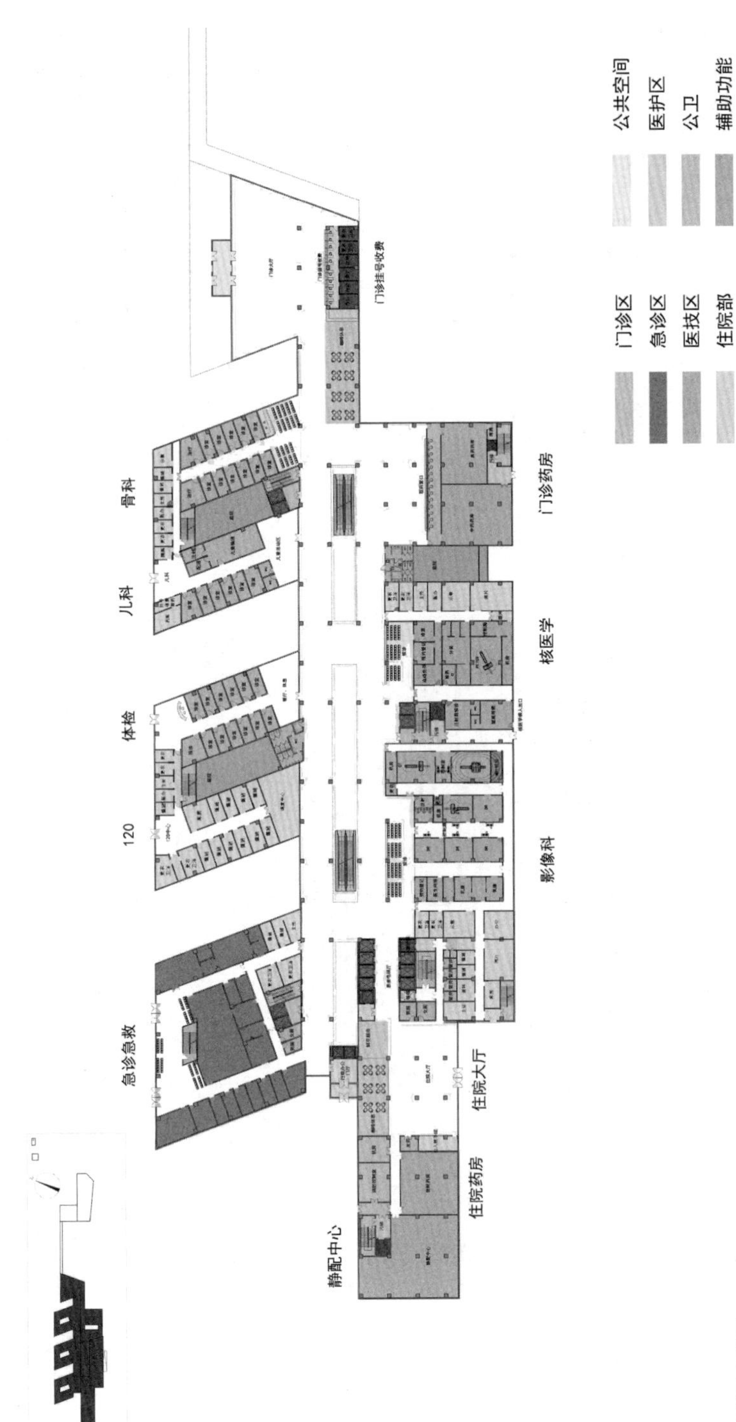

图 3.43　1 层平面功能分区

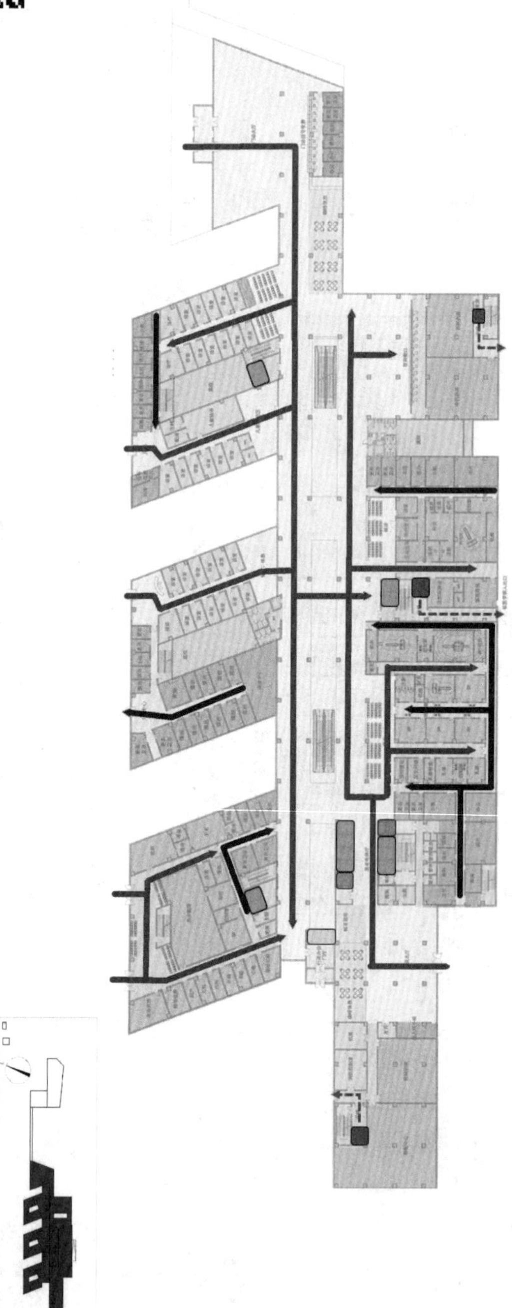

图 3.44　1层平面流线

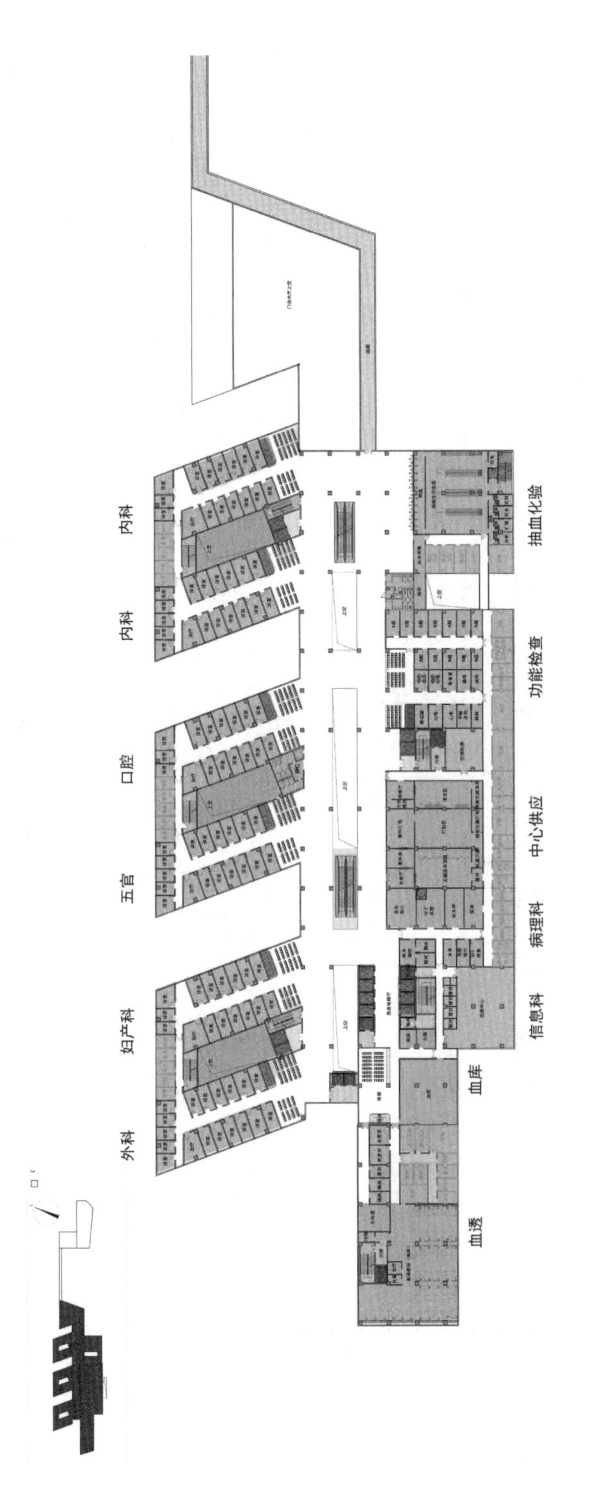

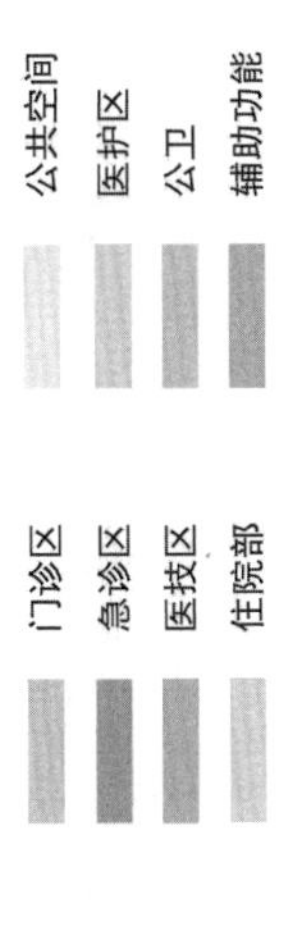

图 3.45 2 层平面功能分区

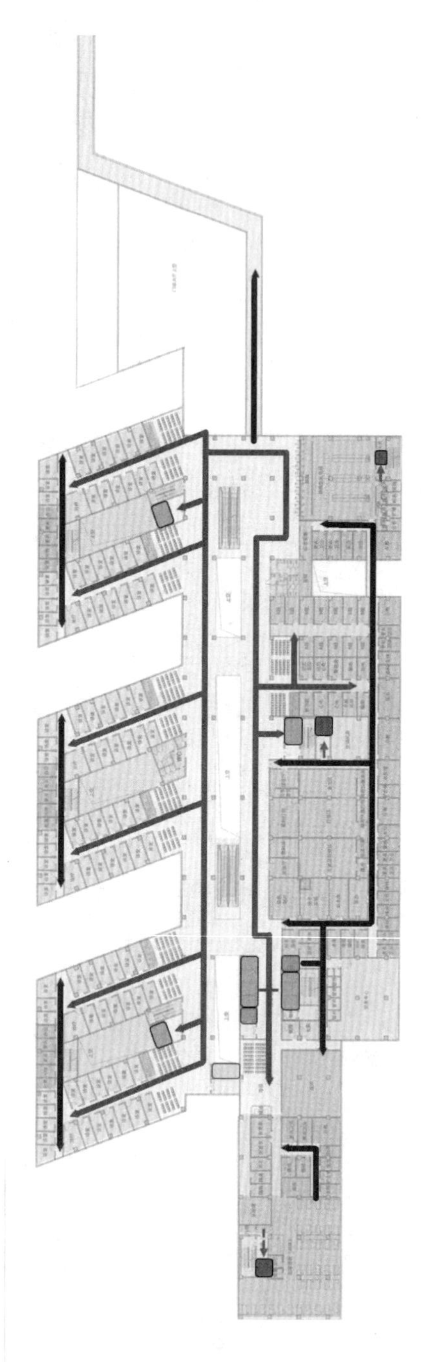

图 3.46　2 层平面流线

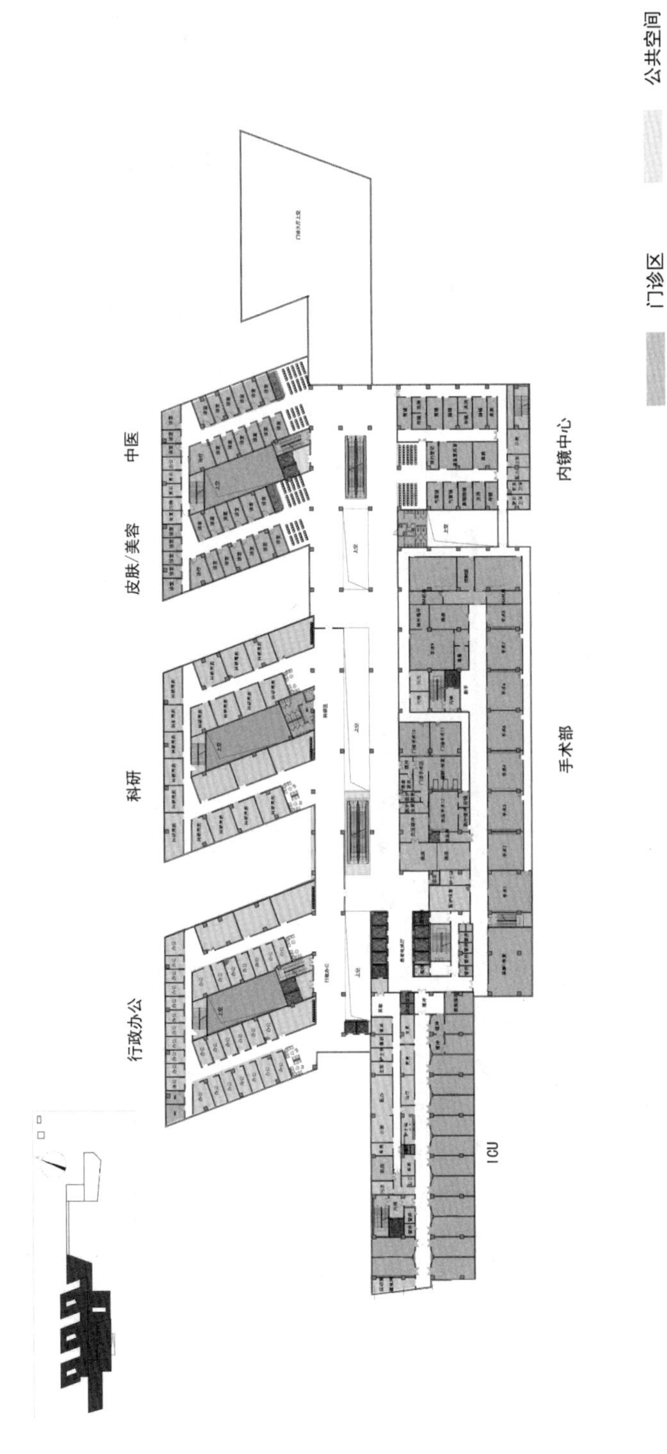

图 3.47　3 层平面功能分区

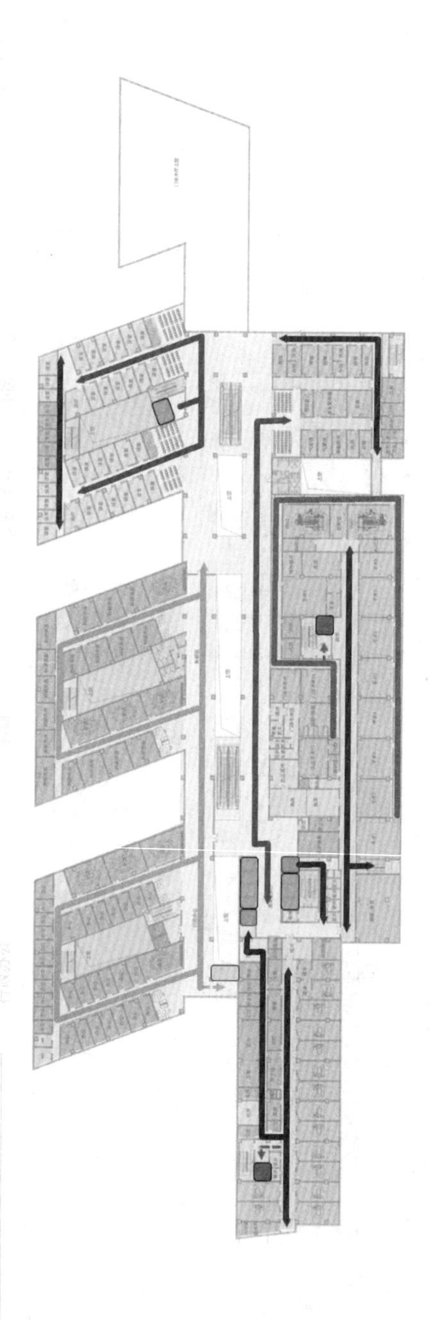

患者流线
医护流线
污物流线
行政流线

患者电梯
医护电梯
污物电梯
行政电梯

图 3.48　3 层平面流线

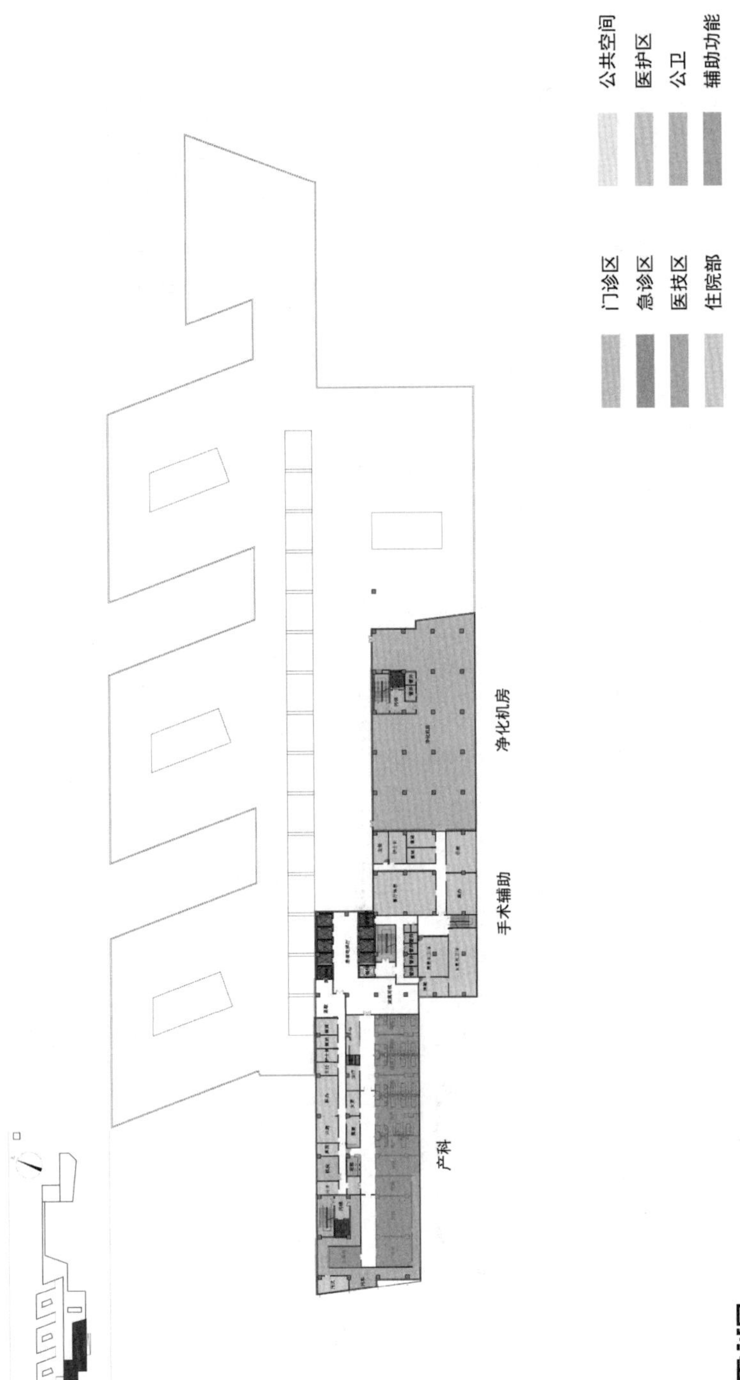

图 3.49　4 层平面功能分区

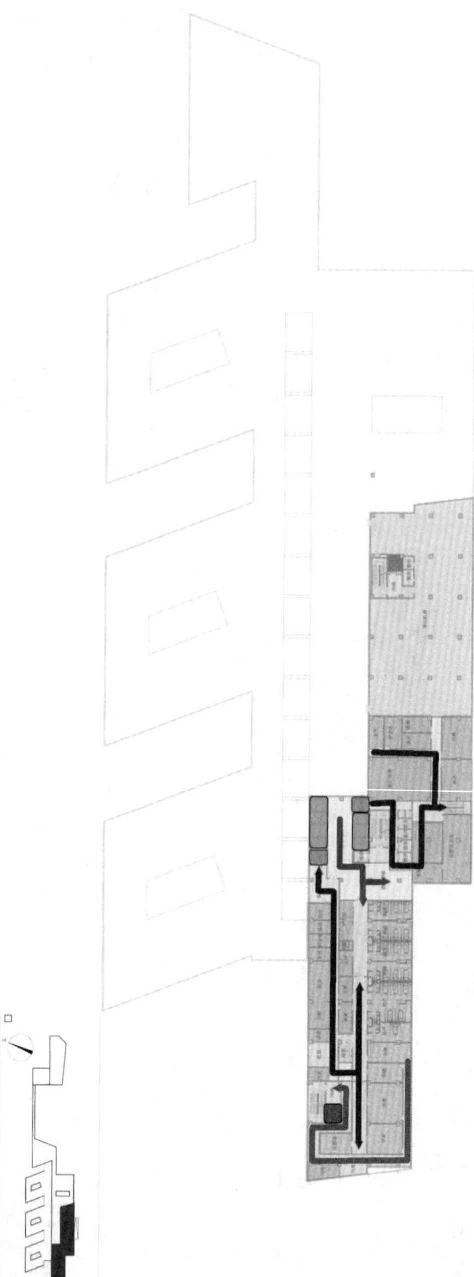

患者流线　患者电梯
医护流线　医护电梯
污物流线　污物电梯
行政流线　行政电梯

图 3.50　4 层平面流线

3.3.3 住院部建筑设计构思

在医院的设计与建设中，医院总建筑面积的35％～40％为护理单元的面积。由于对于大部分患者来说，使用及停留时间最长、接触最为紧密的地方是医院中的护理单元功能空间，所以护理单元功能空间质量的优劣对于患者、医护工作者以及探访者的使用感受来说至关重要。另外，病房作为患者居住的空间，也是构成建筑中护理单元较为重要的组成元素。从某种角度来说，护理单元可以被看作一个微型社区，患者可以在该空间完成所有在相对应的环境下可进行的活动。因此，医疗环境的设计可以直接影响患者在治疗、康复过程中的心理感受，并产生较为重要的影响。综合考虑生物、心理、社会的作用，当前的医学模式可以尽量避免患者在护理单元住院期间因设计方面的不周而产生负面心理感受，这是设计人员设计护理单元的主要目标。

我国现阶段护理单元设计呈现如下特点。首先，我国医院附属用房基本上占护理空间的比例大于50％，并已形成设计定式(图3.51)，得益于层级体系介入护理空间平面设计，该比例数值在20世纪八九十年代以来新建的医院中得以逐渐缩减。其次，我国医院建筑多沿用中走廊单边式的传统布局，该布局模式优势在于迎合传统的就医模式和流程，但与医疗科技进步后的护理效率和交通流线的安全性要求匹配度较低。目前，我国医院的护理单元设计发展体现出强烈的“以人为本”的理念，重视患者、家属及医护人员的空间感受和环境体验，从而提高护理效率，加快患者恢复速度，营造良好的医患关系。

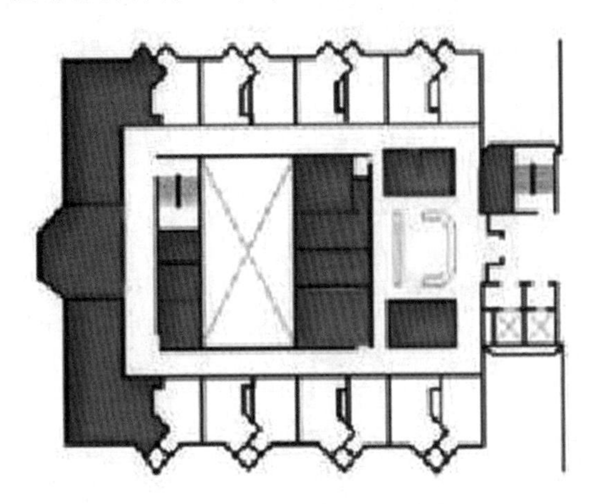

图3.51 上海长江医院护理单元平面图(深色区域表示附属用房，占护理单元面积的50％左右)

1. 护理单元平面布局

在医院设计中，影响护理单元平面布局优劣的主要因素为通风和采光。设计需要尽可能地使病房获得良好的日照和朝向。同时，处理好医护办公区域、病房区域及交通、辅助区域之间的关系，也是平面布局的关键。

我国大型综合医院多建于城市中心区域，用地面积紧张，平面形式受到地形的约束而呈现出多种形态，如矩形、条形、Y 字形、品字形、回字形、扇形等不同的衍生形态，可满足不同项目场地的需求（表 3.1）。

表 3.1 我国医院护理单元平面布局

医院名称	护理单元平面简图	平面布局类型
中日友好医院		矩形双廊式平面布局，一个标准层中有 2 个护理单元、2 个护士站，病房开间不一，可容纳 1～6 人不等
天津市第一中心医院		Y 字形单廊式平面布局，中心区域为交通空间，3 个护理单元各分布在不同方向，便于使用者快速到达病区，流线清晰
上海市东方医院		扇形双廊式平面布局，护士站以岛式方式设立于双廊道中心，交通空间与病房空间分列于护士站两侧，流线有交叉
哈尔滨医科大学附属第一医院		L 形双廊式平面布局，一个标准层中有 2 个护理单元，护士站位于护理单元端头，辅助用房为暗房间，设置在走廊中间
复旦大学附属华山医院		条形双廊式平面布局，病区与医护人员使用区分离，医护区有单独的走道，流线互不干扰，病房设置于南向

续表3.1

医院名称	护理单元平面简图	平面布局类型
中国人民解放军总医院	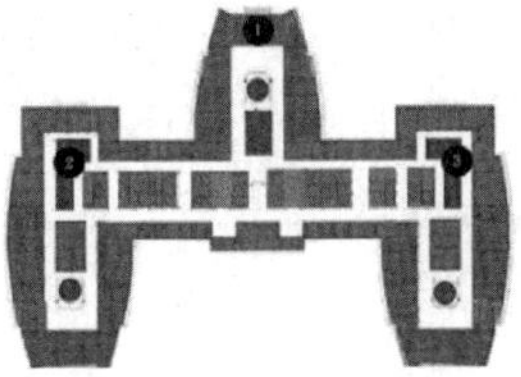	品字形双廊式平面布局，每个标准层中设3个护理单元，品字形使所有病房都能拥有较好的朝向及日照，核心筒区域用于交通
南京鼓楼医院	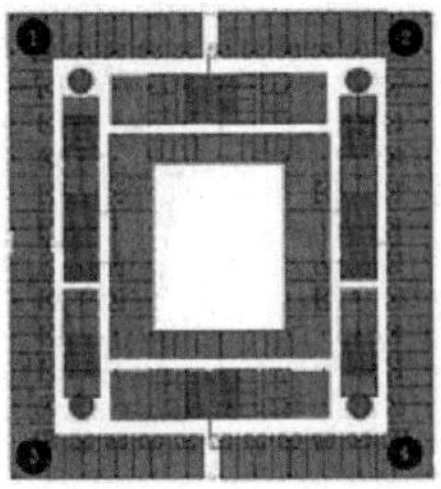	回字形双廊式平面布局，一个标准层中有4个护理单元，每个护理单元呈L形，护士站位于L形交叉点
香港大学深圳医院	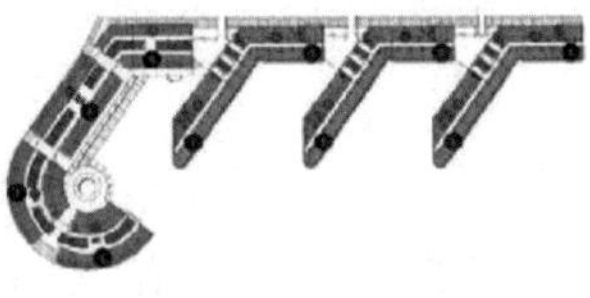	多边形单廊式平面布局，医院有3栋普通病房楼及1栋VIP高级病房楼，普通病房楼每层有2个护理单元，VIP高级病房楼每层有4个护理单元
北京清华长庚医院	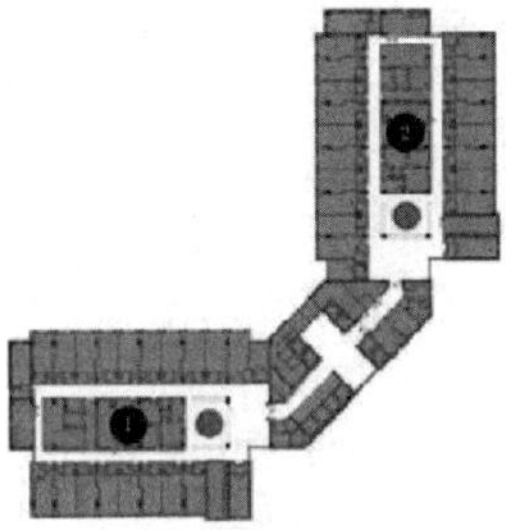	L形双廊式平面布局，一个标准层中有2个护理单元，每个护理单元中有一个护士站，位于护理单元的中心
南京大学医学院附属苏州医院	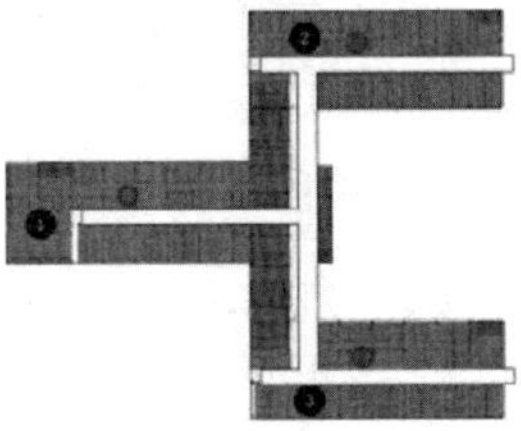	多边形单廊式平面布局，一个标准层中有3个护理单元，共用一套交通核，半开敞式护士站位于每个护理单元的中心

平面内的交通布局主要有单廊式和双廊式两种形式。单廊式护理单元中，病区与医护、辅助空间呈线性排布，为了容纳更多病房，其平面长宽比较大，护理路线较远。双廊式护理单元可以更为灵活地设置病房，调研对象中，多采用开敞式护士站，将医护人员工作区域置于双通道之间，虽然这些房间牺牲了自然采光的可能性，但是方便了患者与护士及时沟通，提高了服务效率。这种双廊式平面布局还可以为患者提供室内庭院，如中日友好医院中，中庭景观及采光的引入，帮助改善了患者的治疗环境，舒缓了患者的紧张情绪。

护理单元中的空间流线，根据不同使用需求，可分为人流、物流两种。人流既包括患者使用流线、医护人员工作流线，也包括患者家属探视流线。物流主要分为洁物流线（消毒的医药用品、办公用品、资料文件）及污物流线（生活垃圾）。

从人流来看，患者需要进行治疗、休息、生活娱乐活动，因此流线中较为关键的是如何与医护人员快速取得联系，以及是否便于乘坐专梯、通过专用通道到达手术室等医技部门。护士的主要工作流线为往返于病房与护士站之间，流线距离的长短影响着护士的工作效率。医生的流线为穿梭于病房、护士站和办公室之间。

从物流来看，洁净物品需要由管理人员运送到各护理单元的库房，并将使用过的物品分类收集，统一处理。污物则需通过单独的污物电梯送至中心供应处，对可循环使用的物品进行消毒再利用。

设计应注重护理单元的分流组织，降低感染的可能性，同时通过研究护理人员的巡回路线，提高护理效率。人流处理方式主要取决于护士站与病房之间的空间关系。3 种常见的空间流线模式见表 3.2。

表 3.2　3 种常见的空间流线模式

护士站位置	空间示意图	空间实景图
护士站位于护理单元入口	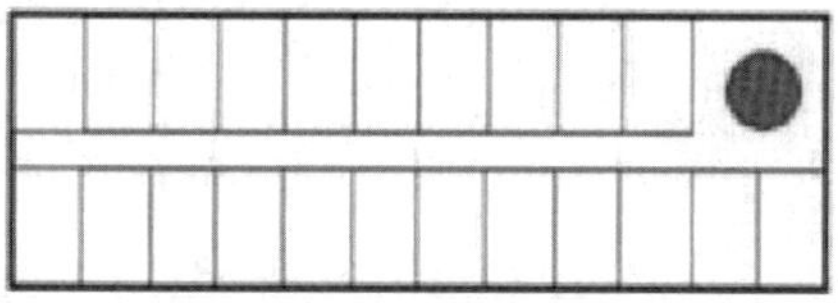	
护士站位于护理单元中心		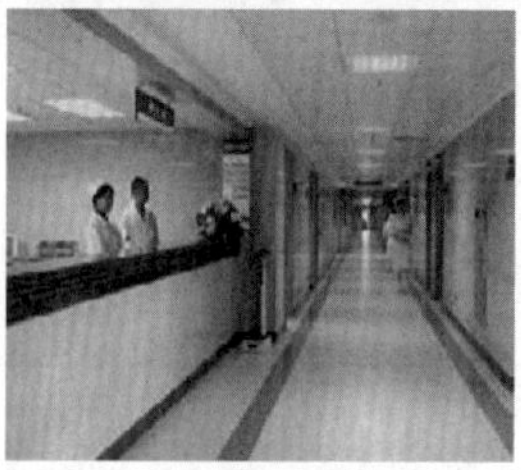

续表3.2

护士站位置	空间示意图	空间实景图
护士站 分散设置		

当护士站位于护理单元中心时，医护人员与不同病房间的距离大致相同，流线较为清晰，上海市东方医院为此类空间模式；当护士站位于护理单元入口时，医护人员流线集中于入口处，可设置专门的服务梯到达，方便与患者流线区分，但最远的病房与护士站之间的距离过长，不易于照看患者；而当护士站分散设置时，护士巡回流线最短，一名护士可看护两个患者，但是这种方式所需人力花费较大。3 种空间流线模式各有利弊，在中英两国医院设计中均有所体现。此外，值得一提的是，英国在对空间流线的研究上，不仅从效率上考虑，还加入了安全设计的考量。通过空间句法的分析方法，英国国家医疗服务体系(NHS)的设计指南中论证了使用率低的静态空间，以及人流高度移动空间存在着安全隐患。运用新的角度来分析护理单元空间流线，可以更好地理解如何进行医患分区、洁污分流。

2. 护理单元功能组成

从整体上看，护理单元主要由病房、医护人员用房、辅助用房及交通空间四大部分组成。患者不仅需要适宜的病房空间，还需要配套的卫生间、淋浴间、洗衣房、厨房等生活用房以及公共交流空间；医护人员则需要护士站、药品库、处置间、治疗间等医用房间以及办公室、更衣室、值班室等服务性用房；此外，护理单元中还需配备污物间、清洁间、库房等辅助用房；交通上，楼电梯与污物电梯分别供人和物使用，避免交叉感染。综上，可得出护理单元功能关系图(图 3.52)。

我国的护理单元多为开放式。家属常在医院的大型餐饮区中为患者购买食物，这种方式可以满足不同患者在不同时期的特殊饮食要求。在护理单元内部，供患者交流、会客的区域常常在电梯口、走廊角落等交通空间。在新建医院中，对护理单元的功能组成加入了一些新的思考和改善。总体来说，设计遵循以患者为先的理念，切实为患者考虑，提供实用的多种功能空间。

3. 护理单元设计策略

本书提出适合我国国情的护理单元设计策略：首先，在整体医疗资源的配置上，需要加强各层次医疗机构之间的分工协作。其次，在护理单元的空间规划上，不仅要注重效

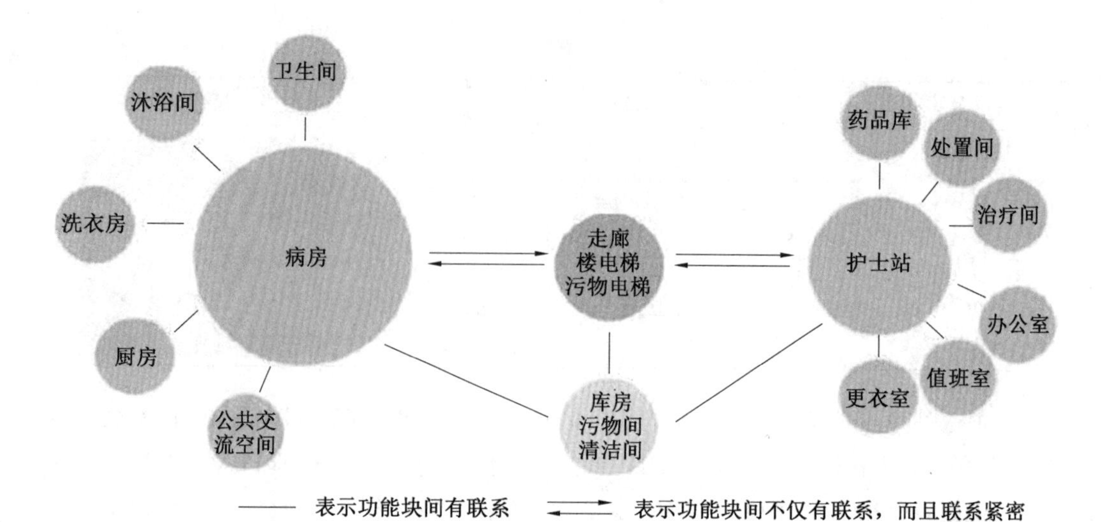

图 3.52　护理单元功能关系图

率，还要注重建设的经济性，运用弹性平面为未来的用地预留空间；在功能的布局中，注意各功能之间的科学配比。再次，提出病房声环境、光环境、嗅觉环境及色彩环境的设计策略，改善护理单元的物理环境。最后，加强护理单元各组成部分的人性化设计，以期提供更完善的功能设计。

4. 住院部建筑设计

住院部位于建筑的 5～11 层，护理单元布置于建筑南侧，保证了良好的采光，建筑北侧布置医护区，分区明确。整体平面布局呈 Z 字形，核心筒组织交通关系，患者和医护人员流线不交叉(图 3.53 和图 3.54)。

3.3.4　疫情防控中心建筑设计构思

疫情防控中心建筑呈 L 形，主要包括防疫中心实验室、疫情防控中心办公室和负压病区。各层平面功能分区及平面流线如图 3.55～3.63 所示。

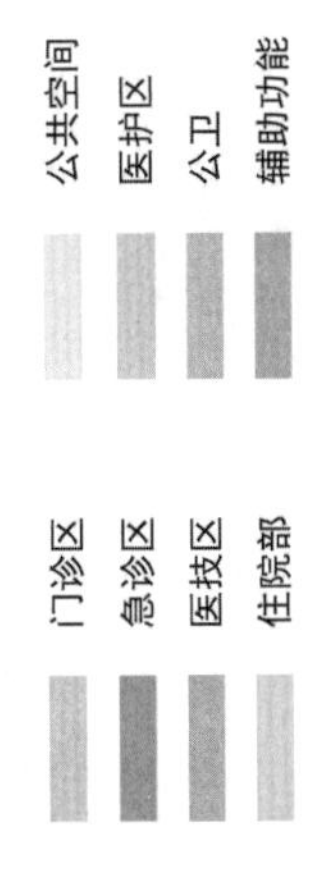

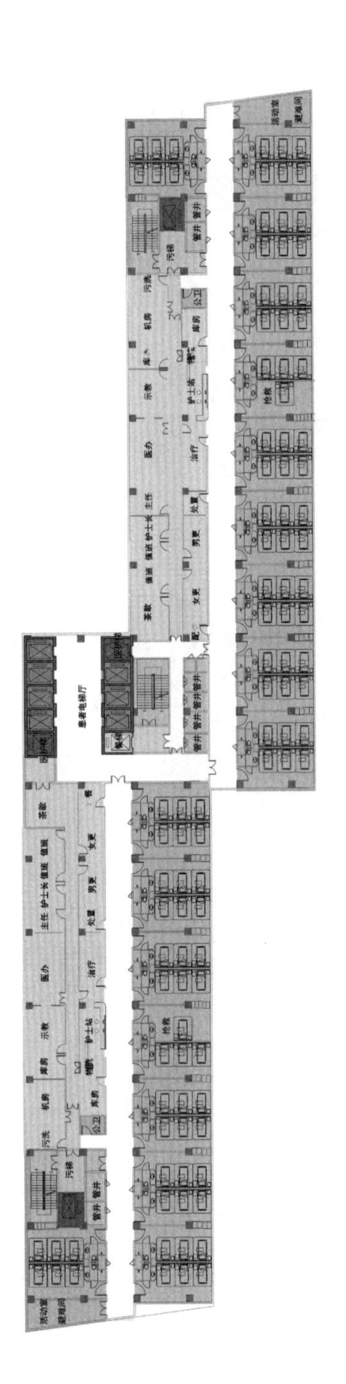

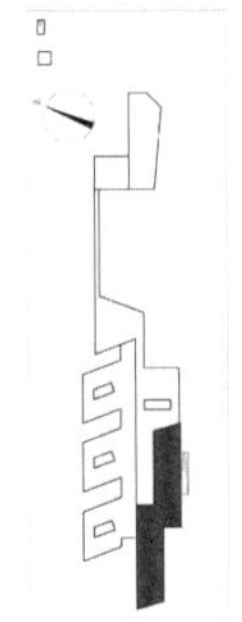

图 3.53　5~11 层平面功能分区

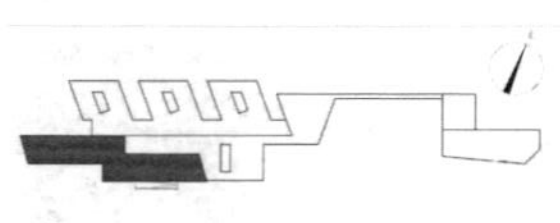

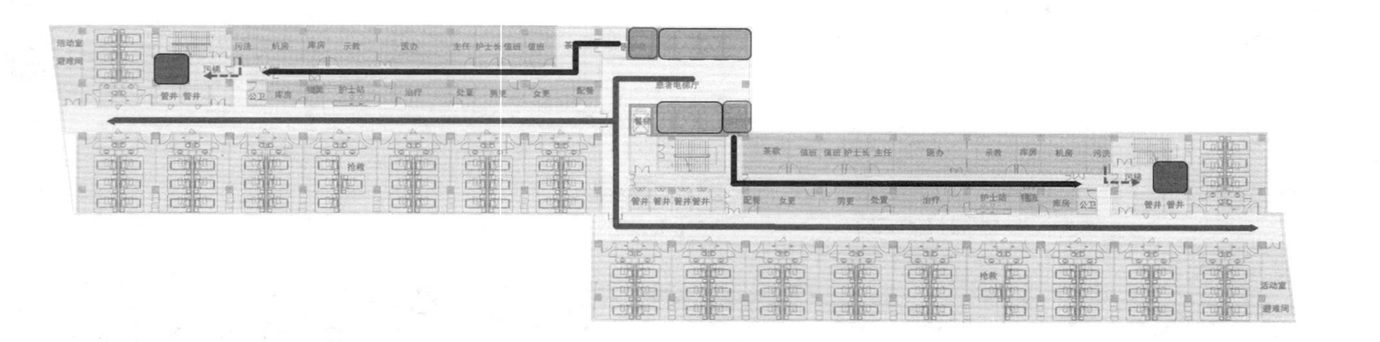

患者流线　患者电梯
医护流线　医护电梯
污物流线　污物电梯
行政流线　行政电梯

图 3.54　5~11 层平面流线

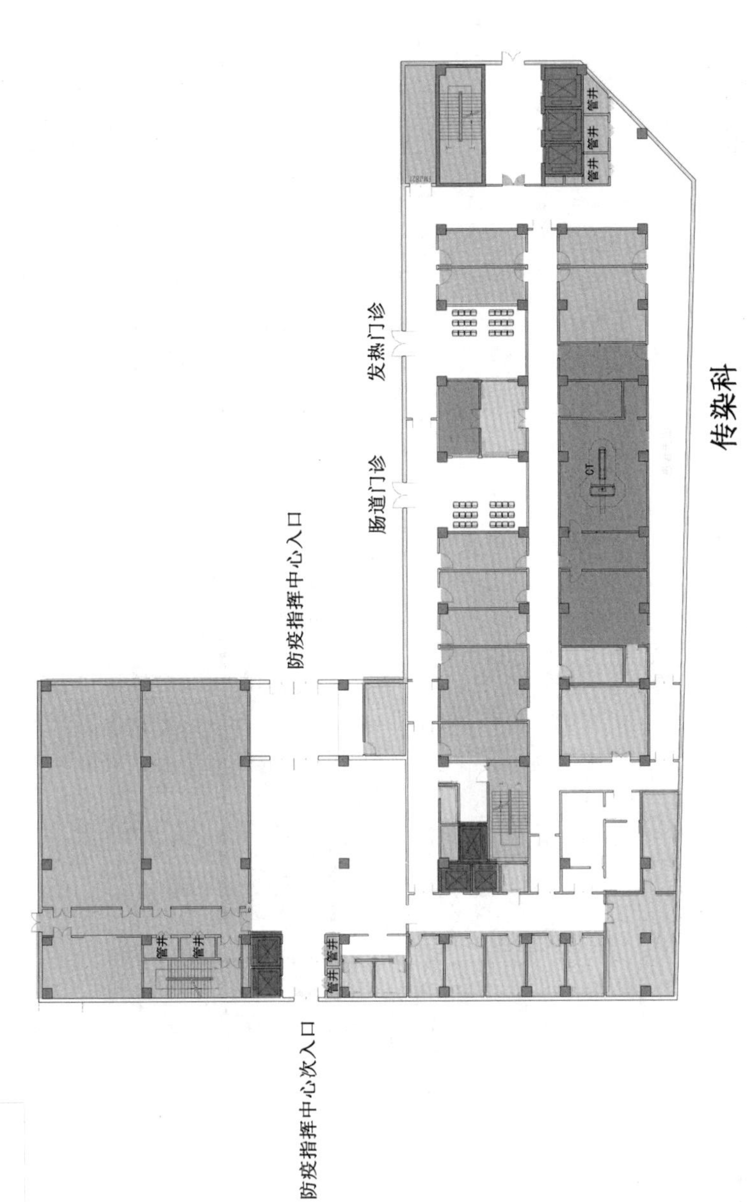

图 3.55　疫情防控中心 1 层平面功能分区

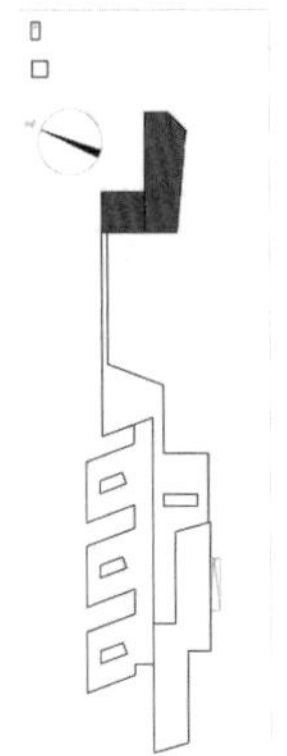

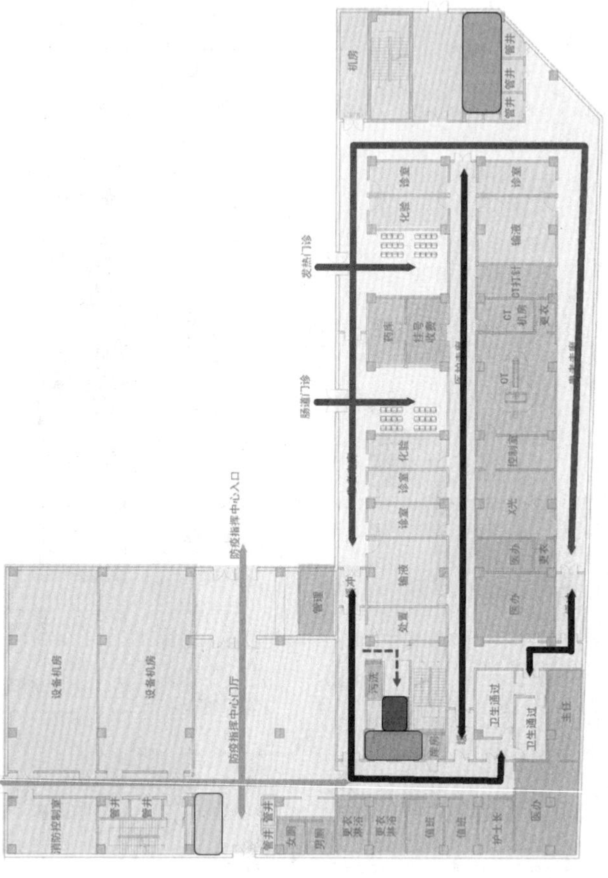

图 3.56　疫情防控中心 1 层平面流线

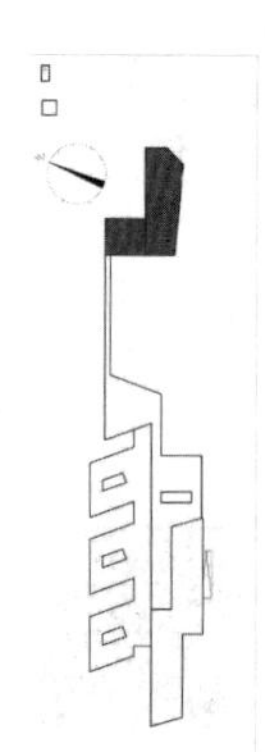

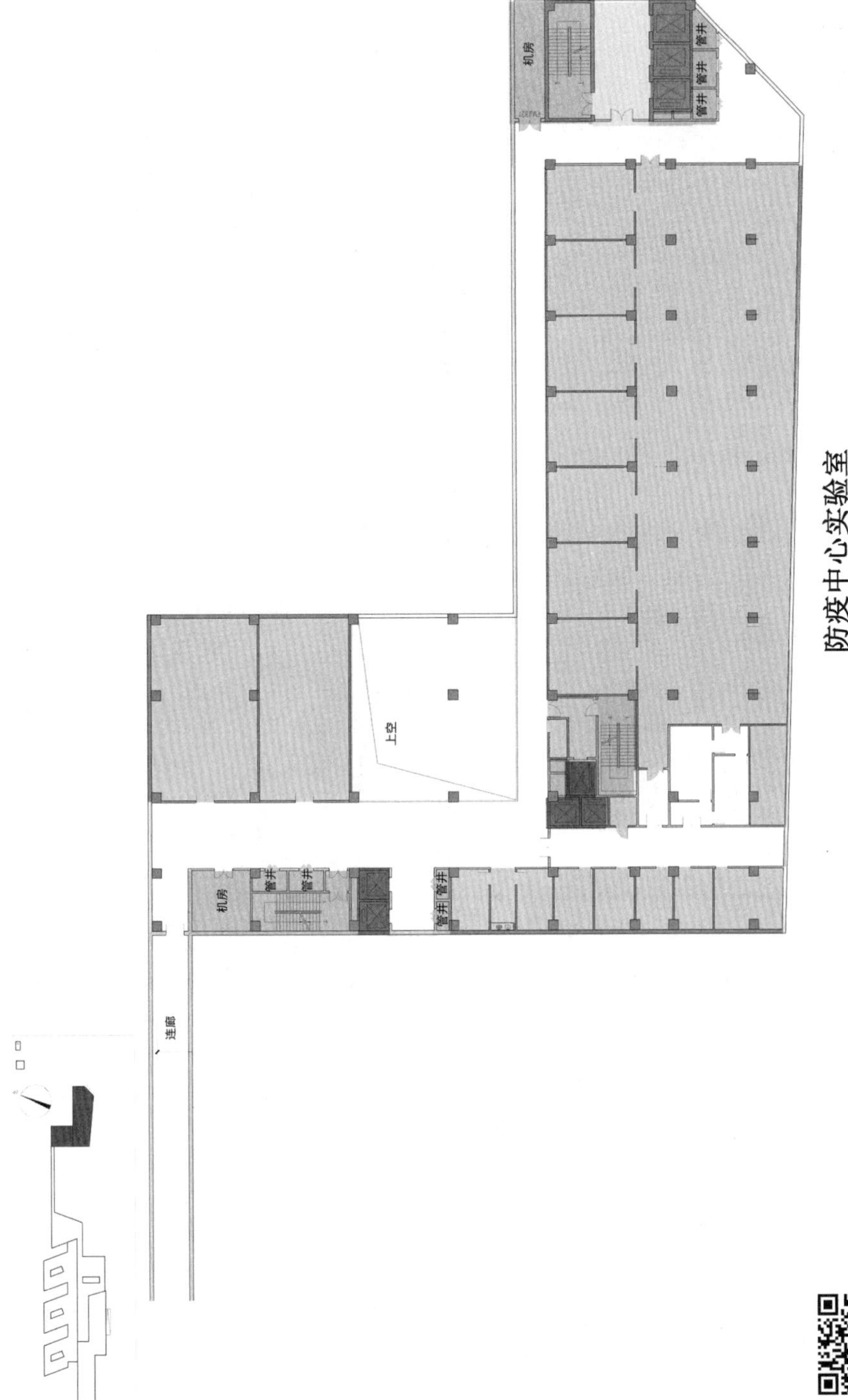

图 3.57　疫情防控中心 2 层平面功能分区

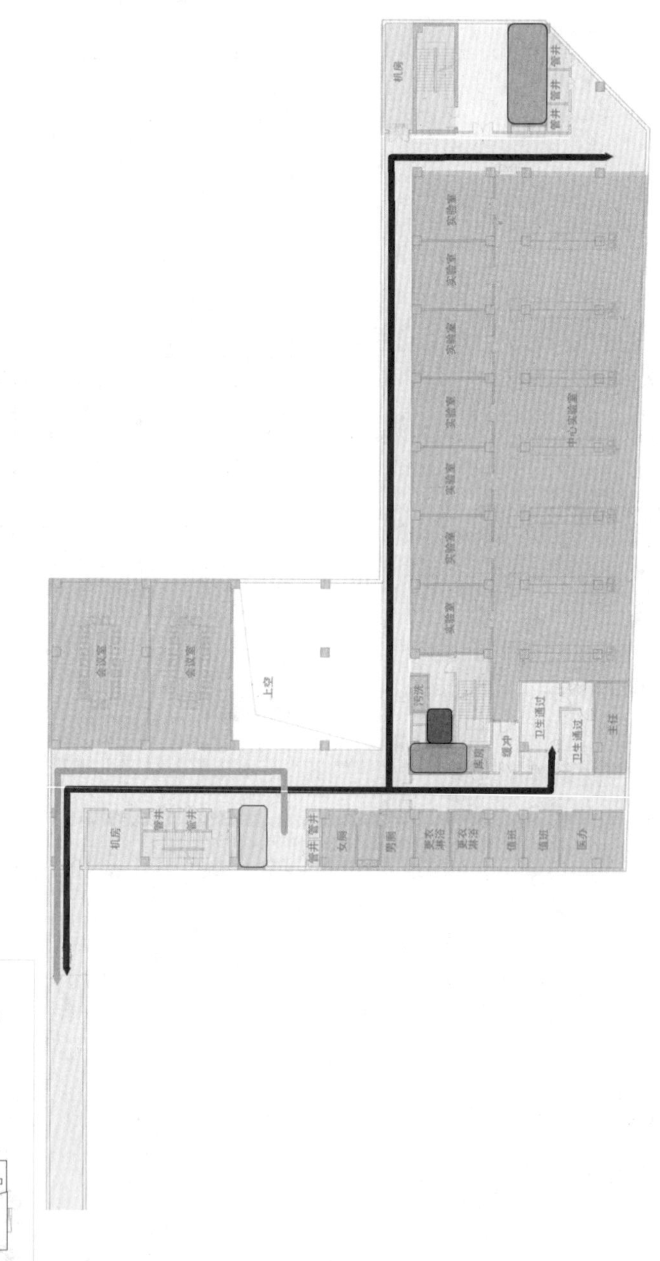

图 3.58　疫情防控中心 2 层平面流线

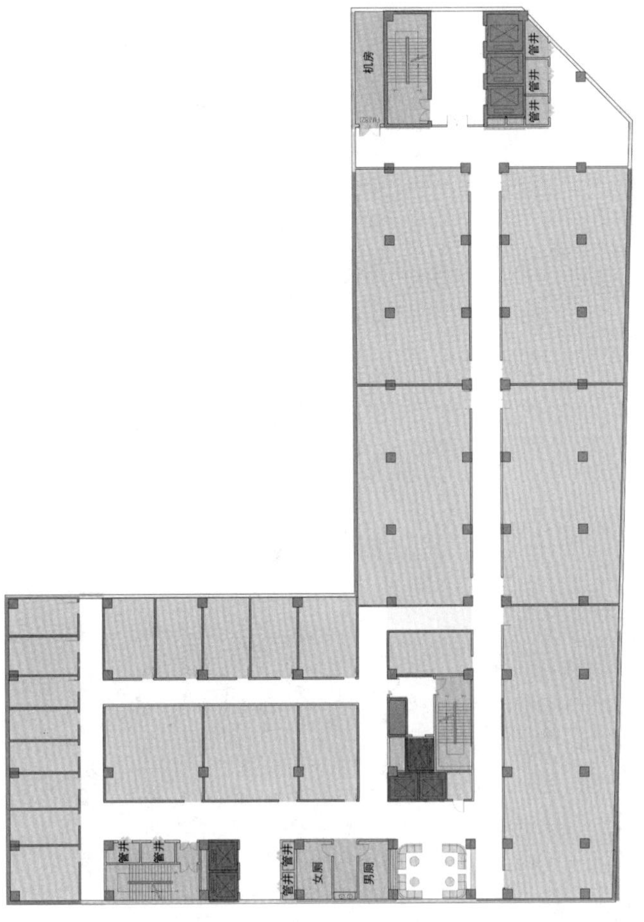

疫情防控中心办公室

图 3.59　疫情防控中心 3 层平面功能分区

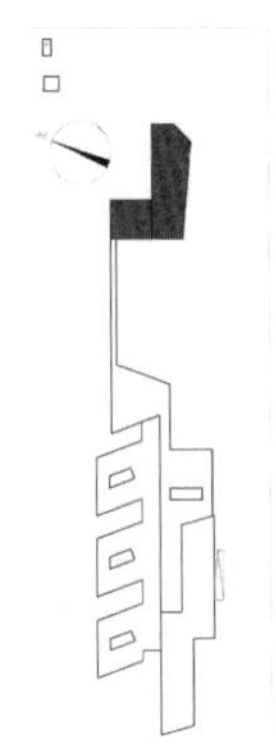

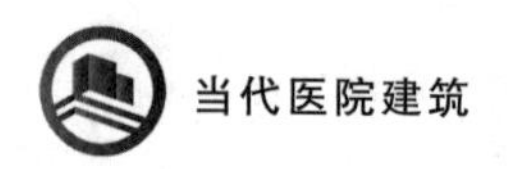

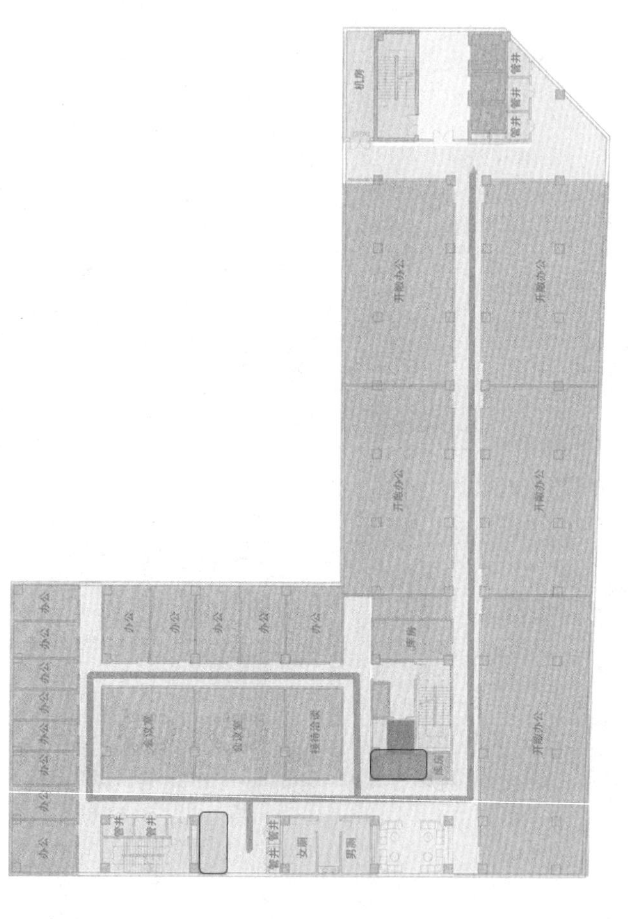

图 3.60　疫情防控中心 3 层平面流线

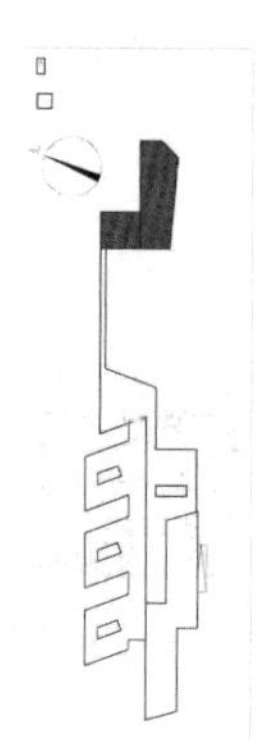

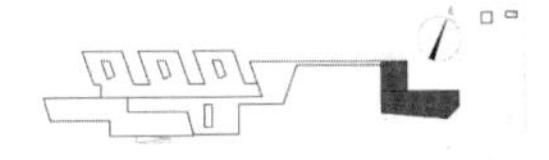

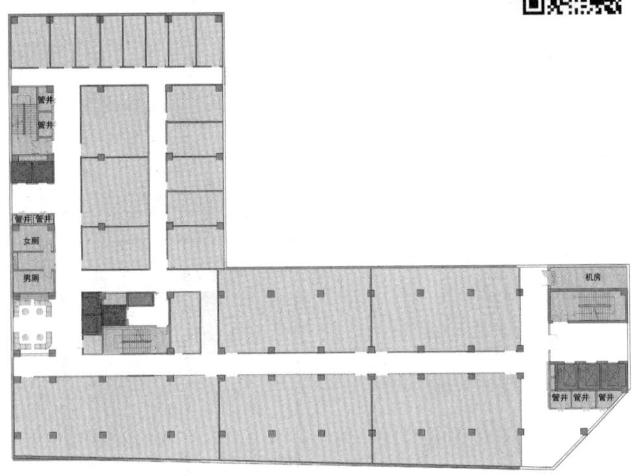

疫情防控中心办公室

图 3.61　疫情防控中心 4 层平面功能分区

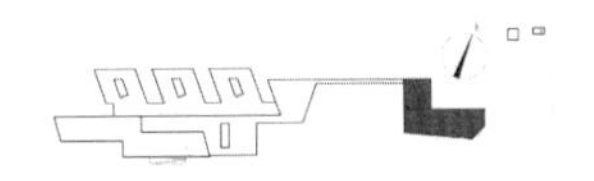

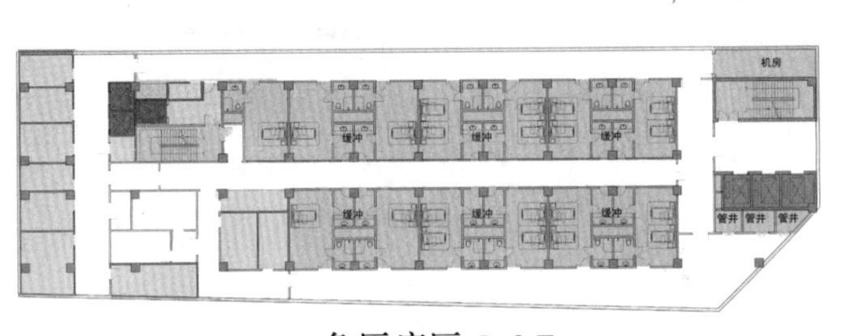

负压病区 5~9 F

图 3.62　疫情防控中心 5～9 层平面功能分区

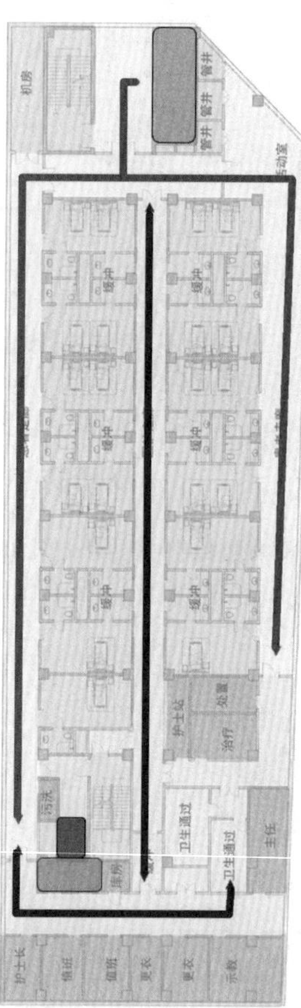

患者流线
医护流线
污物流线
行政流线

患者电梯
医护电梯
污物电梯
行政电梯

图 3.63 疫情防控中心 5~9 层平面流线

第4章　专科医院建筑设计

4.1　传染病医院

4.1.1　传染病医院发展历史及现状

我国传统的传染病医院有着非常悠久的历史，早在公元前1350年就出现了带有隔断的传染病安置机构。近代由于西方预防医学的传入，近代西方医院取代了我国旧有的传染病收治机构。而现代传染病医院不同于以前的传染病医院，由于医学的不断进步，特别是物理学、化学、生物学取得的巨大成就，为现代传染病医院的发展提供了有力支持。目前我国已初步形成综合性医疗机构、传染病医院、传染病防治院、综合性医院传染病区(科)、传染病专科防治中心和院前急救机构相结合的传染病防治体系。现代传染病医院的发展趋势为网络化、综合化、人性化，由专科医院向综合性专科医院转变，向"大专科、小综合"发展，同时"以人为本"已成为设计现代传染病医院的一种趋势。

4.1.2　传染病医院设计特点

1. 疾病防控体系下的传染病医院整合对策

传染病医院在基地选址方面，首先，需要满足城市总体规划的要求。其次，选址需要根据整个防控体系的设置而选择。最后，在选址时，需要掌握最新的城市发展规划要求，并具备一定的超前意识，保证传染病医院的选址能与城市发展相契合。

在规划布局时应满足总体规划的要求，保证体系之间各医疗机构的科学设置与合理布局，同时应遵循下列基本原则：①分级设置原则，传染病医院由于规模不同、性质各异，在规划布局时应采取分级设置原则；②职能侧重原则，疾病防控体系下的传染病医院种类多样，各个医院承担着不同的职能；③安全性原则，传染病医院内的卫生安全是最为关键的，切断传染源、避免交叉感染是保证安全性的重要手段；④智能化原则，随着信息技术和数字化网络的发展，现代传染病医院已不再是单纯依靠院内资源的医疗机构，而是向着更为综合化、智能化的方向发展。

疾病防控体系由国家级传染病防治机构、地区级传染病防治机构、传染病防治点3部分组成。国家级传染病防治机构主要包括大型省级综合医院的传染病区(科)和专门设立的专业传染病防治机构。地区级传染病防治机构是整个传染病网络中重要的一环。传染病防治点主要由小型专科传染病医院和大型综合医院中的传染病区等组成。

传染病医院在平时应该主要考虑从医院经营和自身发展的角度开展医疗及其他综合服务,同时应针对传染病的预防工作发挥社会公共教育的职能。

2. 传染病医院建筑本体设计特点

传染病医院的建设项目应由门诊、急诊部、住院部、医技部、保障系统、行政管理和院内生活设施等7部分构成。

洁净区和污染区需要严格分开,人流应当顺畅便捷,利于防止院内交叉感染,便于传染病的救治和防控。传染病医院内不同功能区的污染度不同,需严格区分院内各级污染度,防止发生交叉感染。根据污染度的不同可以将传染病医院院区划分为高污染区(医疗工作区)、低污染区(后勤服务供应区)、清洁区(行政管理与生活区)、无菌区(中心供应中的无菌区、重症监护室)四大区域。各个区域不但要通过功能区域的划分使之更为明确独立,还应附加具体的技术措施避免病毒扩散和交叉感染的现象发生。

设计过程中应选用利于隔离的布局方式:分散式布局适用于用地较为宽松且周围没有其他民用建筑的村郊,对于大型专科传染病医院较为合适;集中式布局常用于传染病防控中心这种新型传染病救治机构,与其先进的医疗技术设备和新颖的医疗理念相匹配;混合式布局常用于综合医院传染病区(科),设计时应全面考虑整个医院的布置方式,在用地允许的情况下,可以将传染病区(科)单独置于院区的一角。

传染病医院常用的交通组织方式包括深度隔离的尽端式流线、高效联系的穿越式流线和双向监控的环绕式流线等。尽端式流线是指外来人流经过定向流线到达该区即到达终点,不能经过该区穿越到其他区域,如果需要,只能沿原路返回,经交通走道到达其他区域。"穿越式"这一概念来源于建筑功能组织的穿套式,穿越式流线是指通过一条流线联系各个区域,并可以经过区块内到达另一区域。环绕式流线是由当今传染病医院所采用的内外环廊方式发展而来的,传染病医院的部分功能通过内外环廊组织,并且内外环廊都为封闭的路径,而在两条路径中都有核心交通。在建筑设计中应综合使用多种交通组织方式,避免交叉感染。

传染病医院内部空间环境根据空间的功能性质划分为公共空间和医疗空间。公共空间主要包括各种大厅空间和候诊空间;医疗空间则包括诊疗空间和病房。

室外环境设计应注重绿色景观的引入,通过绿色植物、花卉、水景、景观小品和室外设施等具体设计元素整体塑造一个生态良好的景观环境。绿色可以缓解患者的心理、精神紧张的状态;水景和景观小品则可以强化环境的主体,增添环境的趣味性;室外设施可以满足户外活动人群的基本需要。在设计传染病医院的室外环境时,应运用整体的理念将建筑空间和景观小品等要素有机地结合,创造出灵活、便于隔离且富有趣味性的室外

环境。

暖通、给排水中的技术措施是指在传染病医院运行时所需采用的供暖、通风及给排水设备。供暖、通风需考虑空气洁净度控制和特殊病室的正负压控制问题。污水处理是传染病医院中保证设备安全的主要措施之一。布局应解决好污废处理与排放问题，应统一规划，并与主体建筑同步建设。

4.1.3　传染病医院项目案例

1. 案例一：哈尔滨市第六医院项目

(1)项目信息。

哈尔滨市第六医院着重发挥传染病专科优势，打造专业特色突出、社会职能清晰的综合医院，符合三级甲等传染病医院的建设要求。

项目位于黑龙江省哈尔滨市阿城区新乡组团东北部，西临长江路沿线，东临哈牡客运专线，距离市区约 20 km，距离新香坊北站约 5 km。总用地 10 hm^2，建筑面积 10.5 万 m^2。地上建筑面积 83 410 m^2，其中门诊、急诊区 10 400 m^2，医技楼 20 600 m^2，综合病房楼 17 200 m^2，非呼吸道传染病房楼 8 900 m^2，负压病房楼 8 900 m^2，行政办公面积 11 400 m^2，生活供应面积 5 800 m^2，垃圾处理、净化站 210 m^2；地下建筑面积 17 540 m^2。建筑密度 26.3%，容积率 0.83，绿化率 35%，共设置 1 000 个床位。鸟瞰图如图 4.1 所示。

图 4.1　鸟瞰图

(2)设计理念。

方案在规划上充分体现了可持续发展的设计理念,统一规划,预留用地,兼顾远期发展需求。医院建筑面临着医院功能调整,以及医疗技术发展带来的医疗空间变化等多重发展因素。通过模块化设计、标准化设计,以及预留发展用地等多种方式,获得建筑的可持续性。模块化及标准化设计可以使空间适应不同的医疗功能,具有可变性。而在总体布局上,在满足功能及环境要求的同时,尽量使建筑紧凑布局,为绿化和未来发展留出空间,也为医疗建筑的发展带来可能性。

方案合理、充分使用场地,将门诊、急诊、医技楼、行政办公楼进行功能整合,置于场地核心,形成"胶囊式"的完整建筑布局,统领院区,而综合病房楼、传染病房楼以及院内生活楼沿场地边界顺势围合,使建筑与环境相互融合,营造一种和谐共生之态,寓意对到访患者快速康健的美好祝愿。内柔外刚的建筑形体、纵横对比的立面肌理、简洁轻盈的装饰(铝板)材料,使得建筑整体形象稳重端庄而又不乏活泼灵动。方案控制建筑高度,建筑群体主次分明,标志性强,围合形式创造内部宜人空间环境,彰显出传染病医院的新时代特色。场地功能分区如图 4.2 所示。

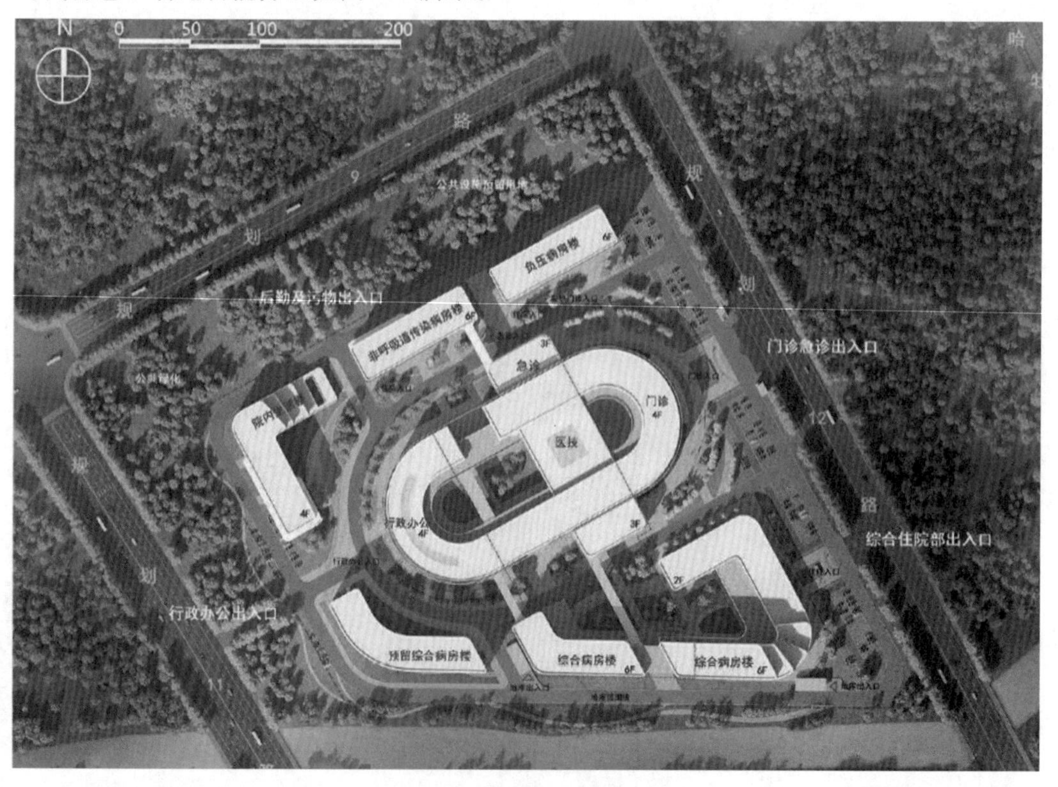

图 4.2　场地功能分区

充分利用场地有利条件,用足场地纵深。基于对哈尔滨市西南主导风向的分析,从

上风向到下风向，依次将场地划分成清洁区、半污染区和污染区。基地南侧临溪，景观条件优良，因而将综合病房区布置于南侧，一方面充分利用了场地现有环境优势，另一方面正南朝向更有利于患者的长期疗养。在以患者为本，营造出花园式院区方案上体现人性化空间环境与文化特色。在满足日照、采光、通风及防护隔离等要求的基础上，以主体建筑为核心，通过环形景观带使绿化由中心依次向周边围合建筑与场地环境渗透，实现庭院式景观设计，凸显医院舒适宜人的环境特征(图4.3～4.6)。

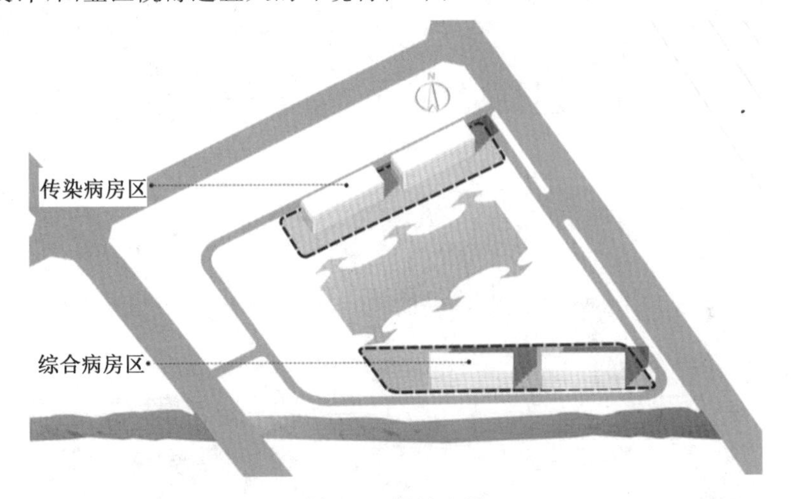

图4.3 场地布局

图4.4 沿河景观

(3)功能布局。

整体规划顺应“一核一带三区”的空间架构，采用以门诊、急诊、医技、行政办公为核心，以中间环形景观带做衔接，以南侧综合病房区、北侧传染病房区及西侧院内生活区三区相围合的布局形式。一方面形成分组式医患慢行系统，使得各分区既独立又高效；另一方面在满足内外交通高效衔接的前提下，可以有效降低道路噪声对院区的干扰。此

图 4.5　庭院内部景象

图 4.6　庭院景象

外，院落式的空间布局，营造了亲切舒适的空间氛围，提升了院区环境的空间品质，展现出医院"以人为本"的空间内涵。功能布局方式如图 4.7 所示。

门诊位于胶囊形平面中部，地上 4 层，其中 1～3 层为普通综合门诊，4 层为非呼吸道传染病门诊。急诊位于胶囊形平面 1 层的北侧，设置单独出入口自成一区（图 4.8）。急诊采用医患分流的形式布置，东侧为急诊部分，西侧为急救部分并设有留观病房（图 4.9）。同时，急诊楼与负压病房楼紧邻，可以与发热门诊有机结合，灵活改造成大发热门诊。医技楼位于胶囊形平面核心，地上 4 层，内设影像科、透析大厅、中心供应室、功能检查室、检验中心、内镜中心、手术室、ICU、病理室、血库等。

2 层北侧设置透析科、采血区和预留诊室，南侧设置中心供应室、电生理科和超声科。其中透析科主要由透析大厅和 7 间隔离间组成，共 4 层（图 4.10 和图 4.11）。3 层设置连

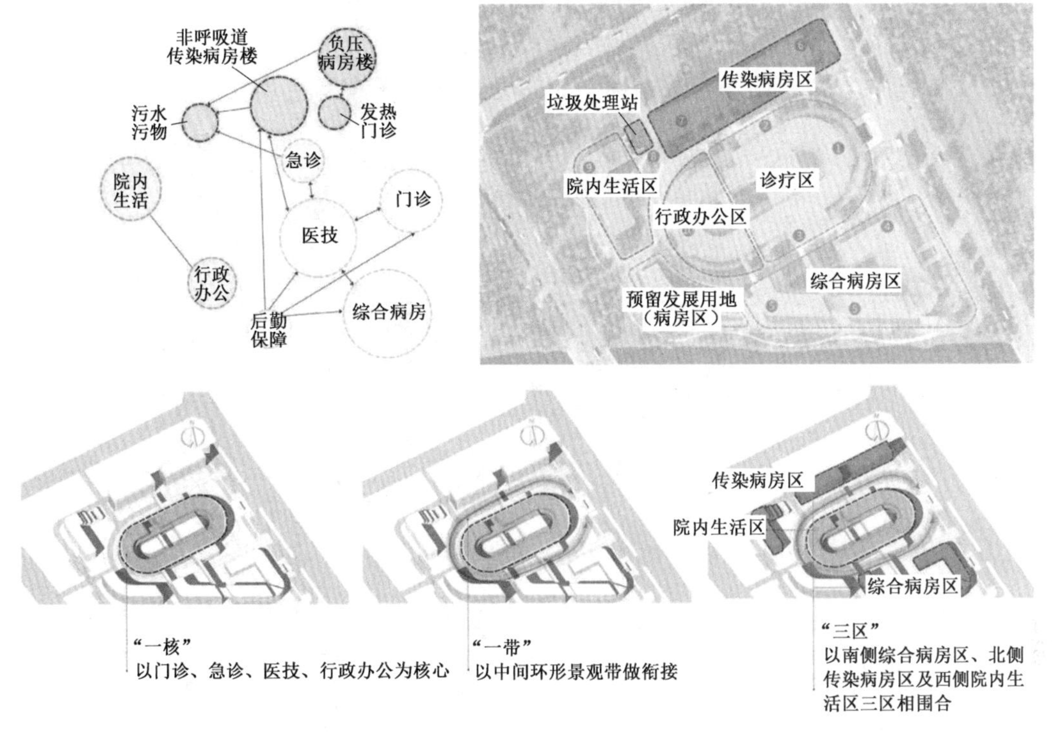

图 4.7　功能布局方式

接非呼吸道传染病房楼和综合病房楼的连廊。该层南侧设置手术室，临近综合病房楼，患者可便捷地进入手术室，临近手术室设置内镜科；北侧设置 ICU、病理室、血库，其中 ICU 分别设置集中 ICU 和 6 间 ICU 隔离单间（图 4.12 和图 4.13）。4 层北侧设置检验科，包含检验大厅和实验区；南侧设置手术机房和排药区（图 4.14 和图 4.15）。各医技科室医护走廊与患者走廊完全分开设置，流线清晰，避免交叉。医护办公区临近外墙，可直接采光、通风，为医护人员营造良好工作环境。

综合病房楼地上 6 层，建筑面积 17 200 m^2。病房楼以阶梯状的退台形式与周围环境相呼应，建筑整体呈 L 形布局，使得病房呈南北朝向，景观得以充分利用。同时，在两栋病房楼中间通过连廊可直达诊疗区、医技部诊治，体现了医院流线的顺畅便捷。1 层、2 层及标准层流线及平面功能分区分别如图 4.16～4.18 所示。

(4)“平战结合”。

该案例中充分考虑“平战结合”，便于转换。基于对哈尔滨西南主导风向的分析，从上风向到下风向，将场地划分成清洁区、半污染区、污染区，同时设有门诊、急诊入口，住院入口，行政办公入口以及污物出口。战时依次转换为生活区、限制区、隔离区，和相应的限制区出入口、生活区出入口、隔离区出入口，应对战时激增的使用需求。非呼吸道传染病房楼、负压病房楼均采用三区两缓三通道的布局形式，在战时非呼吸道传染病房楼

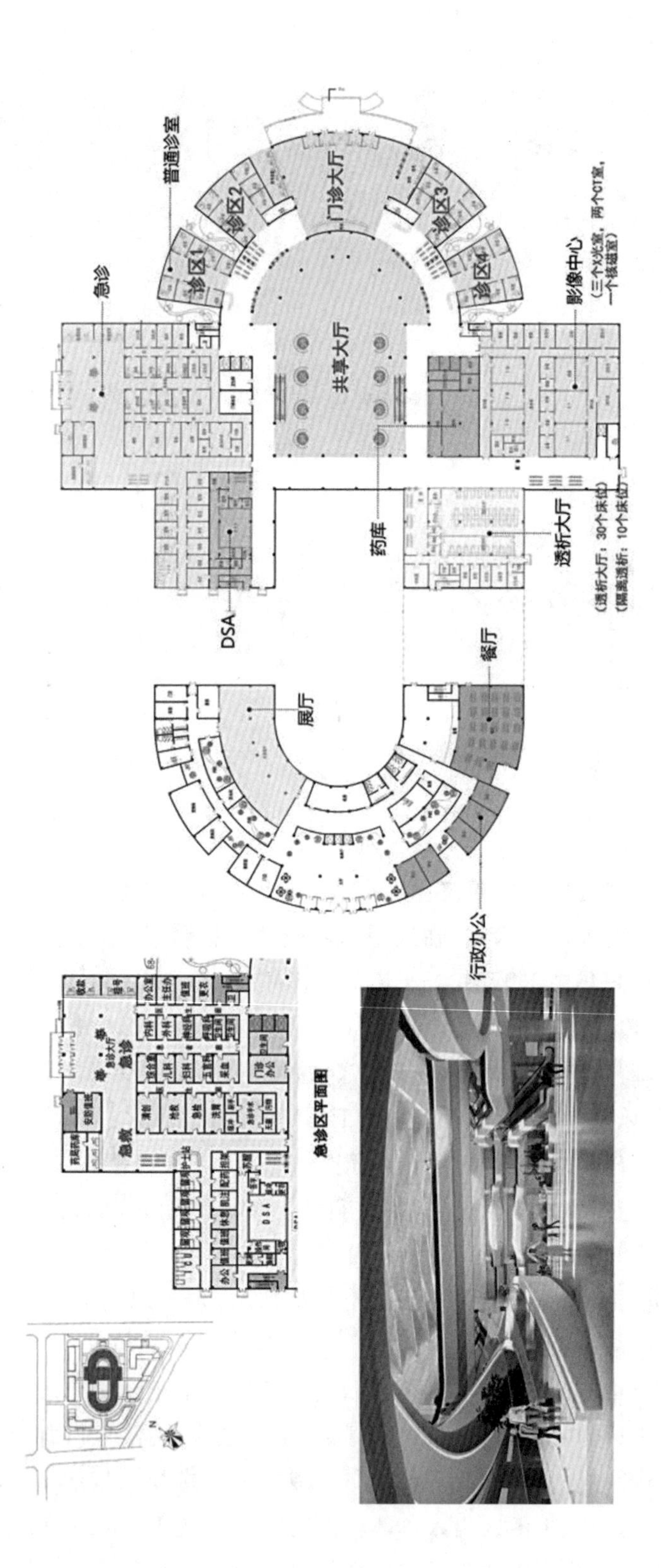

图 4.8　1层平面功能分区

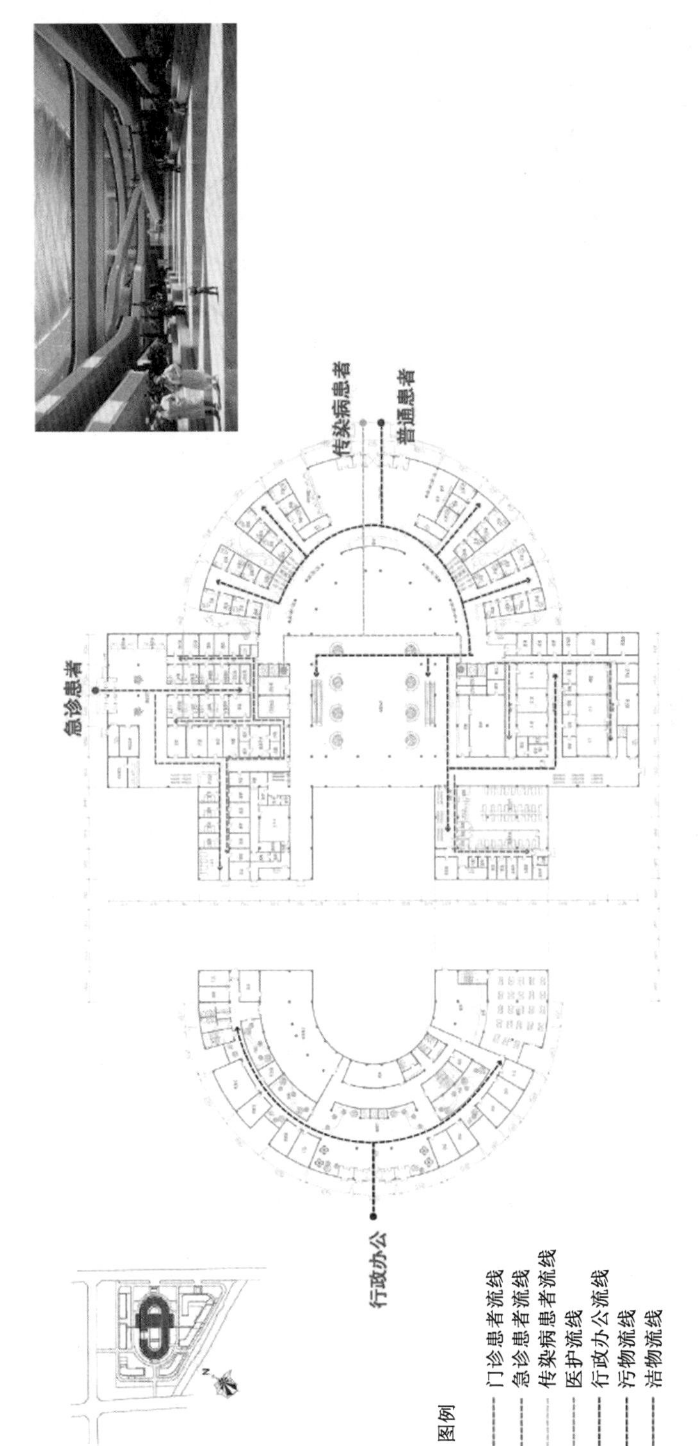
急诊患者
传染病患者
普通患者
行政办公
图例
门诊患者流线
急诊患者流线
传染病患者流线
医护流线
行政办公流线
污物流线
洁物流线

图 4.9　1 层流线图

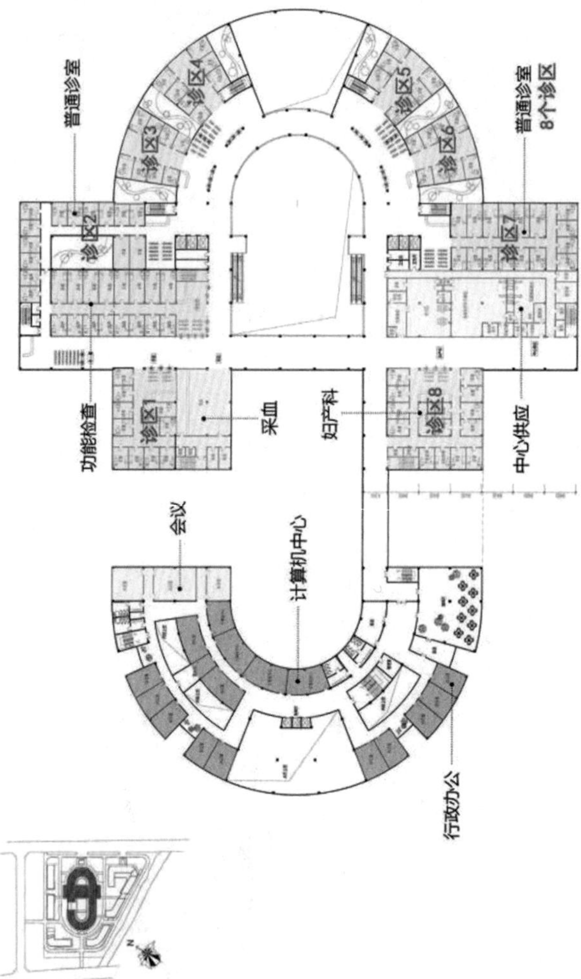

图 4.10　2层平面功能分区

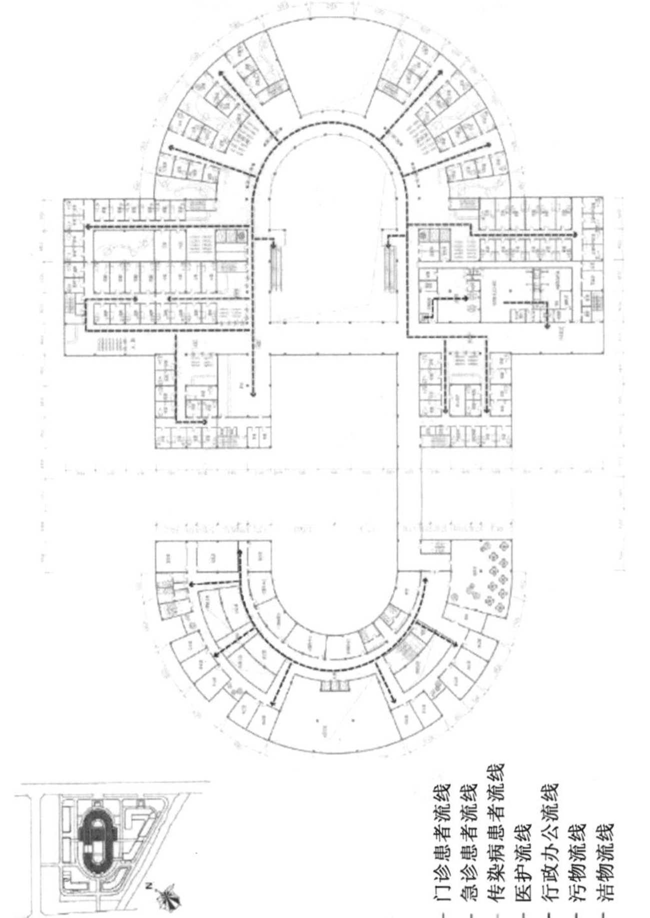

图像

- 门诊患者流线
- 急诊患者流线
- 传染病患者流线
- 医护流线
- 行政办公流线
- 污物流线
- 洁物流线

图 4.11　2 层流线图

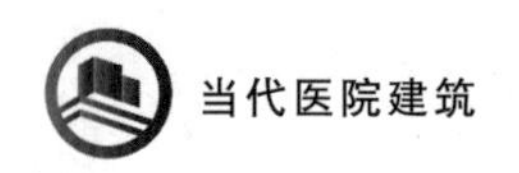

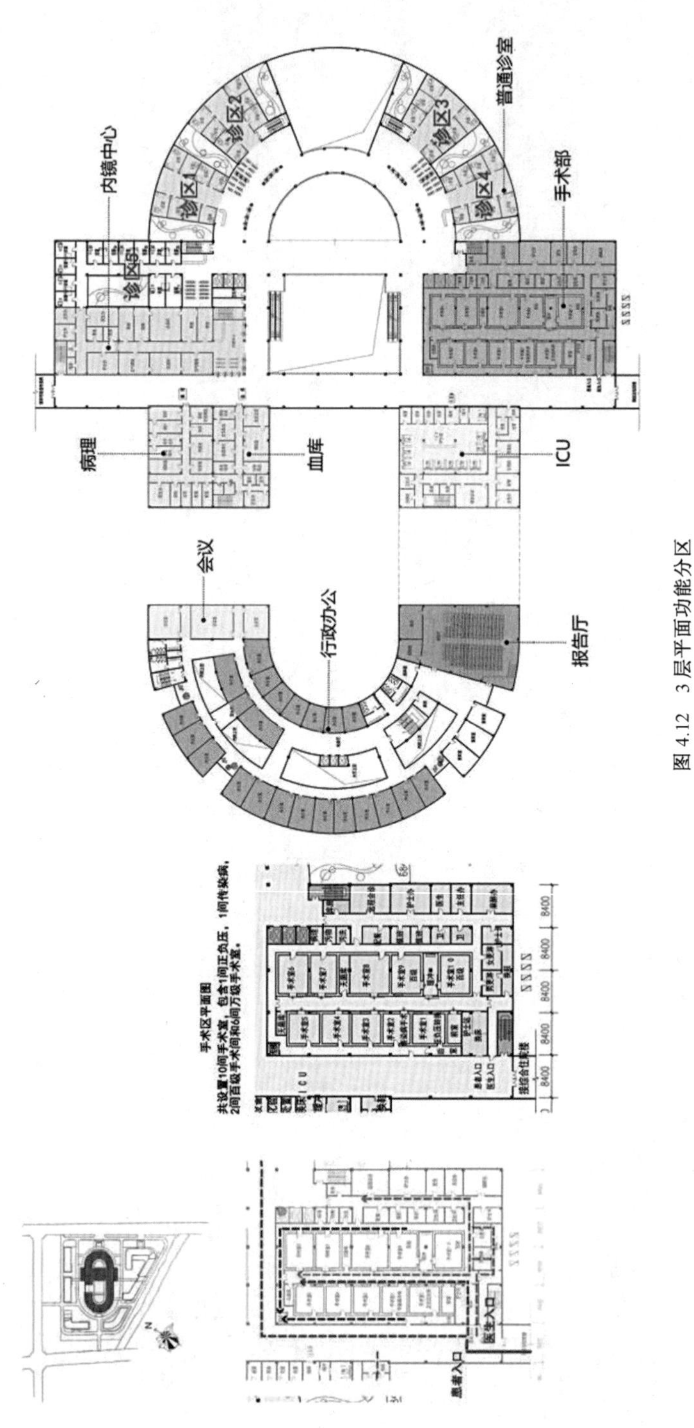

图 4.12　3 层平面功能分区

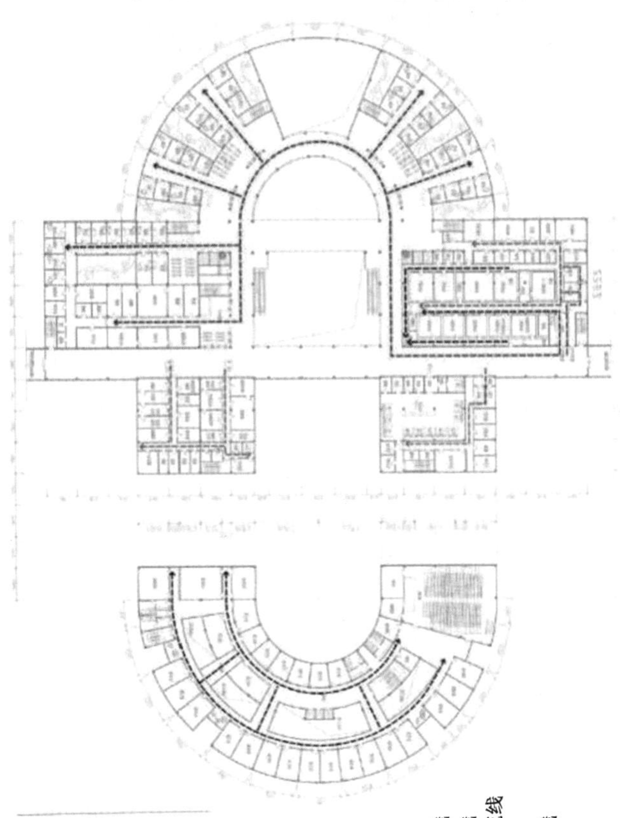

图例

- 门诊患者流线
- 急诊患者流线
- 传染病患者流线
- 医护流线
- 行政办公流线
- 污物流线
- 洁物流线

图 4.13　3 层流线图

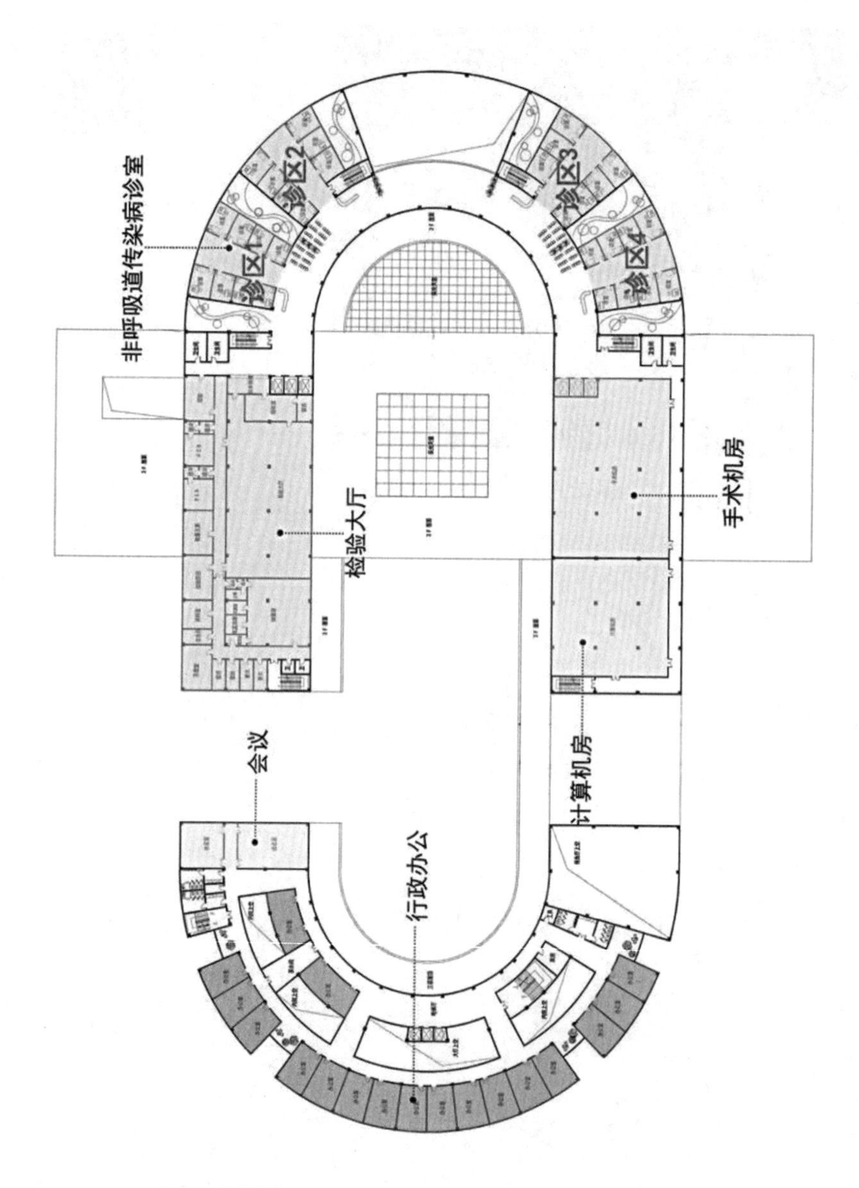

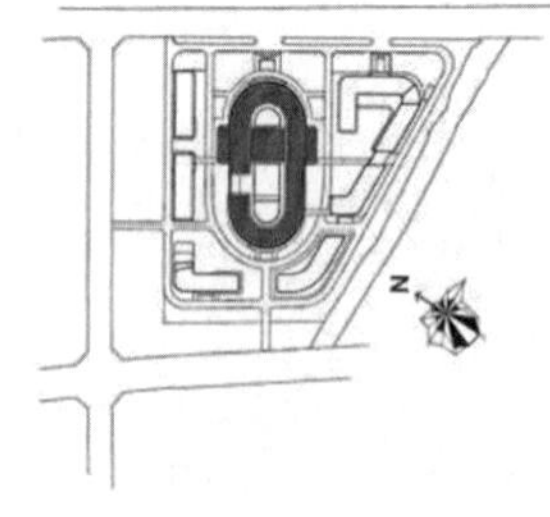

图 4.14　4 层平面功能分区

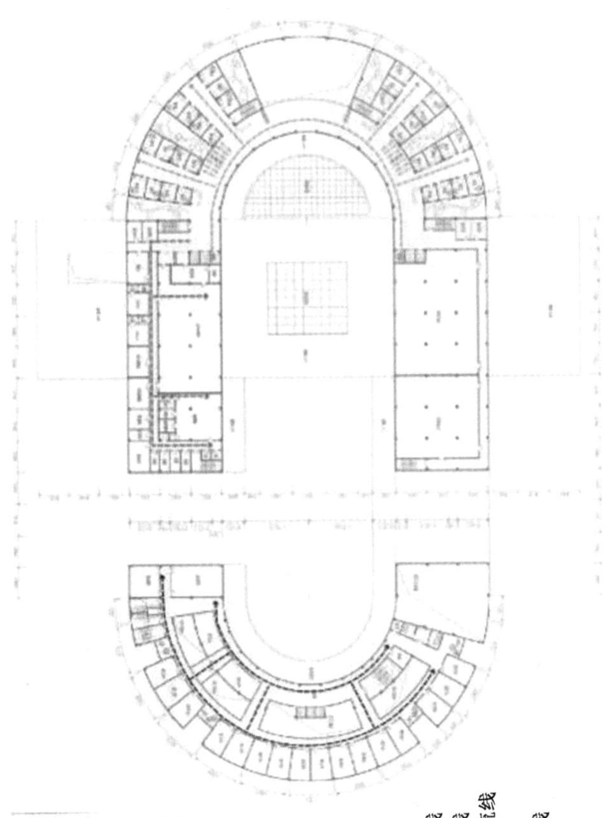

图 4.15　4 层流线图

图例

门诊患者流线

急诊患者流线

传染病患者流线

医护流线

行政办公流线

污物流线

洁物流线

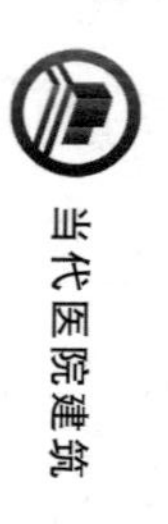

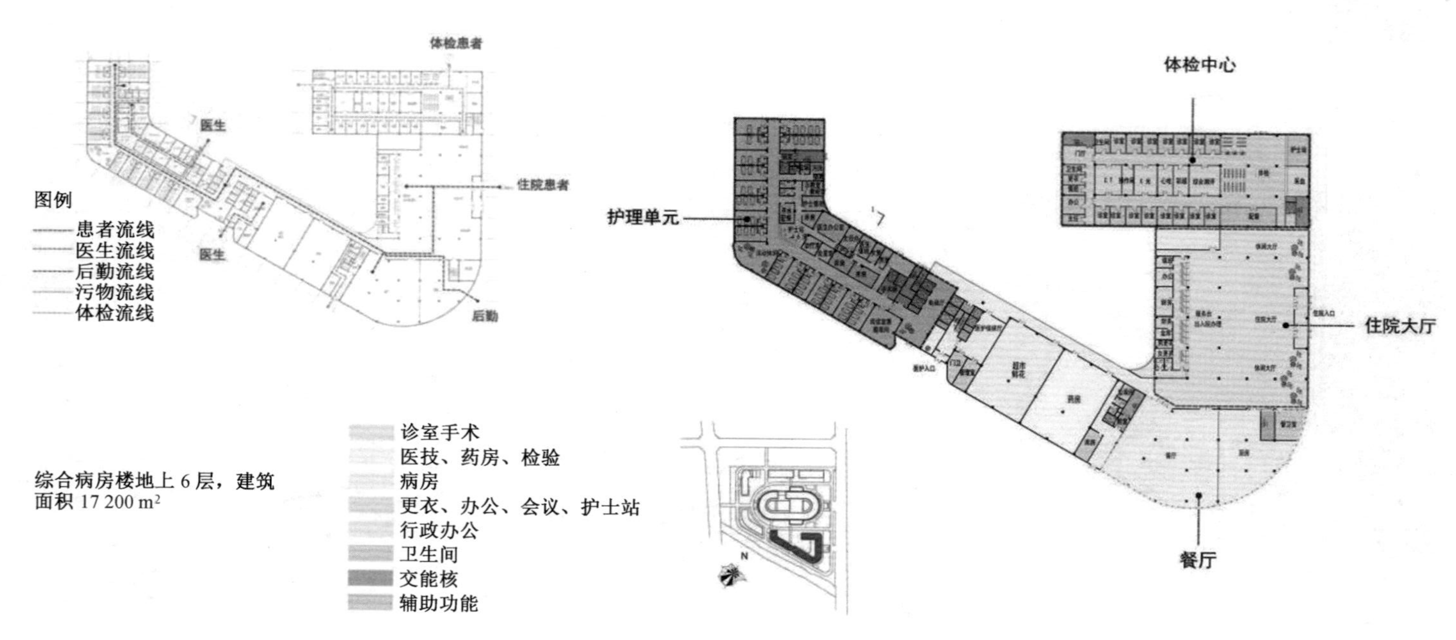

图 4.16　综合病房楼 1 层流线及平面功能分区

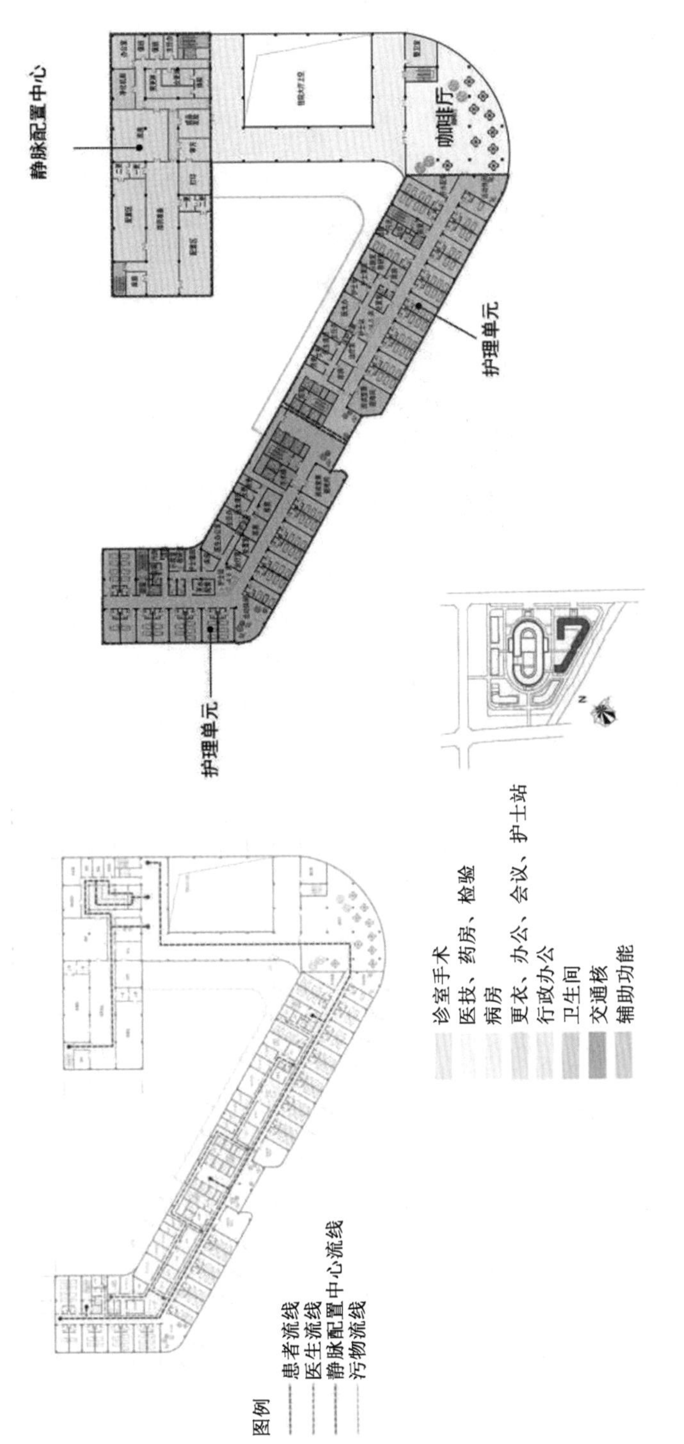

图 4.17　综合病房楼 2 层流线及平面功能分区

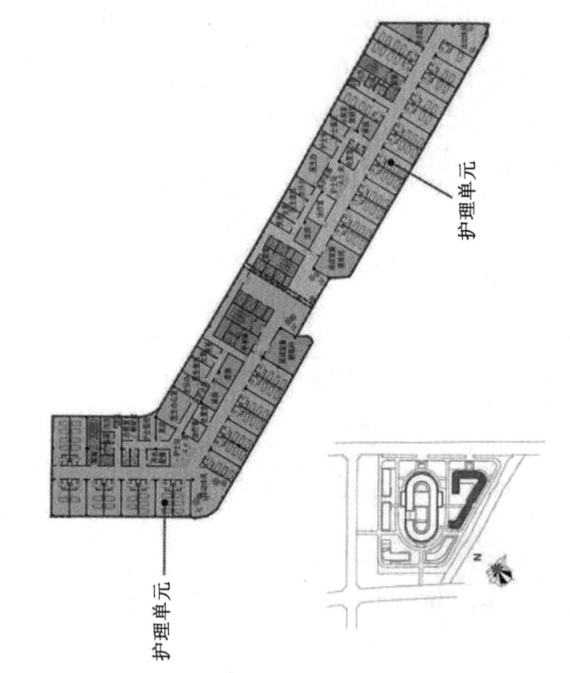

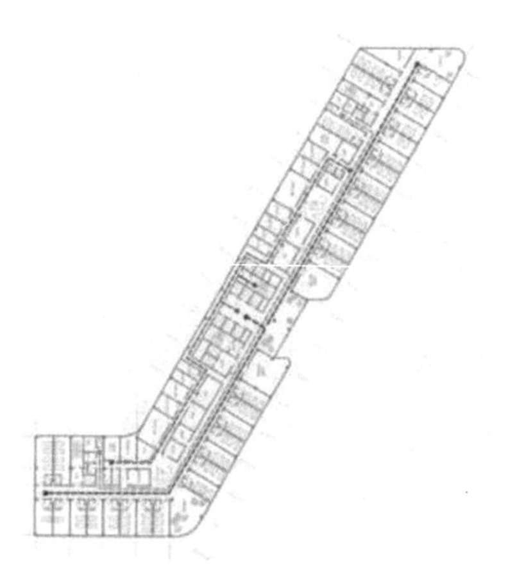

图例
患者流线
医生流线
污物流线

图 4.18 综合病房楼标准层流线及平面功能分区

可迅速转换成负压病房楼，负压病房床位由 200 个增至 500 个，有效缓解病房紧缺。具体如图 4.19～4.21 所示。

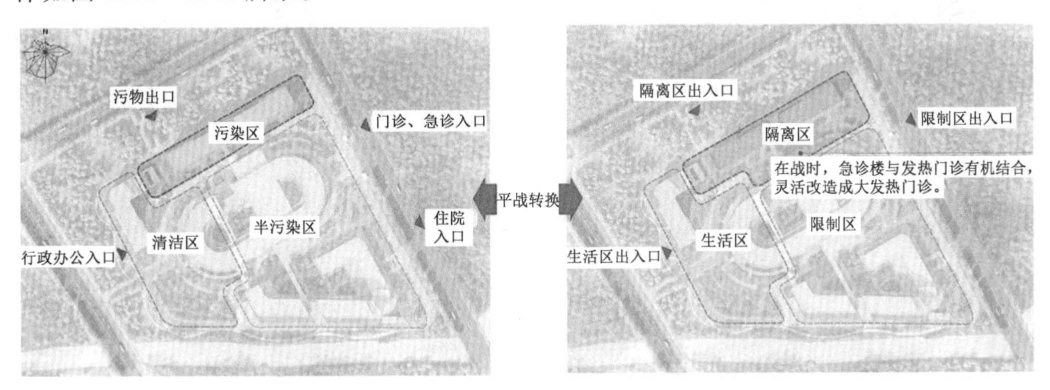

图 4.19　“平战转换”

2. 案例二：哈尔滨新区疾病预防控制中心及结核病防治中心

(1)项目信息。

项目选址位于哈尔滨新区利业镇组团内，桂林路、兰州大街、四平路和绍兴大街围合的街坊内，占地面积约 1.5 hm^2。用地范围现状均为农林用地。在哈尔滨新区总体规划中，规划范围内用地为二类工业用地。土地利用总体规划中，规划范围内用地为建设用地。总平面图如图 4.22 所示。

(2)设计理念。

以“DNA”为设计主题，通过主楼和裙房有规律的转折变化来象征基因的旋转形象，强调整个造型的韵律感和雕塑性，在视觉上赋予动感，打造出有趣味性的立体空间，并在每个转折处设置生态平台，为科研人员提供优美的景观环境，体现现代化医疗研究建筑的科技性与生态性，为城市新区树立具有标志性的新形象。在外围立面设置横向的波浪变化，使立面呈现流动的感觉，如同一条纯洁的纽带，将医疗与科学紧密相连。立面设计简洁、流畅，展现出科技创新时代微妙渐变的审美特点，展现出医疗与科学研究的时代特质。鸟瞰图如图 4.23 所示。

(3)功能分区设计。

根据使用需求，建筑主要由疾控中心综合楼和后勤保障楼两部分组成，其中疾控中心包括疾病预防控制中心及结核病防治中心，在功能上实现分区清晰，每个区域都分别设置独立的出入口。功能分区如图 4.24 所示。

在桂林路一侧设置人流的主要入口，通过前广场将人流引入建筑，疾控中心综合楼首层分别设置多个独立入口，形成人流环线，呈现出既独立又完整的人行流线。在兰州大街一侧设置人流的次入口，方便后勤保障人员进出，可以与办公人员形成分流。整个货运流线也满足了洁污分流的设计原则。流线分析如图 4.25 所示。

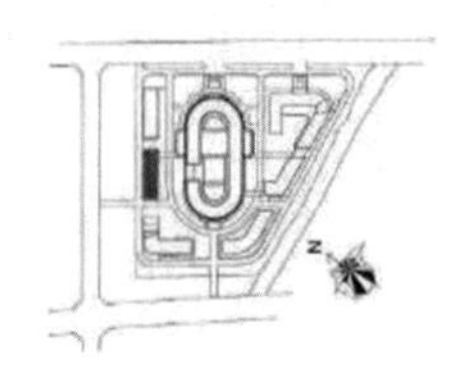

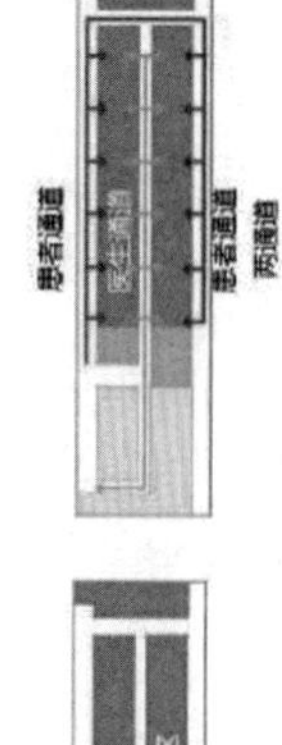

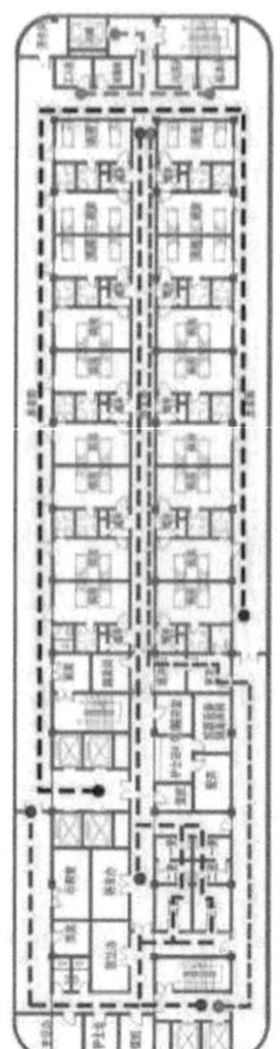

图 4.20　非呼吸道传染病房楼

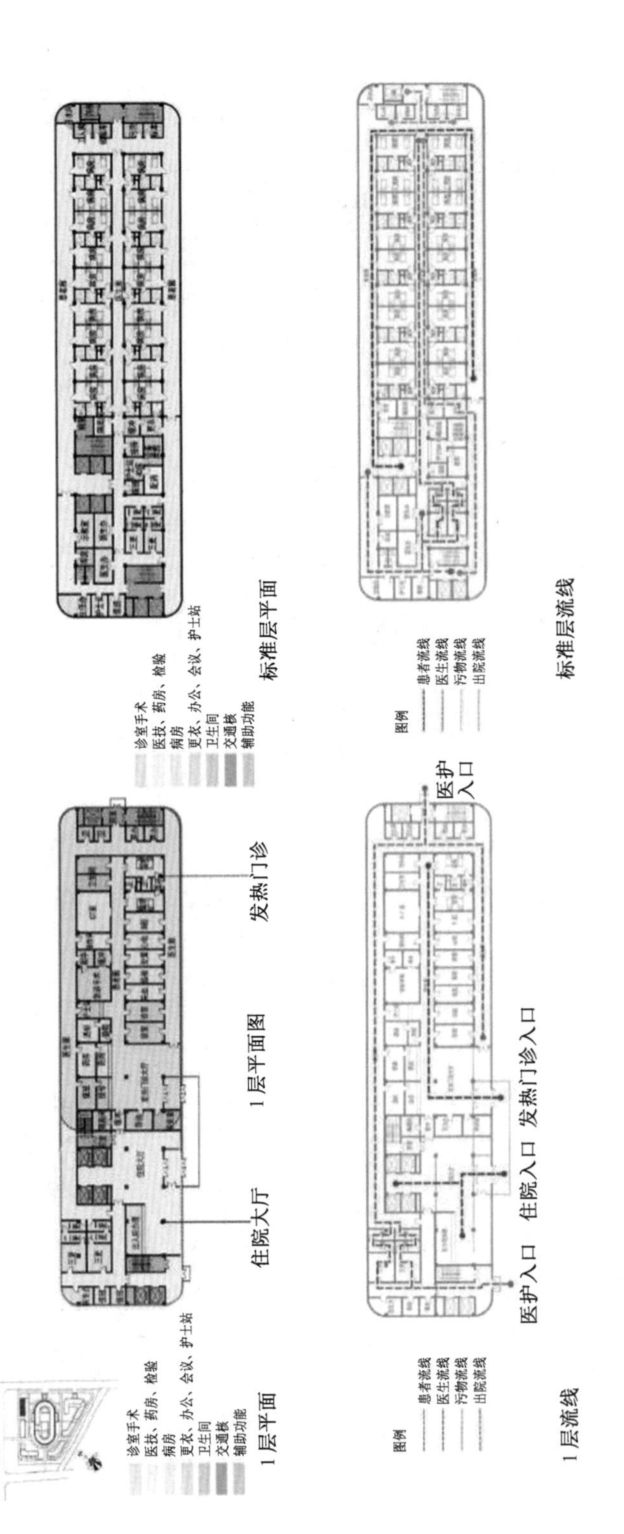
诊室手术
医技、药房、检验
病房
更衣、办公、会议、护士站
卫生间
交通核
辅助功能
1层平面
住院大厅
1层平面图
发热门诊
标准层平面
图例
患者流线
医生流线
污物流线
出院流线
1层流线
医护入口
住院入口
发热门诊入口
医护入口
标准层流线

图 4.21　负压病房楼

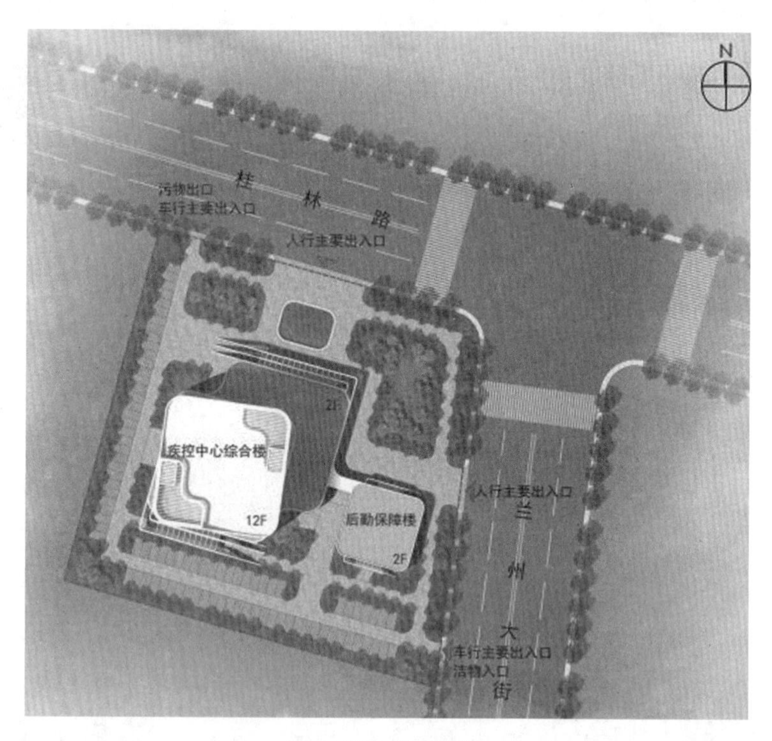

图 4.22　总平面图

图 4.23　鸟瞰图

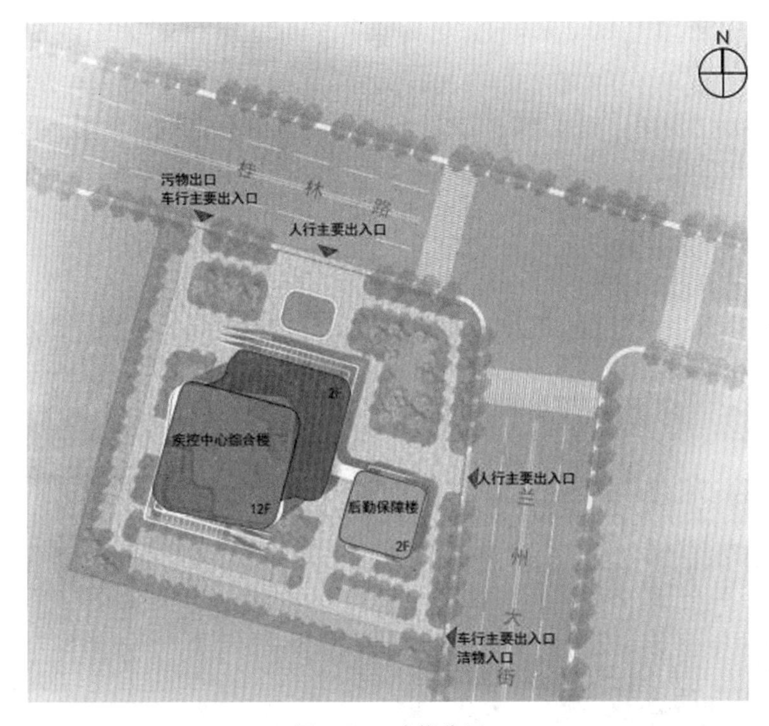

图 4.24　功能分区

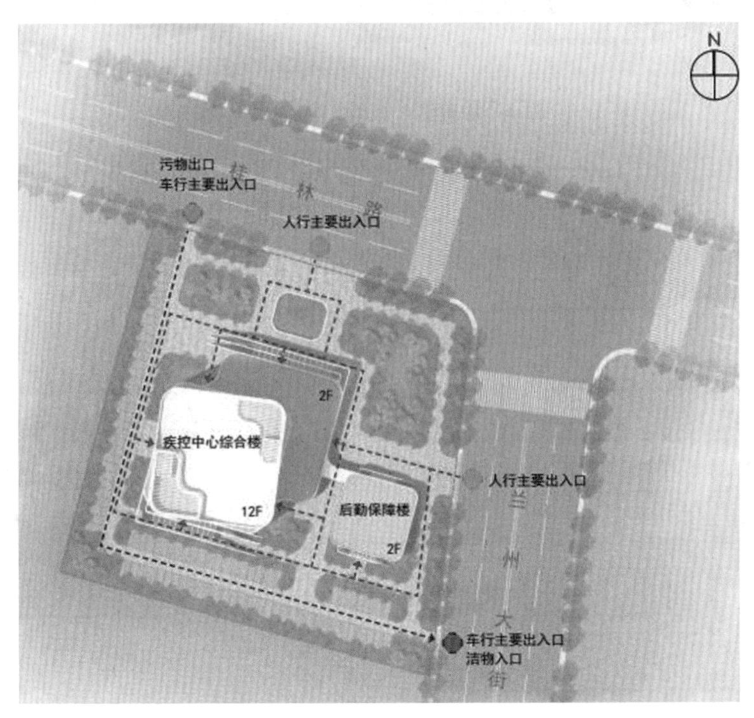

图 4.25　流线分析

考虑城市道路，将车行入口布置在道路交叉口 70 m 外位置，在基地内形成环路，并沿基地内车行道路两侧布置停车位，与建筑的前广场分区设置，实现人车分流。

本项目各层平面图如图 4.26～4.29 所示。剖面图和立面图如图 4.30 和图 4.31 所示。

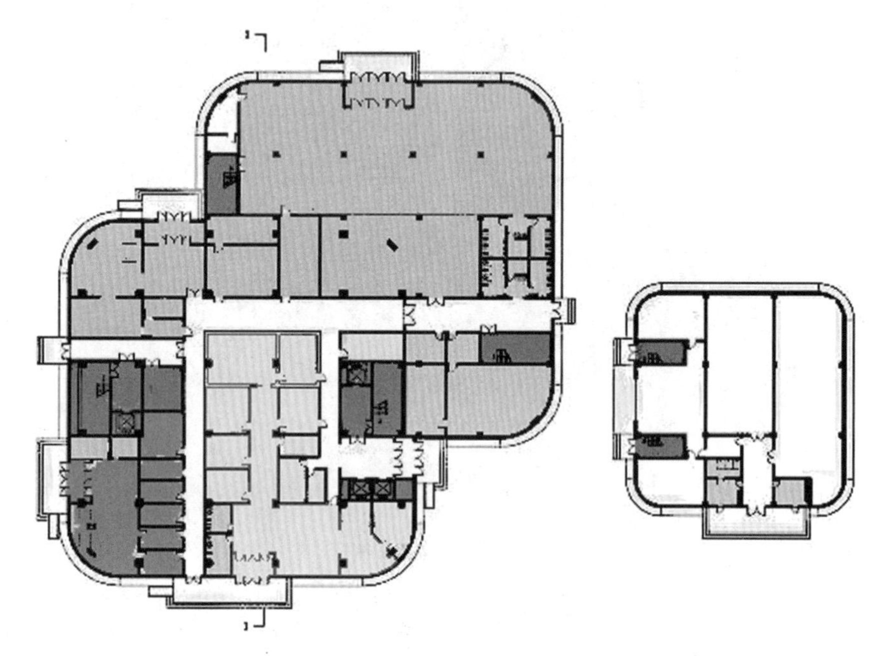

图 4.26　1 层平面图

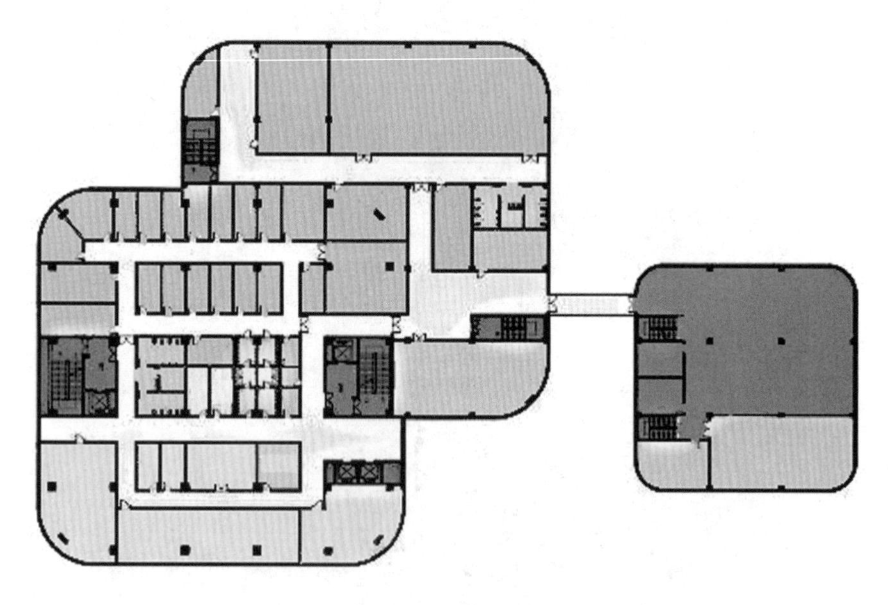

图 4.27　2 层平面图

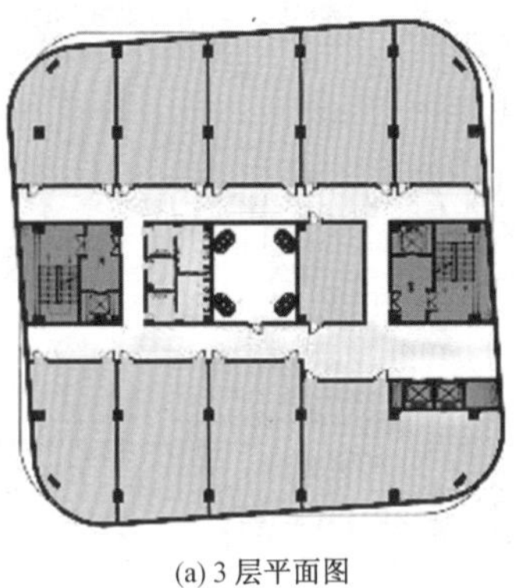

(a) 3 层平面图

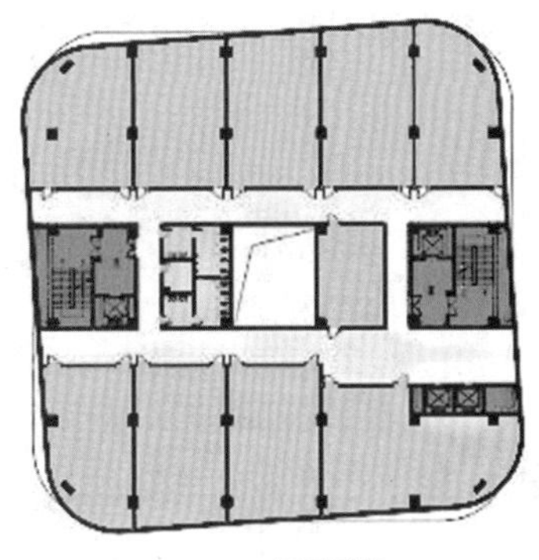

(b) 4 层平面图

图 4.28　3 层、4 层平面图

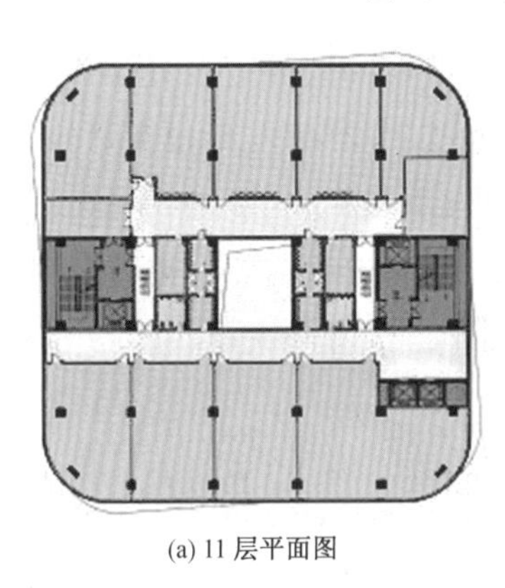

(a) 11 层平面图

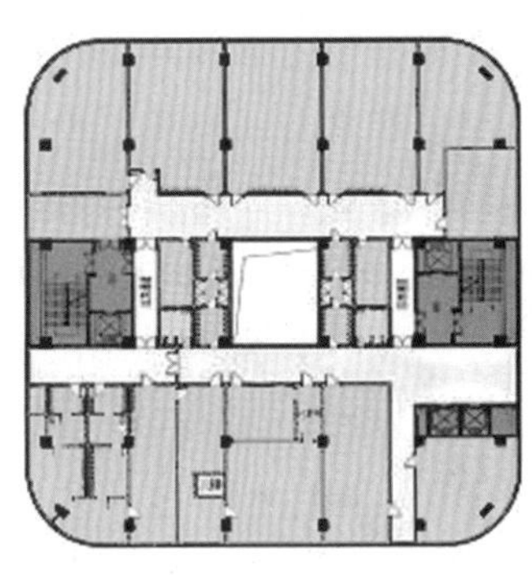

(b) 12 层平面图

图 4.29　11 层、12 层平面图

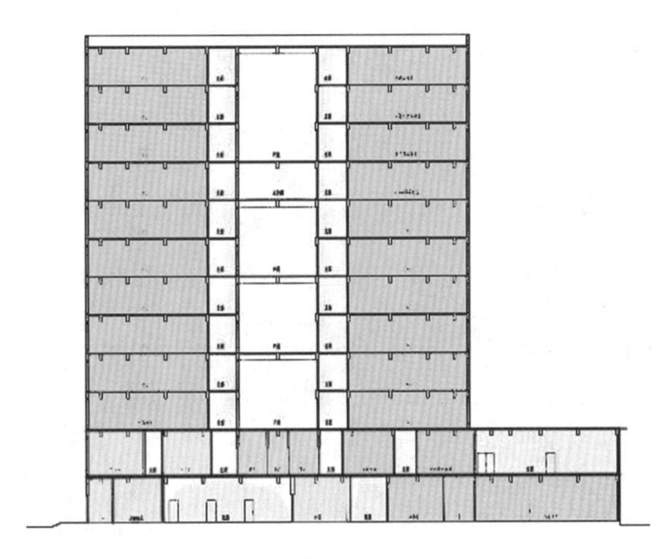

图 4.30　剖面图

图 4.31 立面图

(4)景观设计。

景观设计采取自然生态舒适、安全卫生有序、便捷高效畅通的设计理念。大面积布置绿化,净化空气,改善空气质量。种植芳香植物及彩叶树种,形成视觉效果丰富、充满活力的医疗空间。景观设计简洁而明快,便于建设和维护,丰富的景观类型营造简约而不简单的优质环境。注重花园中交通的通达性与视线的引导性,实现整体景观的功能需求。

(5)景观规划结构。

在设计中创造良好的医疗建筑空间品质,营造宜人的景观绿化,打造有生命力的花园绿化。在每个转折处设置生态平台,为科研人员提供优美的景观环境,体现现代化医疗研究建筑的生态性。屋面采用绿化屋顶,可以减少大气浮尘危害,净化空气,优化医疗建筑的工作环境。通过绿化改善室外环境质量,为患者及医护人员创造一个健康怡人的医疗和工作环境;利用丰富植物群落,协调景观功能,打造能够缓解压力的康复花园。景观示意图如图 4.32 所示。

图 4.32 景观示意图

4.2　中医医院

4.2.1　中医医院发展历史及现状

在我国更多的是医院派生建筑，指容纳了医院功能，但是以其他功能而非医疗功能为目的进行设计的建筑。我国春秋时期初见诊疗空间的雏形；到南北朝后期，出现了“疾馆”“太医署”；隋唐时期，类似于“悲田坊”“病坊”的诊疗机构已遍布全国各城镇；宋朝时期，“广惠坊”和“安济坊”采用厅堂与廊庑相结合的建筑布局手法，形成了规模较大、设备齐全的诊疗空间；直到元朝阿拉伯医院和近代西方医院的建立，中医诊疗空间才融合西方元素，逐渐发生变化。近现代的中医疗法空间仍未脱离古代疗法空间的基本形制，但随着现代技术的发展，受到西方医疗模式的影响，现代科学仪器的产生为中医疗法空间带来了新的变化。

4.2.2　中医医院设计特点

1. 基地选址

对于中医医院整体的空间选择来说，宜选择在环境良好、自然景色优美的位置。对于中医疗法门诊来说，尽量选择布置在走廊的尽端或者人流不是十分密集的区域。

2. 室内空间设计

中医医院的诊疗空间、候诊空间及公共空间在规模上应大于西医医院，候诊环境也有更高的要求。候诊空间的规模应结合相应科室的日均门诊量和患者对空间大小的需求来确定，通过诊室座位数可推算出诊室的面积需求，约为 1.7 m^2/人，同时也应考虑空间形状及位置的影响。

中医疗法空间主要由诊断区、辅助区、治疗区和陪护区组成。对于针灸空间来说，大体与推拿空间相似，但是所需治疗床有所不同，且因为针灸时常配有红外灯等热疗仪器，需要在空间设计时预留相应位置。水疗空间主要有药浴和熏蒸两种，熏蒸疗法空间需要有接待区、患者更衣卫浴区、准备区、治疗区和休息区。牵引疗法也是患者常选择的中医治疗手段，主要依靠牵引床进行拉伸训练，由于牵引疗法对患者并无脱衣等私密性要求，故空间设施相对简单，只需考虑准备区、诊断区、治疗区和陪护区即可。

中医医院陪护空间需要满足两类患者及陪护人员的使用需求：一类是渴望在治疗过程中与患者进行交流和聊天，另一类是希望独自小憩或者进行私人的活动。对于第一类患者及陪护人员，需要在诊室中单独布置患者与相应陪护人员的治疗空间；而对于第二类患者和陪护人员，则更适宜为陪护人员布置单独的娱乐聊天场所。

3. 物理环境设计

中医医院声环境设计应注重减少治疗空间噪声，应该主要从诊疗空间位置的选择、门窗材质的选择和形式、空调设备，以及室内装饰设计几方面进行控制。首先，诊疗空间宜选择在医院内安静、过往人流较少的区域。其次，应选用工作声音较小的设备，如静音空调等。最后，要采取诊疗空间维护界面降噪措施(表 4.1)。

表 4.1　诊疗空间维护界面降噪措施

维护界面	降噪措施
门	宜采用不同面密度的材料组成的多层复合结构；在板材表面刷涂阻尼材料；在空腔内填充吸声材料
窗	宜采用断桥铝合金平开窗；采用 2 片或 3 片厚度不同的玻璃叠合而成的隔声窗；中空玻璃内采用夹胶玻璃
地面	尽可能铺设柔软的地毯，地毯类地面装饰材料不仅能最大限度地减少噪声的产生，而且能抑制由其他来源产生的噪声，在病房区外的走廊铺设地毯尤其有效
墙面	设置吸声材料的护面装饰层，如穿孔石膏板、金属穿孔板、铝合金穿孔板、金属微穿孔吸声板、木丝吸声板、木质吸声板、金属箔贴面、布艺饰面等；设置墙面吸声材料的预留空腔
顶棚	室内的顶棚和墙壁要选用木材或装饰布进行装饰，隔墙顶端高过顶棚 150～200 mm 设置每个房间的单独吊顶

在整个医院的设计中，应充分利用自然光源，将主要疗法空间尽量放置在南向，保证每天日照充足。在中医疗法中，在诊疗室楼层较低时，较多运用位置较低矮的侧窗。同时，设计应考虑到部分患者在光线昏暗、安静的室内小憩的可能性，营造幽暗静谧利于休息的光环境。

中医疗法空间的湿度、温度及通风设计直接影响患者的体表感受，对治疗效果影响较大。在现行的中医疗法设计中，大多数将空间湿度控制在 40%～45%，温度冬季为 21～22 ℃，夏季为 26～27 ℃，且对于特殊治疗空间有一定的自然通风要求。部分中医诊疗空间适宜物理环境指标见表 4.2。

表 4.2　部分中医诊疗空间适宜物理环境指标

物理环境	推拿	针灸	牵引	熏蒸
湿度/%	40～45	40～45	40～45	40～45
温度/℃	冬季 21～22 夏季 26～27	冬季 21～22 夏季 26～27	冬季 21～22 夏季 26～27	冬季 21～22 夏季 26～27
净化	无	无	无	无

续表4.2

物理环境	推拿	针灸	牵引	熏蒸
通风	优先采用自然通风	自然通风与机械通风结合，艾灸治疗需要机械通风，保证室内空气质量	优先采用自然通风	优先采用自然通风

对于水疗空间来说，需注意冬季的保温和夏季空调房的冷风直吹。对于灸疗空间来说，长时间的熏艾会导致室内烟尘增多，空气质量降低，宜单独布置空间，且在室内需要配备抽送风设备。

4. 感知性设计

对于中医诊疗空间来说，需要进行针对五感的具体设计，使患者在接触医院时感受到声音、色彩、气味、视线等愉悦的享受。在视觉设计方面，可利用高度变化、色彩分区和图案造型等手段进行顶棚优化设计，缓解患者在漫长的治疗过程中内心的焦躁情绪。在室外庭院设计中，可以减少诊疗室进深，增大开间，在获得充分采光的同时，尽可能地加大与室外的接触面积，使每个患者更方便地观察户外庭院景色，体悟自然变化。

材质的选择和运用直接体现建筑的触觉设计。在中医疗法中，患者在治疗过程中达到静心虚神、回复本真的状态方可收获良好的治疗效果。对于空间设计来讲，需要创造出静谧平和、返璞归真的空间环境，要求材料质感的自然和安全性。天然材料主要是木材、石材、金属等非人工材料，由于其物理特性较为稳定且环保，被人们越来越多地应用于建筑及室内装饰之中。考虑到医疗空间的需要，地面材质应耐用且易于清洁和保养。在材质拼合中，要尽量保持材质的连续性和引导性，同时要考虑到轮椅、担架等特殊器械对地面材质的要求。在水疗空间等特殊区域，应使用摩擦系数更高的防滑材料，考虑材料的特性及适用区域。常用地面材质特性见表 4.3。墙面应选取易于清洁、平滑且防潮的材料，墙体表面不宜产生较多凹凸和缝隙，以避免灰尘和细菌的积聚。在水疗空间等特殊空间中，应考虑墙体的密封性和整体性，同时避免墙面高度抛光。此外，为防止意外、危险发生，应尽可能避免锐利的转角和凸起。由于火疗空间内常有明火和烟尘，因此需要考虑隔断及围帘材质的防火性能。

表 4.3　常用地面材质特性

材质名称	适用区域	防滑性能	是否易于清洗	备注
标准乙烯基	干燥区域	耐滑	不易清洗	患者和医护人员可以穿鞋
标准编织纹乙烯基	干燥区域	耐滑	不易清洗	比标准乙烯基产品更具防滑特性

续表4.3

材质名称	适用区域	防滑性能	是否易于清洗	备注
圆颗粒乙烯基	潮湿区域	防滑	易于清洗	适用于接触肥皂的地面
安全乙烯基	潮湿区域	特别防滑	不易清洗	适用于不接触肥皂且需要通行手推车的地面
瓷砖	套间和浴室	防滑性能较好	易清洗	应用于非诊疗区时,需密封处理
石头和磨石地面	入口大厅等处	雨天较滑	不易清洗	应采用特有的防滑处理,以提升防滑性能

在嗅觉环境方面,应采用不易渗透且便于清洁的材料来铺设地面和墙体,同时涂上抗菌防垢的涂层,以除去环境异味。另外,应当设计换气系统。当使用疗法空间时,应确保在这些房间的空气消耗量至少为每分钟 2 m^3。在中医疗法空间的嗅觉环境塑造中,应充分利用中医药材的气味。在嗅觉环境的营造中也应结合空间需求选取相应的药材,使气味发挥其治疗功效。

5. 人本化设计

在中医诊疗空间设计中,候诊空间和治疗空间分别需要不同形式的空间园林化设计。候诊空间园林化设计可采用室内中庭的设置或利用候诊空间与外界自然景观相邻墙体的大面积开窗,将自然景观引入室内。对于治疗空间,独立进行园林化设计是较为可取的办法。

休闲空间应与其他功能空间结合,进行适当的空间扩充,将休闲性潜移默化地融入中医诊疗空间设计中。

在规划设计中采用传统院落式空间布局模式,传承中医文脉的空间情景化设计。院落具有较好的私密性和优美的环境,能够有效舒缓患者的心理,在设计中应充分利用院落的环境优势,改善空间的采光、通风及进行过渡,同时也可以作为候诊空间使用。在设计中应实用与美观并重,既要满足医疗空间的需求,又应符合传统园林的美学要求。

装饰和构件的设计可从中国传统文化中提取设计元素,并利用现代设计手法将其抽象与概括,应用到空间塑造中。

4.2.3　中医医院项目案例

1. 案例一：哈尔滨市中医医院异地新建项目设计方案

(1)项目信息。

项目占地面积 10 万 m^2，建筑面积 9.4 万 m^2，其中地上面积 7.4 万 m^2，地下面积 2.0 万 m^2，床位 1 000 张。项目位于空军限高区域，要求建筑物绝对高程 168 m 以下，限制了建筑高度。建筑鸟瞰及高程分析分别如图 4.33 和图 4.34 所示。

图 4.33　建筑鸟瞰

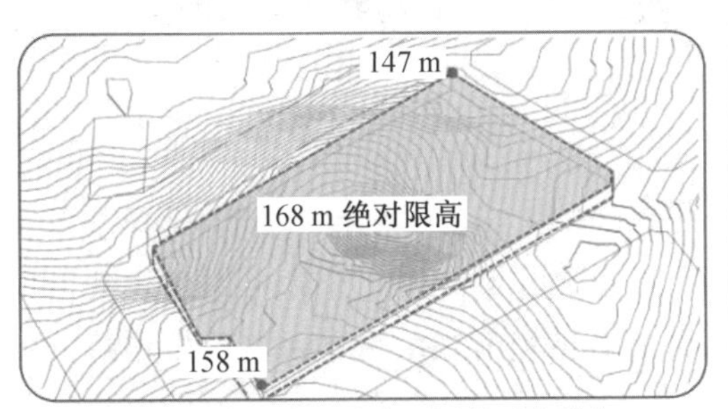

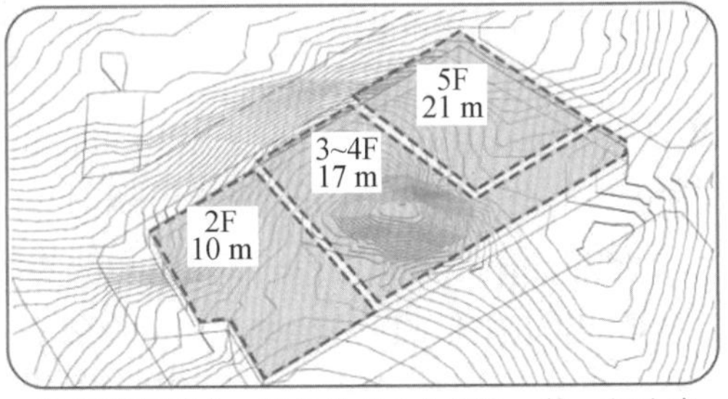

图 4.34　高程分析

(2)布局理念。

方案力图营造多层级院落空间，通过景观庭院形成空间脉络，将舒适宜人的院落景致渗透至医疗区，形成生机盎然的医疗环境。位于场地中心的核心庭院一气呵成，纵贯于培训、体检、门诊、医技及住院部，使各个医疗区域可共享中央庭院景观。四通八达的院落空间行云流水，神似中医的脉络畅达。阳光渗透至各医疗区，契合中医纳聚阳气之理念。庭院深深、步移景异的空间格局诠释了中国传统建筑的精髓，与博大精深的中医文化融会贯通、相得益彰。

(3)功能布局。

四大分区简明清晰。总平面图及功能布局分别如图 4.35 和图 4.36 所示。内部庭院如图 4.37 所示。

图 4.35 总平面图

(4)形态设计。

中医医院建筑形态设计秉承传统与现代结合、自然与人文融合的理念，诠释中医文化，体现寒地医疗建筑特点，努力打造宁静雅致的建筑环境。设计充分考虑建筑功能的多样性，努力构建中医传统文化与现代建筑理念结合的新时代综合中医医院。建筑群落典雅中蕴含时代感、丰富中不失逻辑，建筑形态一脉相承、和而不同，展现了传统建筑的宁静与雅致，体现了北方建筑浑厚连续的气质，以群体之势烘托中医医院的文化特质。门诊效果图如图 4.38 所示。

屋顶形式上，园区建筑屋顶传承并创新了中国古代建筑的坡屋顶形式，形成双坡式，外围高坡，形成气势，内院矮坡，亲切近人；建筑立面上，门诊和医技建筑立面抽象简化了中医药柜的形象，富有韵律的节奏轻松明快，彰显了中医医院的文化性；院落布局上，体

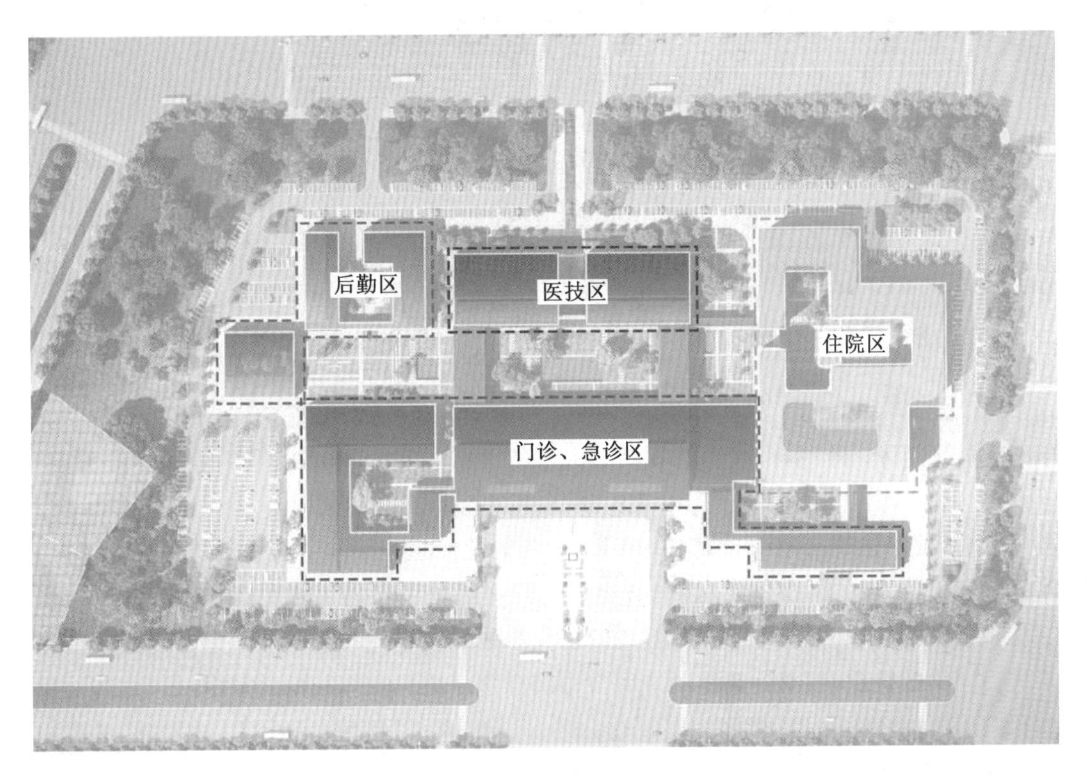

图 4.36　功能布局

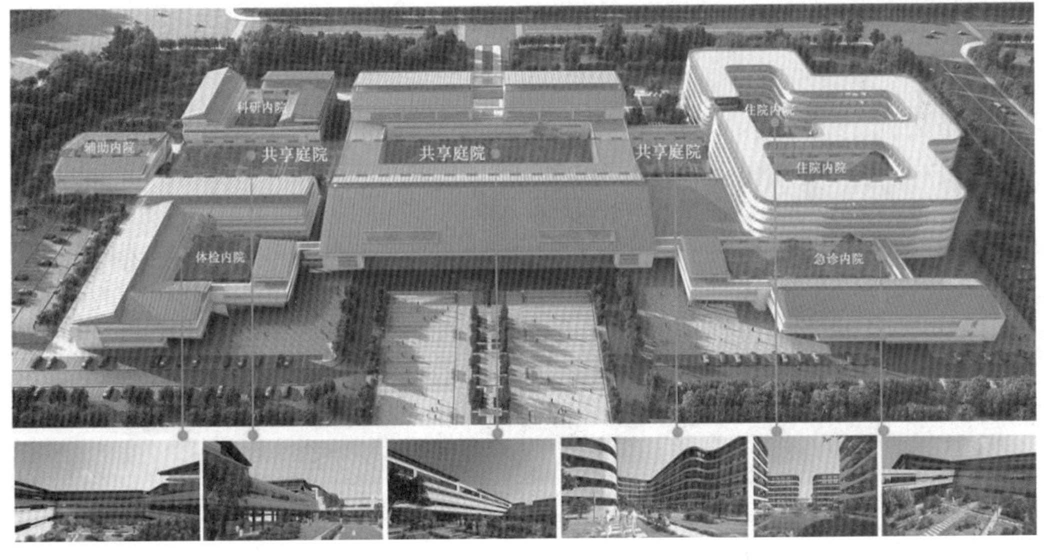

图 4.37　内部庭院

图 4.38　门诊效果图

检楼、急诊楼等建筑采用围合式院落布局，轻松愉悦的造型缓解了患者的压力，充分体现了医疗建筑的人文关怀；建筑材质上，建筑立面利用白色和胡桃木色的材料或白色材料搭配玻璃和钢木材料，体现了医疗建筑的现代简洁性；布局模式上，住院部突破了整体布局同质同构的特点，以现代简洁的造型与建筑群落形成异质同构的布局模式。庭院内部效果图如图 4.39～4.48 所示。

图 4.39　庭院内部效果图(1)

图 4.40　庭院内部效果图(2)

图 4.41　庭院内部效果图(3)

图 4.42　庭院内部效果图(4)

图 4.43　庭院内部效果图(5)

图 4.44　庭院内部效果图(6)

图 4.45　庭院内部效果图(7)

图 4.46　庭院内部效果图(8)

图 4.47　庭院内部效果图(9)

图 4.48　庭院内部效果图(10)

2. 案例二：黑龙江中医药大学附属第一医院国家中医药传承创新项目

(1)项目信息。

黑龙江中医药大学附属第一医院国家中医药传承创新项目建设，拟新增建设用地 6 010.56 m^2，建设用地位于黑龙江中医药大学附属第一医院院内。用地范围：南至医院原有门诊综合楼，西至医院风味餐厅，东至和平路。

(2)设计指导思想和设计特点。

医院总体布局功能分区明确，与医院原有医疗部分进行功能整合，资源共享，并保持便捷的联系。在医院流程设计、医疗手段和设备选用方面做到技术先进、经济合理，体现现代化综合医院的特点。医院建筑平面布局既注重洁污分区、洁污分流的卫生学要求，又注意运行路线便捷、管线经济合理的工程技术要求。该项目建筑人视效果图如图 4.49 所示。

图 4.49　建筑人视效果图

(3)总平面布置。

建筑的内外交通出入口与总的内外交通网、出入口、道路、消防车道、绿化形成统一的有机联系，做到节约与合理利用土地。本项目在总平面设计上把建筑与周围现有的环境和道路充分结合，充分利用已有的交通资源。在总体布局上结合地形，兼顾景观，使医院整体空间明朗，整个场地布局紧凑规整，分区明确，视野开阔。

本项目现场有一栋建设于20世纪70年代的门诊楼，建筑面积5 793 m²，目前在结构安全性等方面均存在问题，本项目考虑拆除该建筑，在拆除后的位置建设本项目。建筑主体与医院西侧的风味餐厅齐平，南面主入口面向医院院区停车场，建筑东面为城市主干道和平路。

本项目周边设置环形消防车道，在建筑南立面沿南面长边设置消防登高场地，总平面满足消防设计要求。建筑地下1层设置地下通道，与位于建筑南侧约28 m的原有门诊综合楼的地下部分相连接，方便患者到门诊综合楼内进行相关的医疗检查。

本项目建筑的布局合理，配齐用于传承创新所必需的诊疗设备、研究设备、辅助设施等，达到国家有关标准，满足中医药传承创新需要。

(4)交通组织。

基地人行流线主入口布置在南侧，与和平路有一定距离。车行流线可直接将患者送到入口处，方便患者就诊和住院。消防车可通过基地与城市干道相接的道路出入口方便地进入基地，迅速地到达建筑物前，沿建筑周边设置环形消防通道，利于消防车快捷地到达火灾扑救点区域，基地内高层建筑周围均设有足够的消防登高场地，利于消防作业。本项目与四周城市干道相接的道路出入口宽度均不小于9 m，转弯半径为10 m。

(5)建筑平面设计。

本项目地上17层、地下1层，可容纳安置住院床位399张。各层平面功能分配具体如下。

1层：建筑面积1 334.75 m²。主要布置住院大厅、开敞办公、药局、出入院手续办理、挂号收款、消控值班等区域。1层平面图如图4.50所示。

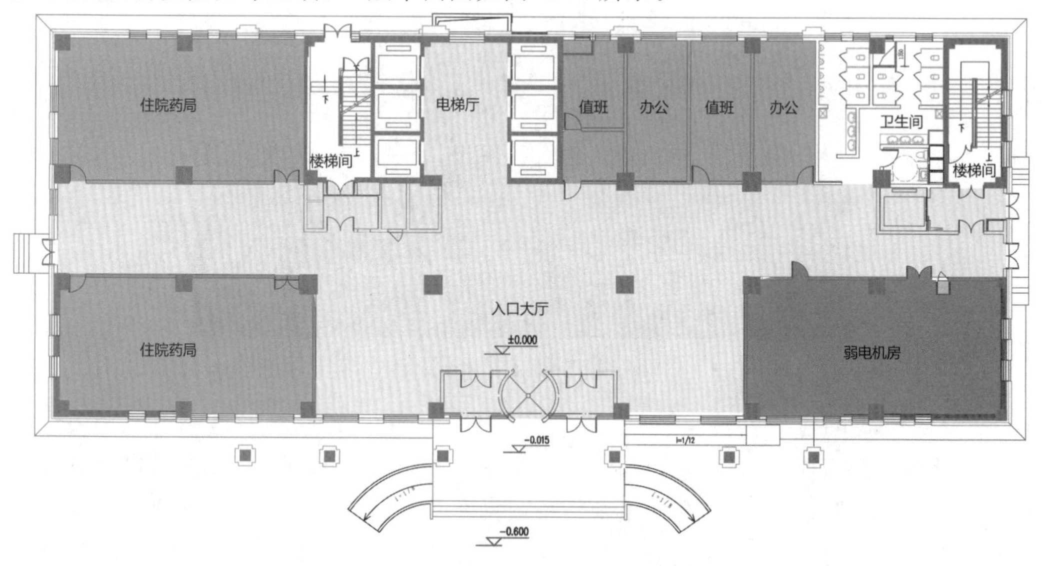

图4.50　1层平面图

2 层、3 层：每层建筑面积 1 286.06 m^2。主要布置名老中医经验传承工作室、名老中医诊室、示教室、资料室等；另外在 3 层设置中医医疗技术中心的研究中心功能房间。2 层和 3 层平面图分别如图 4.51 和图 4.52 所示。

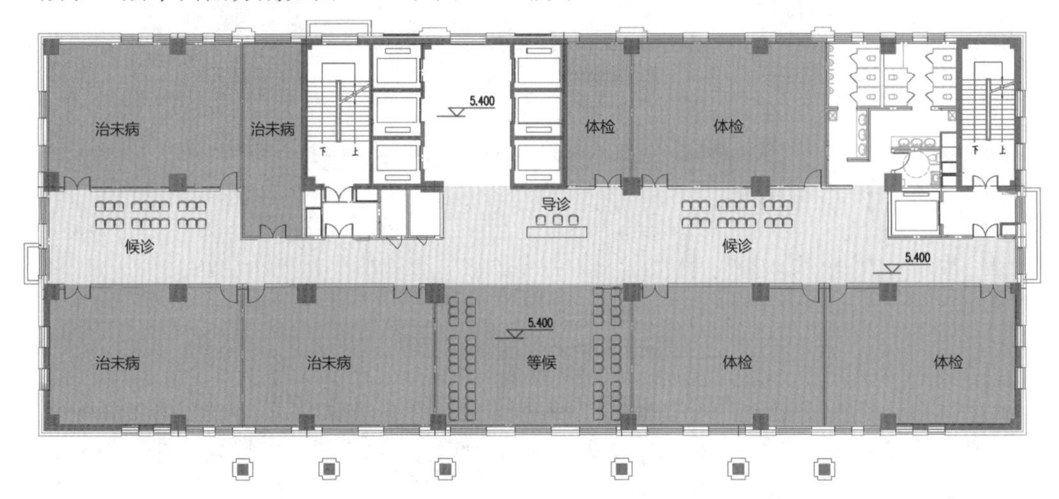

图 4.51　2 层平面图

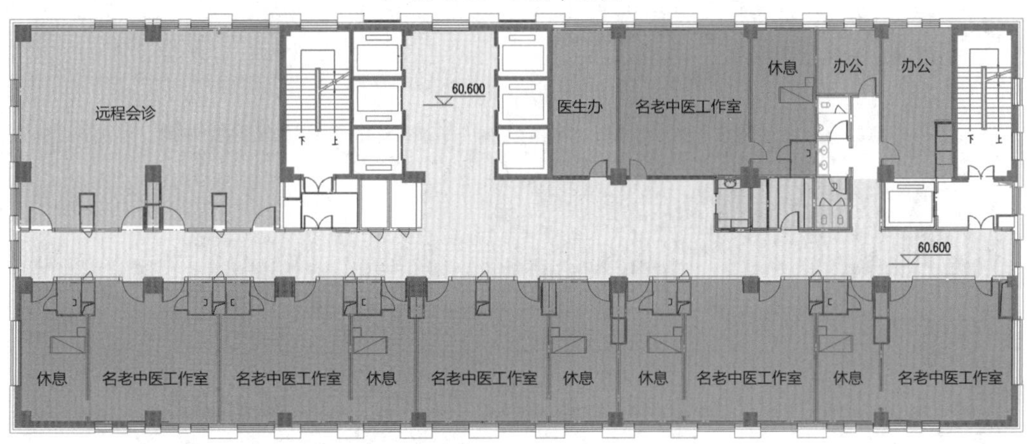

图 4.52　3 层平面图

4 层：建筑面积 1 286.06 m^2。本层为中医医疗技术中心，设置了门诊中医综合治疗区。4 层平面图如图 4.53 所示。

5 层：建筑面积 1 286.06 m^2。本层为中医康复区，设置了传统康复方法治疗区、物理治疗区、作业疗法区等。5 层平面图如图 4.54 所示。

6 层：建筑面积 1 286.06 m^2。本层为治未病中心，设置了体质辨识区、健康咨询指导区、健康干预区、健康宣教区、健康管理区等，以及相关医护更衣、值班、办公室和附属治疗室。6 层平面图如图 4.55 所示。

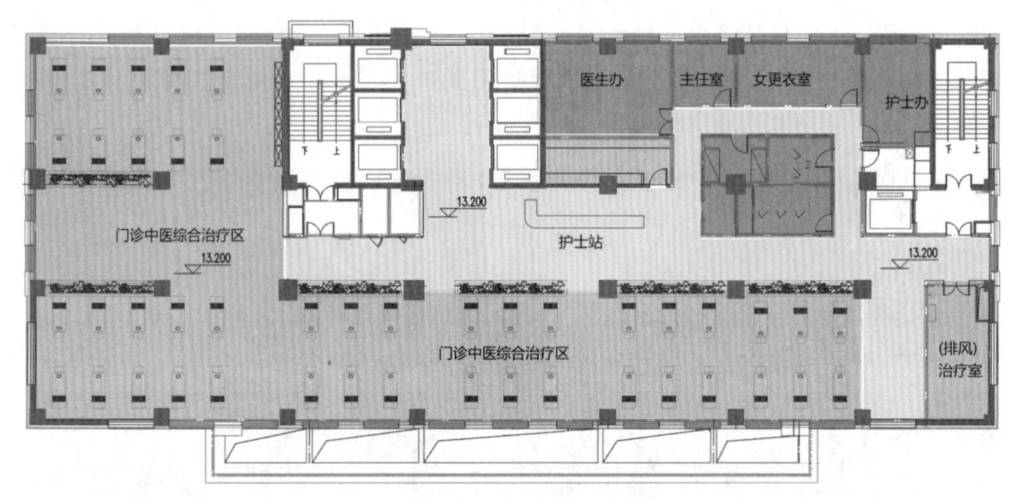

图 4.53　4 层平面图

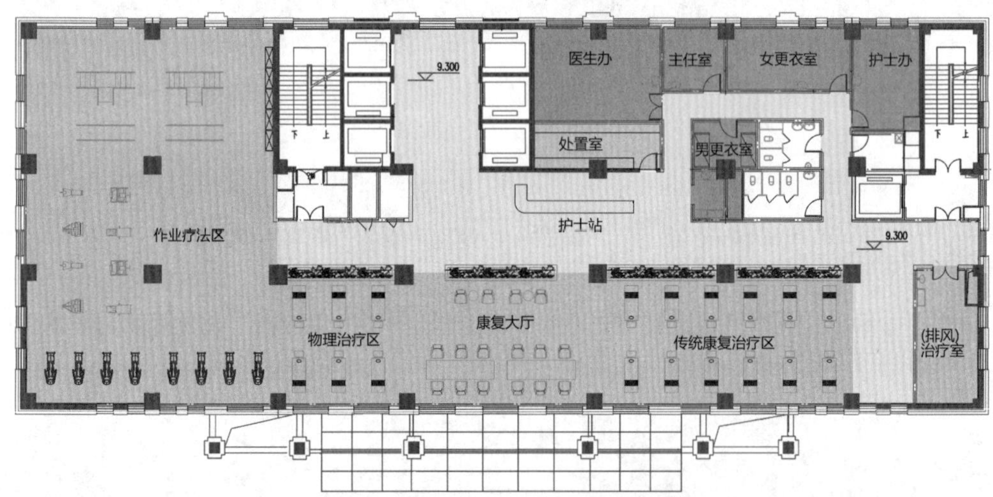

图 4.54　5 层平面图

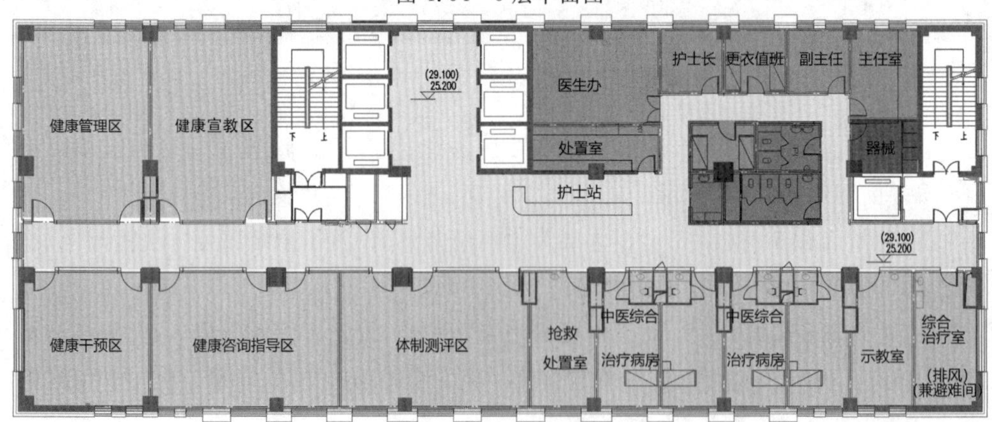

图 4.55　6 层平面图

7 层、8 层：每层建筑面积 1 286.06 m^2。7～8 层为中医综合治疗室，共设置中医综合治疗病房 32 间。7～8 层平面图如图 4.56 所示。

图 4.56　7～8 层平面图

9 层：建筑面积 1 286.06 m^2。本层为中医经典病房，共设置 31 个床位，并设置中药煎煮区、中医综合治疗室、急危重症中医监护病房等。9 层平面图如图 4.57 所示。

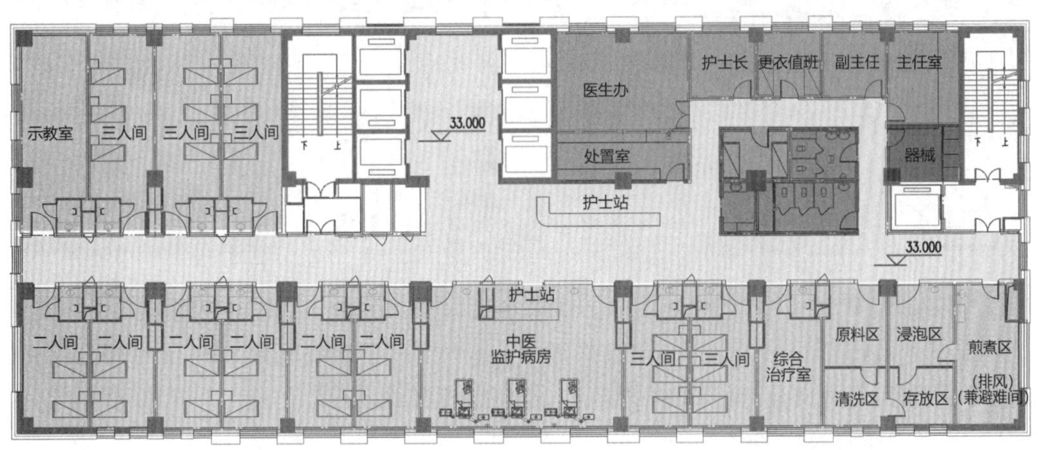

图 4.57　9 层平面图

10～16 层：病房标准层，此部分面积为 9 002.42 m^2，每层建筑面积为 1 286.06 m^2。10～16 层主要为各科室病房，并设置医生办公室、处置室、示教室等，每层东侧设置中医综合治疗室。10～16 层平面图如图 4.58 所示。

17 层：建筑面积 1 286.06 m^2。本层主要为各科室病房，并设置医生办公室、处置室、示教室等，每层东侧设置中医综合治疗室，另外设有一个可容纳 240 人的大会议室。17 层平面图如图 4.59 所示。

屋顶机房层：建筑面积 300.29 m^2。主要布置风机房、电梯机房。

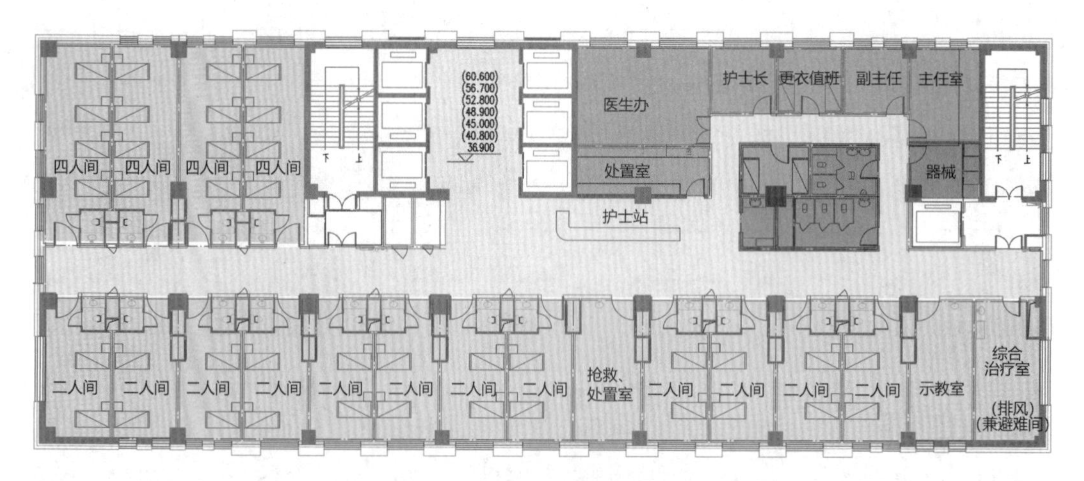

图 4.58　10～16 层平面图

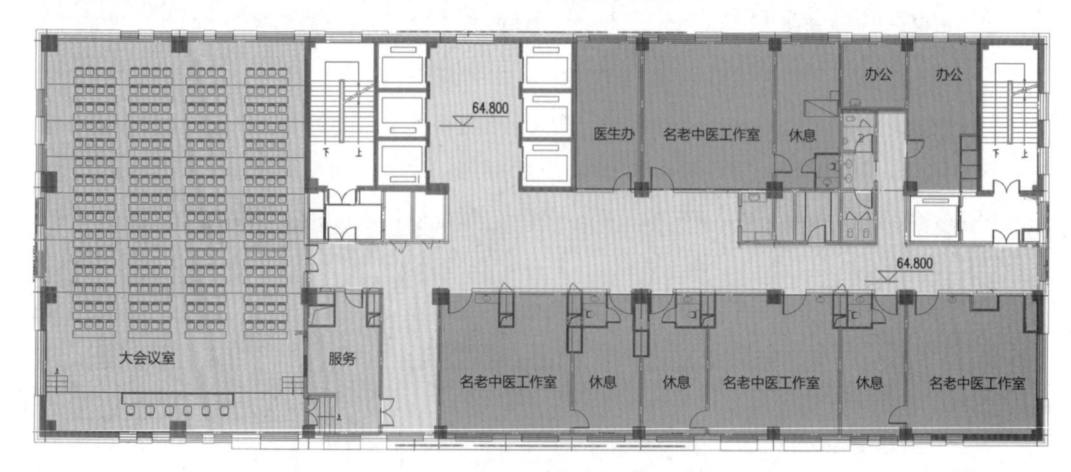

图 4.59　17 层平面图

地下 1 层：建筑面积 1 488 m^2（连廊部分 212 m^2）。主要布置制冷站、配电间、发电机房、耗材库等；连廊部分与门诊综合楼地下停车场相连通。

(6)竖向布置及道路。

医院内新增道路等级为地块内部街坊道路，设计行车速度 10 km/h，沥青混凝土路面，集中停车场及沿路停车位路面全部采用植草砖，路面结构设计年限为 10 年。

在有限的基地中争取尽可能大的绿地面积，总体布局使建筑物相对紧凑，以获得相对多的绿化，为患者提供舒适、安静的休憩场所。

本项目室外场地设计标高相当于绝对标高为 149.80 m；设计标高±0.000 标高相当于绝对标高 150.40 m；室内外高差为 600 mm。

院区场地雨水拟采用有组织排水，利用雨水管排向市政雨水管道。

(7)立面造型。

本项目的建筑造型不仅考虑建筑形式,还将造型设计与医生、患者的心理状态和人性化相结合,尽可能满足医院的使用要求,从而创造出亲切、舒适、安逸的室内外环境和空间氛围。

本项目的建筑造型设计充分考虑哈尔滨市的地域特色和城市总体规划要求,同时也满足医院建筑文化的要求,具有外部表达风格化,内部表达现代化、人文化的特点,同时又富有个性,体现出医院的建筑特质。人视效果图如图4.60和图4.61所示。

图4.60　人视效果图(1)

(8)剖面设计。

本项目根据使用功能的不同确定了不同的层高,既满足了空间使用要求,又不浪费空间。

(9)灯光标志工程及色彩分区。

本项目为方便患者和探视等外来人员及本院职工识别方向,统一设计图案、文字加色彩的引导标志。门诊入口大厅、电梯候诊厅、各科室入口、医技部入口、住院部入口大厅及各交通枢纽布置导向标志(包括安全疏散标志)。门诊各科室、医技各科室、病房各护理单元以不同颜色的扶手色带区分不同部门。各科室入口处及护理单元护士站以灯光色彩标志区分不同部门。各类工程管网均按国家有关标准涂刷不同颜色油漆,便于维修管理。

图 4.61　人视效果图(2)

4.3　妇产医院

4.3.1　妇产医院发展历史及现状

中医妇科学从三代(夏、商、周)开始出现,唐代继隋制建立了比较完备的医事制度,逐渐趋向专科化。元代医学设十三科,有产科一门。明代、清代出现关于妇产科的大量著作,指导妇产科成熟发展。20 世纪初,国人自办的妇产医院陆续出现,综合性医院也纷纷开设妇产科。现阶段我国部分妇产医院开始关注人性化的医疗环境营造。

4.3.2　妇产医院设计特点

1. 医疗系统服务基础保障

妇产医院的选址和建设,要在确保服务半径的前提下尽量为患者提供远离城市技术环境的场所,形成区域化、系统性的妇产科服务组群,并在规划初期斟酌好场地的建筑及庭院的分布,为使用者创造便捷流线和明确的功能分区。

妇产医院应在城市中建立系统性的网络体系,为女性提供方便快捷的服务支持。服务半径是指居民到达居住区级别公共设施的最大步行距离,医院的服务半径一般为 800～1 000 m,为方便行动能力较弱、使用频率高的孕妇,距离应适当缩小,保证孕妇在 5 min

内能赶到医疗机构。

妇产医院应有较高的绿化率和庭院质量，庭院位置在场地规划之初就应得到设计者的重视。规范要求新建医院绿化率不低于35%，旧项目改建绿化率不低于25%。位于自然环境良好位置的妇产医院可采取部分半封闭、部分开放式的庭院，引入周边绿色；处于城市环境下的一、二级妇产医院，应将庭院与建筑列入同等设计重点，利用建筑形体围合内部庭院，隔绝外界消极城市技术环境。

妇产医院的场地设计要注意建筑功能区的布局和场地景观的围合预留。理想的妇产医院由3个主体功能区组成：医疗诊治区、延展服务区和办公后勤区。3个主体功能区既彼此紧密联系，又存在明确的区域界限。医疗诊治区为女性提供传统妇产科医疗服务；延展服务区为女性提供非医疗的保养护理性服务；办公后勤区为前两者的供应部门，负责出入院等行政管理，以及餐饮制作、备品洗涤等生活用品供给，是医院内部的支持。3个主体功能区以楼层、分区划分明确为基础，妇产医院建筑内部分区流线功能应进一步组织规划，确保各类使用人群流线独立，各子功能区分布合理。医疗诊治区囊括传统及新型妇产科医疗服务项目，分为妇产科门诊部、医技部和住院部3部分。3个主体功能区可通过分层、分区的方法设置，彼此间建立便捷通道，同时区域明确，避免功能及流线上的交叉干扰，并设置独立的入口。

妇产医院流线设计应在3个主体功能区明确划分的前提下注意以下几点：①明确的流线起点。传统妇产医院的入口分为医疗区主入口、员工入口和急救入口，卧床患者通道从急救入口进入医院。当代妇产医院应在传统妇产医院入口的基础上增设延展服务区的独立入口。②分科分流的医疗区。传统妇科、产科的医疗服务界限已被打破，各妇产医院依照自身的医疗特殊性分为若干子科室。③延展服务区按服务的种类、被服务对象及服务性质，分为公共服务区、专项服务区及疗养护理区，各区域人流量依次递减。④办公后勤区位置应恰当合理，在确保办公人员流线独立的前提下尽量缩短物品器材供应流线。⑤医疗废物处理回收站应远离主体功能区，废品回收流线与供给流线严格洁污区分，污物应由员工从员工出入口带出。

医疗诊治区与延展服务区各对应部分均设过渡性空间进行衔接：医疗门诊与健康门诊由阅览室、鲜花礼品店等非医疗公共区连接，中心供应在为医技部与科学教育区提供医疗用品的同时分隔两部分，病房区和休养区共用餐饮空间及庭院的同时被明确分离。

2. 传统医疗服务提升设计

妇产医院的医疗门诊突破传统妇产科分类，将涉及的诊治项目分为微创妇科、妇科整形、产科、中医科等若干专项科室，其设计共性应遵循以下内容。

新妇产医院门诊科室不能界限分明地归类于妇科、产科，但可以依据就诊女性的不同类别分为孕妇和其他女性患者，门诊部的功能流线也应依据就诊者的不同情况设置分区分流。

个体的身体状态和患病症状是个人的隐私，妇产科医疗服务涉及的内容更为私密，手术部、病房区使用者针对性强，隔离了大量不相关人群，本身具有高度的私密性。门诊部作为患者到访的第一站并涉及大量患者隐私性内容的公共场所，更应关注患者的隐私保护，因此功能的设置应符合个体对空间私密度的要求，应按照"公共空间→半公共半私密空间→私密空间"的空间性质过渡，绝不能本末倒置。

我国妇产医院特有的计划生育科，为女性终止怀孕及防治怀孕提供一系列医疗服务。理想的就诊空间，即"一医、一护、一患、一诊室"。计划生育科用套间的方式解决功能和隐私性问题。

妇产医院应针对特殊人群特殊照顾。当代青少年早熟比例增加，妇科疾病及流产人群平均年龄下降。针对早熟的少女群体，妇产医院应设立少女专科，包括专门的候诊区及诊治室，分隔少女与成年女性，避免与成年女性一起就诊的尴尬。患有传染性疾病的孕妇应与其他患者严格分开，应为其设立独立通道及专用诊疗室，用后立即消毒。挂号、取药等应指派陪同护士前往，避免其出现在公共场合。随着大量人群的晚婚晚育，高危孕妇比例持续上升，医疗门诊应为此类孕妇设立单独诊疗室。由于高危孕妇需要高频率的就医检查，诊疗室应靠近主入口及中心检查部。

妇产医院医疗诊治区的医技部的重要组成部分包括手术部和分娩部。前者进行妇科疾病手术和剖宫产手术；后者用于自然分娩。自然分娩医疗模式包括传统的转移式分娩部和先进的一体化分娩室。我国大龄孕妇的不断增多导致剖宫产的人数不断增加，此类孕妇在手术室完成分娩。

传统分娩部由待产室、分娩室、男女卫生通过间、刷手间等组成，与婴儿部、产休部联系紧密。LDR 产房实现一体化生产模式，即产妇从待产至生产后均在同一间房间内。

妇产医院手术室主要为剖宫产、难产和妇科开腹手术使用。妇科手术及剖宫产为Ⅱ级切口类手术，要求在Ⅲ级的一般洁净手术室手术，洁净度和技术水平要求较低，与分娩部同层设置。

产科病房由产休部和婴儿部组成，新生儿与母亲在同一房间，有助于婴儿的成长及母子感情的建立，为当代妇产医院应采用的形式。

3. 女性延展服务引入设计

针对女性健康的延展性服务按提供服务的性质、服务对象的不同，分为健康门诊区、科学教育区和休养区 3 部分，与医疗诊治区的医疗门诊、医技部和病房区相对应。

健康门诊区主要为女性提供公共性大众化服务，为妇产科前后延伸性服务内容，包括保健体检部、女子俱乐部、孕妇运动室和综合女子整形等。

科学教育区针对新生儿家庭，提供早教知识普及、专门心理辅导和婴儿助长服务等。

休养区为女性提供产前产后的休养、调理等相关服务，主要包括居住区、护理服务区及辅助功能用房等。休养套间为月子会所的主要构成部分，供孕妇安胎及产后休养居住，两者分区设置。部分孕产妇独居，家人定期探访；部分孕产妇与家人一起居住，因此套间应使用者的需求不同，提供一室一厅、两室一厅等不同形式。护理区服务项目包括按摩、温泉疗养、美容护理等主要针对女性恢复体态的一系列服务。护理服务区应与套房区建立直接交通联系，方便“坐月子”的女性使用；规模较大、服务项目全面的部门应设立单独入口大厅等辅助空间系统，方便对外开放服务。

4.3.3 妇产医院项目案例：哈尔滨新区利民中心医院（含妇幼保健中心）

(1)项目基本信息。

项目建设地点位于哈尔滨新区利业镇组团内，兴业东路、三亚大街、北京路和松浦大道围合的街坊内。总用地面积 88 400 m^2。总建筑面积为 101 000 m^2。院区用地呈不规则扇形，南北向最长约为 326 m，东西向最长约为 382 m，整个院区地势为北高南低、东高西低，自然地形最低标高 114.30 m，最高标高 117.11 m。

(2)设计理念。

方案充分利用基地西侧城市水系与医院内部绿洲景观打造一个绿色生态的城市花园式医院。方案将循证健康设计实践和 JCI 标准应用于项目的规划中，将建筑设计和设施工程与临床安全及质量措施相结合，建立可促进安全性、质量和运营效率提升的物理环境(图 4.62～4.64)。

图 4.62 日景鸟瞰效果图

图 4.63　夜景鸟瞰效果图

图 4.64　建筑人视效果图

(3)功能分区设计。

项目总平面图如图 4.65 所示。建筑东、南、西、北立面图如图 4.66～4.69 所示。门急诊医技住院综合楼位于地块东北部，门诊、急诊在东侧，可在三亚大街开设主入口，在不影响城市交通的情况下使门诊、急诊患者更高效地到达医院；住院部分位于北侧，每个护理单元既有良好的采光，也有开阔的景观视野，并且可在兴业东路开设住院及妇幼保健单独出入口，保证不同人群的分诊需求；医技部在西侧通过一条 16 m 的医疗主街与门诊、急诊、住院部连通，从而保证各项医疗功能的高效运转。

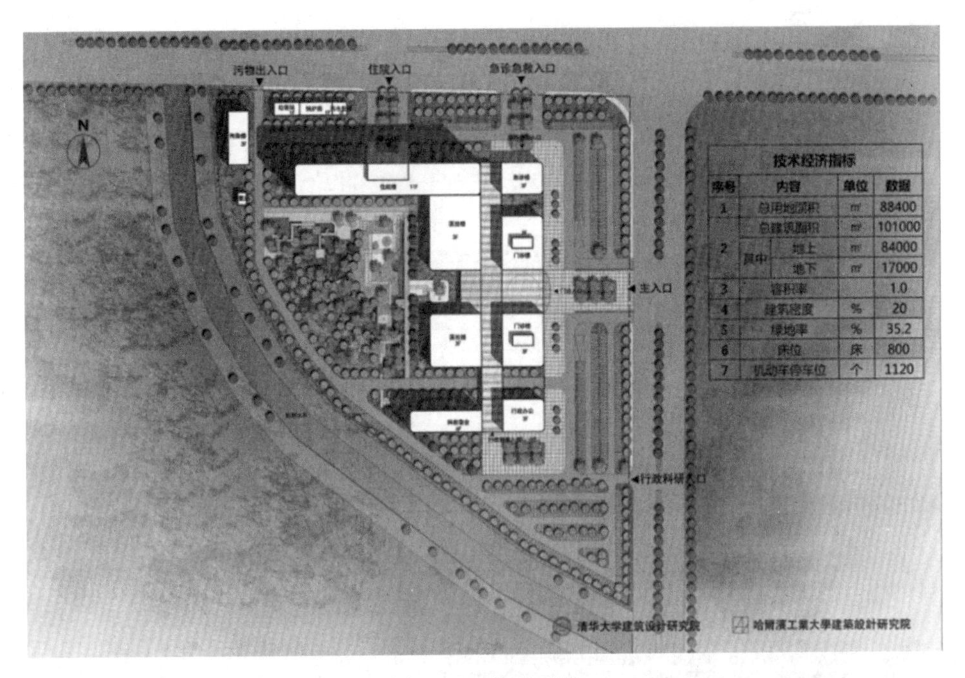

技术经济指标				
序号	内容		单位	数据
1	总用地面积		m²	88400
2	总建筑面积		m²	101000
	其中	地上	m²	84000
		地下	m²	17000
3	容积率			1.0
4	建筑密度		%	20
5	绿地率		%	35.2
6	床位		床	800
7	机动车停车位		个	1120

图 4.65　总平面图

图 4.66　建筑东立面图

图 4.67　建筑南立面图

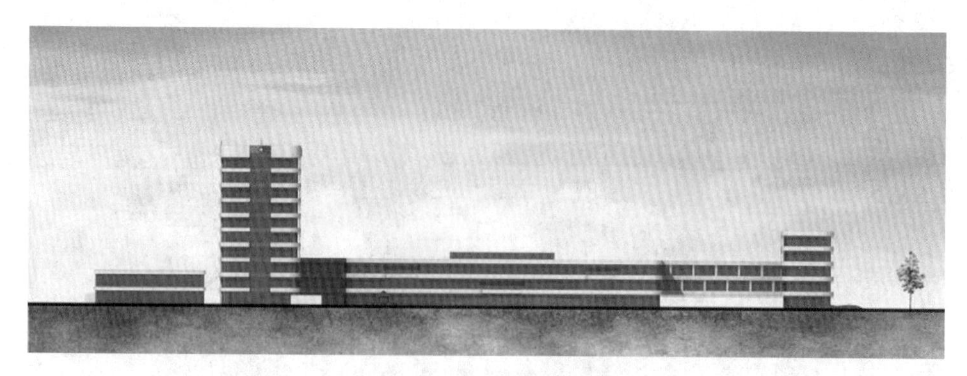

图 4.68　建筑西立面图

图 4.69　建筑北立面图

建筑设计中合理组织了各部分的功能用房，使之分区明确，洁污分流，各部分功能有机联系，为患者和医护人员提供了一个方便、高效、舒适的医疗环境，充分体现了以人为本的设计思想。各层平面功能分配具体如下。

1 层：入口大厅、出入院办理、血透中心、住院药房，层高为 5.4 m（图 4.70）。

2 层：静脉配置中心、病案库，层高为 4.5 m（图 4.71）。

3 层：ICU 及医护人员办公区，层高为 4.5 m（图 4.72）。

4 层：产科病房、分娩中心，层高为 4.0 m（图 4.73）。

5～11 层：标准病房，层高为 4.0 m（图 4.74）。

机房层：楼梯间、电梯机房、消防水箱间、排风机房、排烟机房等，层高为 3.3 m（图4.75）。

1—1、2—2、3—3 剖面图及轴剖立面图如图 4.76～4.79 所示。

行政科研楼在南侧通过单独连廊与门急诊医技住院综合楼相连，并设置单独出入口。传染楼位于基地西北角，单独设立。

妇幼保健中心位于院区北侧，住院楼的右侧，有独立的出入口方便妇幼通行。

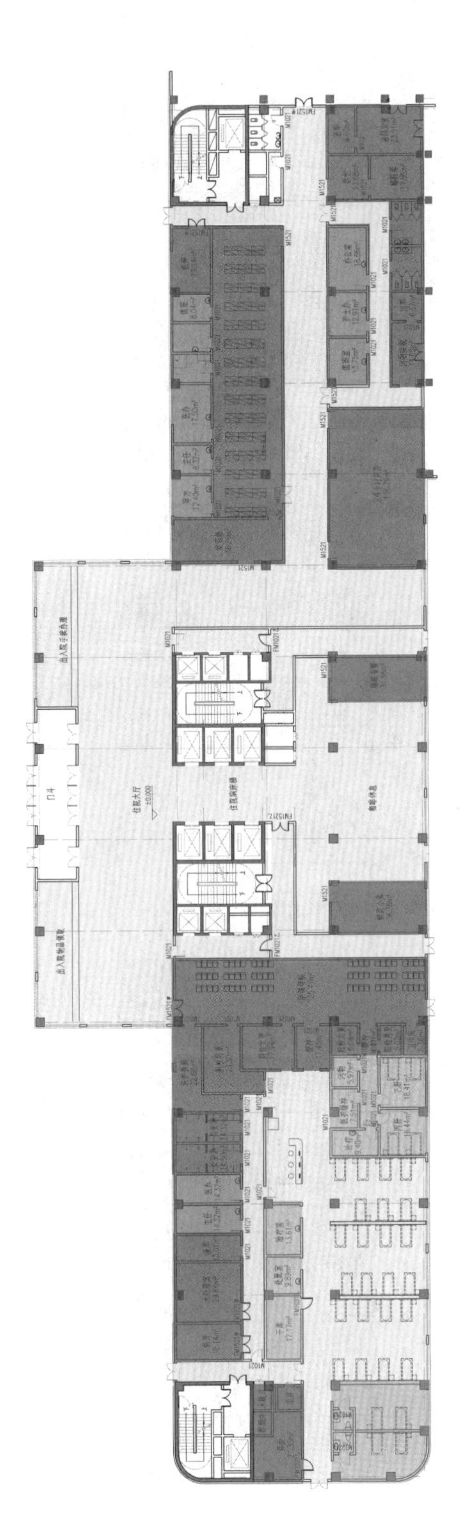

图 4.70　1层平面图

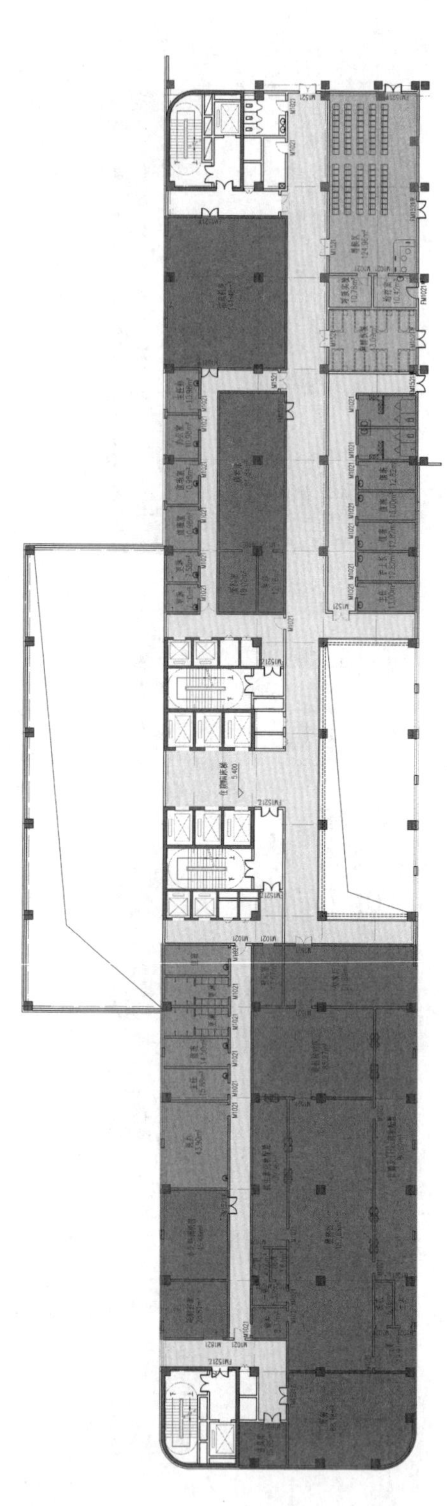

图 4.71　2层平面图

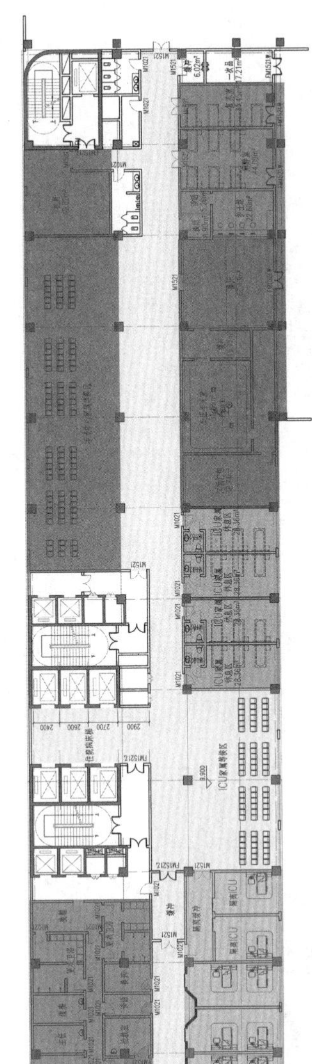

图 4.72　3 层平面图

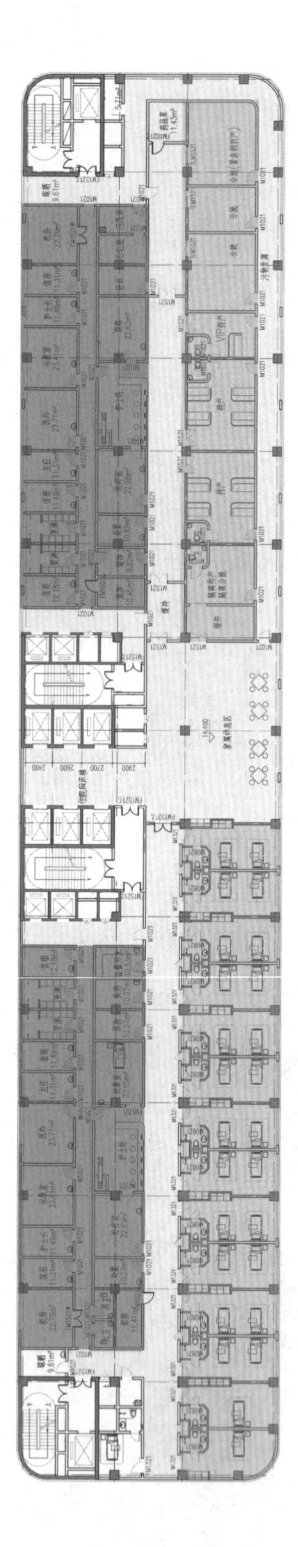

图 4.73　4层平面图

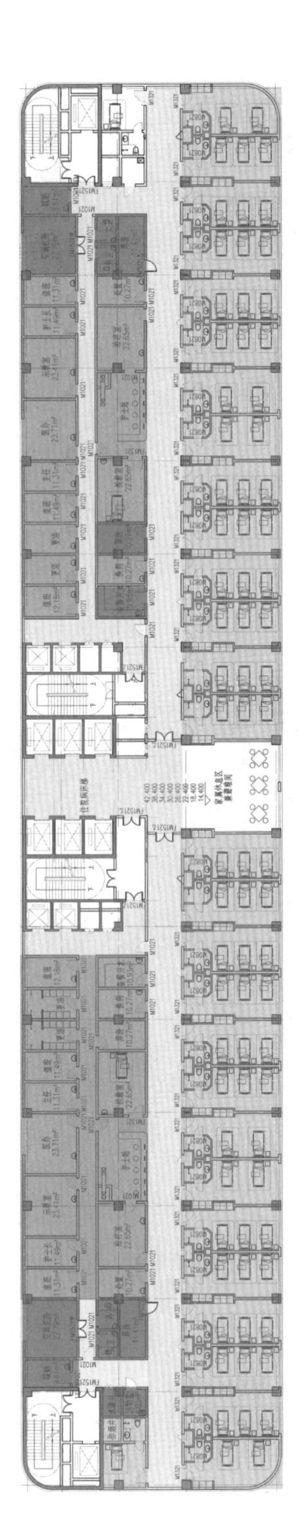

图 4.74　5~11 层平面图

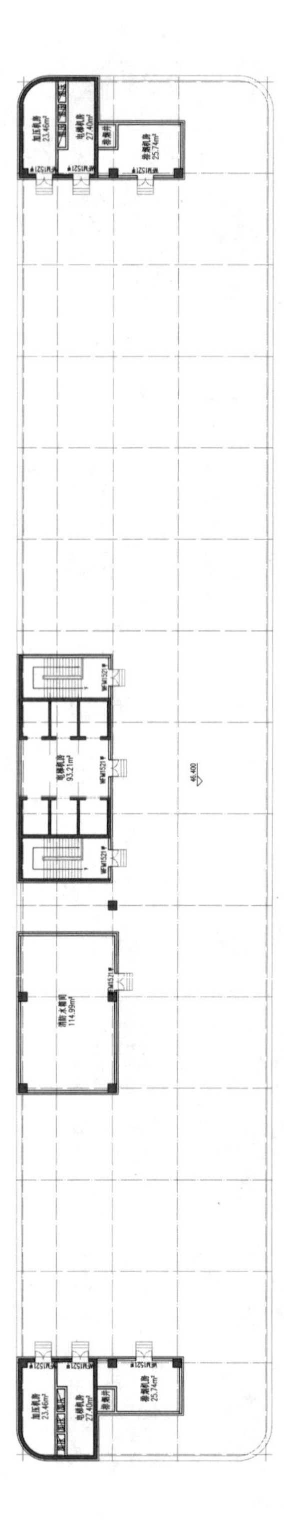

图 4.75　机房层平面图

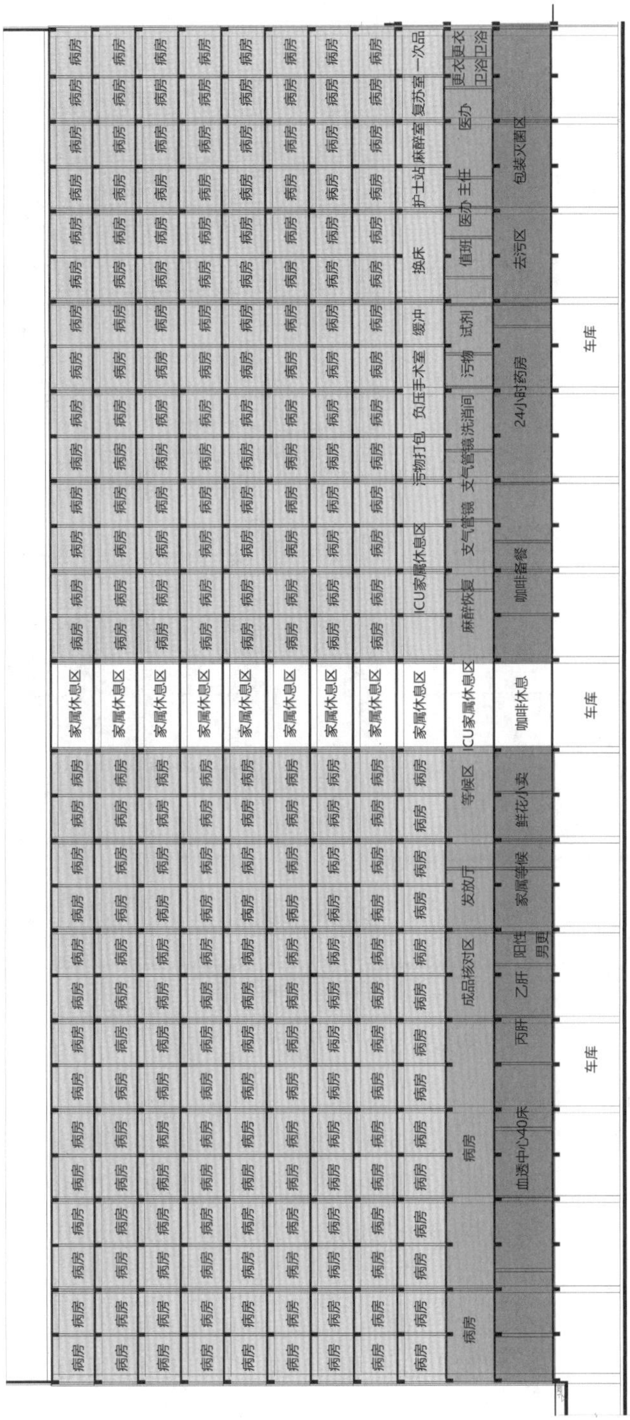
病房
家属休息区
ICU家属休息区
一次品
更衣更衣
卫浴卫浴
复苏室
医办
麻醉室
护士站
主任
包装灭菌区
医办
值班
换床
去污区
缓冲
试剂
车库
负压手术室
污物
24小时药房
污物打包
支气管镜 洗消间
支气管镜
咖啡备餐
麻醉恢复
咖啡休息
等候区
鲜花小卖
发放厅
家属等候
成品核对区
阳性
男更
乙肝
丙肝
血透中心40床

图 4.76　1—1 剖面图

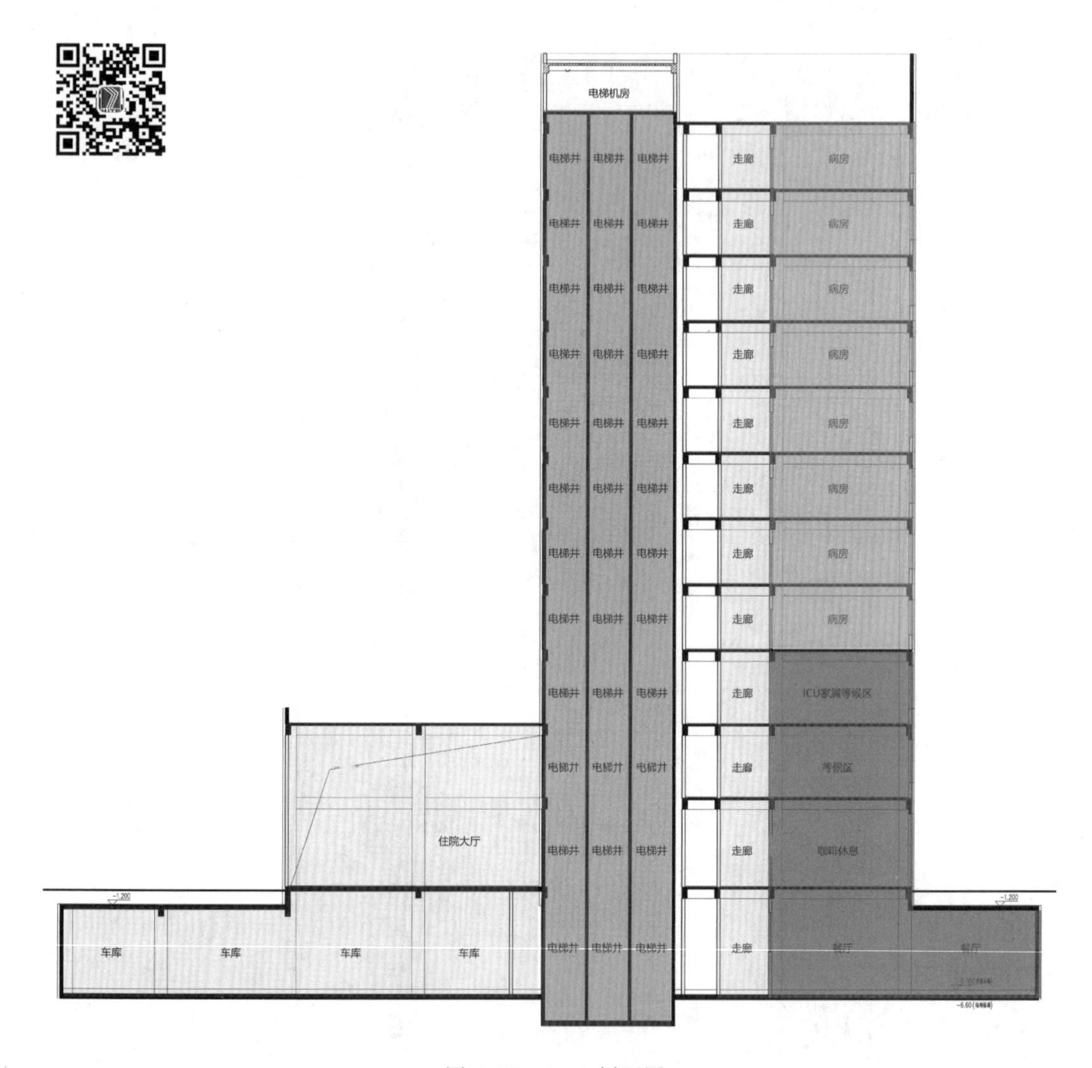

图 4.77　2—2 剖面图

(4)护理单元分析。

住院楼护理单元采用双廊模式，探视电梯、医护电梯、污物电梯为医患设置各自独立的区域，分别设置使各个流线彼此独立、高效运行。在医护电梯的使用方面，为医护人员提供更人性化的设计。所有病房均有采光，视野开阔，通风良好。护理单元分析如图4.80所示。

(5)景观设计。

采取花园式景观绿化设计，形成中心广场和入口广场。景观规划结构图如图 4.81所示。

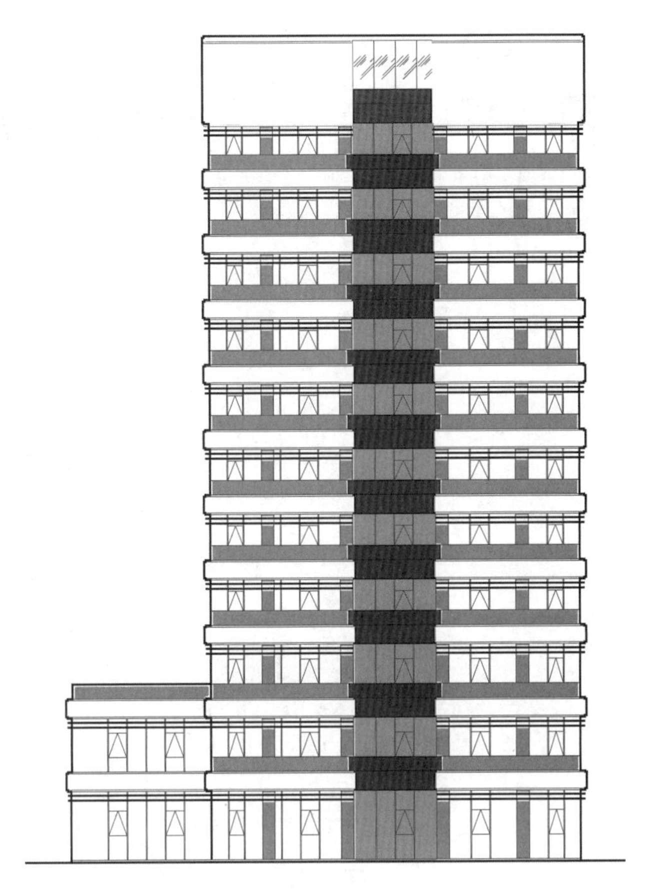

图 4.78　3—3 剖面图

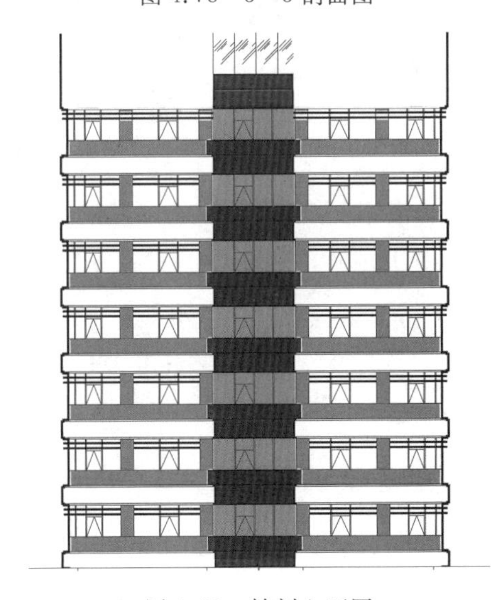

图 4.79　轴剖立面图

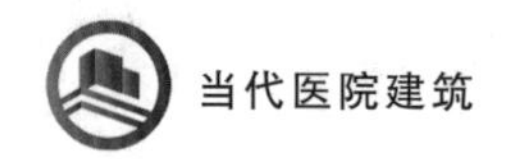

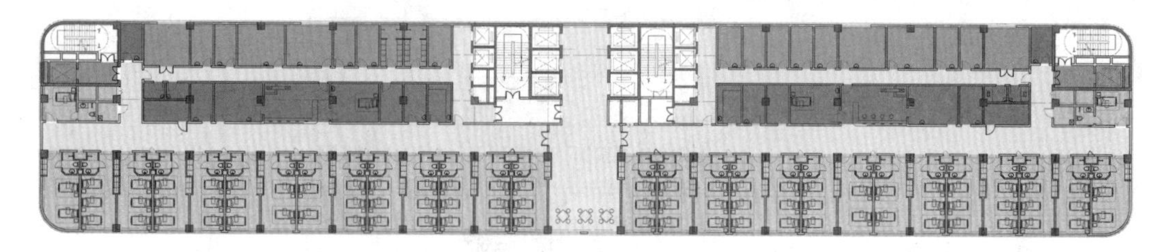

图 4.80　护理单元分析

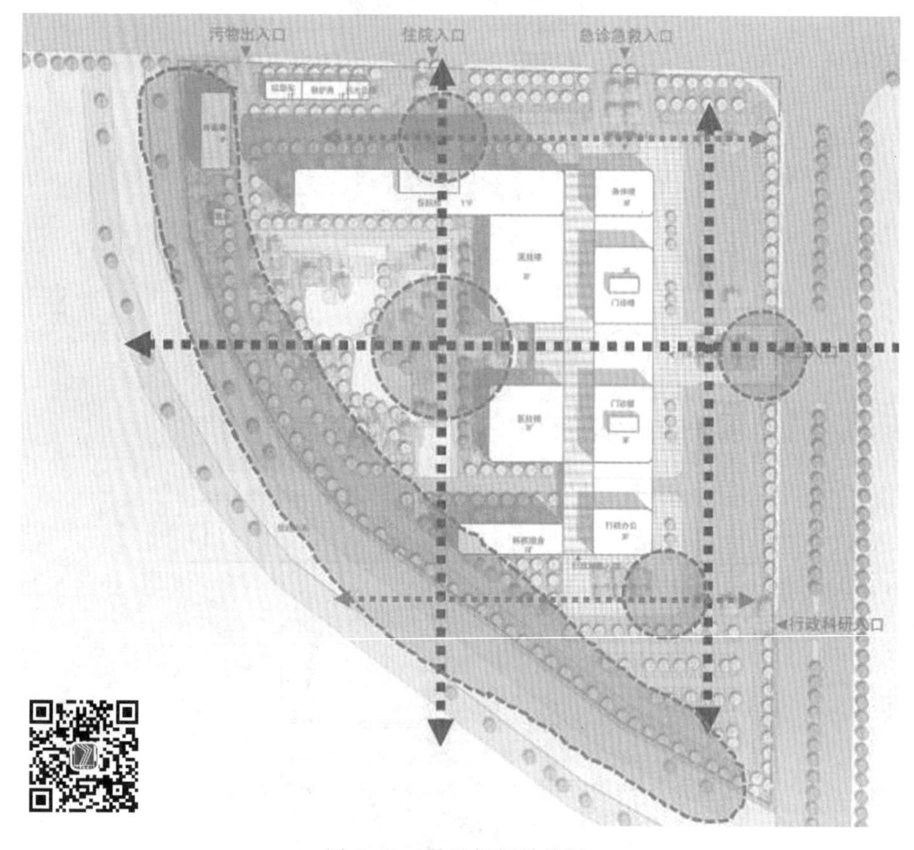

图 4.81　景观规划结构图

4.4　肿瘤医院

4.4.1　肿瘤医院发展历史及现状

我国最早成立的肿瘤医院是 1931 年 3 月 1 日在上海成立的中比镭锭治疗院。中华人民共和国成立后，我国开始建立地方肿瘤医院。1978 年开始，全国各地争相创建有特色的肿瘤医院。1984 年，我国引进了当时国际先进的技术设备，逐渐具备了与国际具有

同等水平的临床实践与基础研究能力。2000 年以来，各大肿瘤医院通过改扩建来完善自身的硬件环境。肿瘤医院的建筑环境也逐渐从“符合标准”向“争创优质”发展。目前我国肿瘤医院的肿瘤治疗趋向于个性化，医院设计方面也更趋向于人性化设计，从而改善医院的环境，提升医院空间的舒适感，促进肿瘤患者的身心健康。

4.4.2　肿瘤医院设计特点

1. 基于医学研究的总体规划对策

研究型肿瘤医院的设施建设，不仅包括传统的放射性诊断和治疗设备，还包括用于特殊医学研究的生物安全实验室。为了最大化地减轻研究型肿瘤医院内有害物质对周边环境的危害，研究型肿瘤医院的选址宜考虑在城市的外围并尽量设置在常年风向的下风向。

研究型肿瘤医院选址应尽量靠近城市主干道，方便肿瘤患者就医，同时也为医院的后勤保障和研究人员的通勤提供交通上的便利。

对于肿瘤患者而言，安静的休养环境是治疗过程中不可缺少的客观条件。对于医学研究人员而言，无噪声的外界环境有助于工作效率的提高。另外，医学及生物实验室对环境的噪声等级也有很严格的控制。

场地内分区需要根据具体功能分为三大区域：临床医疗区、基础研究区和后勤保障区。在分区的设计上，临床医疗区占据了场地的最佳位置，是整个医院最重要和最核心的分区。基础研究区应该根据研究人员的需求和科研工作的要求，在私密性、安全性及便捷性等诸多要素中寻找一个合适的平衡点。后勤保障区则要本着可达性好、物资运输便捷等以医疗物资为主的原则去设计，同时也要结合环境，保证整体院区的形象。

场地设计有分散式、集中式和混合式 3 种布局方式。分散式布局比较适合开阔性场地；集中式布局比较适合用地紧张或场地周围环境复杂的地区；混合式布局主要是将研究型医院按照临床、研究的类别进行分区建造，因此混合式布局只采用一种方式，即临床部与科研部相结合的方式。

场地的流线组织要考虑到人群流线和物资流线两个方面。研究型肿瘤医院聚集的人群根据活动的类型分为 3 种：患者及家属等非工作人员、临床医疗人员、基础研究人员和后勤人员。物资流线分为污物流线和洁物流线。洁物包括药品、医疗用物品、生活用品、实验用物品、食品等，污物包括医疗垃圾、实验垃圾、生活垃圾等。同时，要注意不同部门对物资流线的具体要求。

2. 建筑空间设计对策

分散式布局的研究型肿瘤医院，在门诊楼内部功能的布置上，要本着简单和可识别性强的原则进行布置。医技楼在空间上存在方向性和层次性。医技楼的功能布置也要考虑到特殊设备的使用。研究中心在布置时要本着安全、可达性好及协调性强的原则进行设计。住院部的功能布置则要从患者的角度出发，以营造舒适、便捷和安全的建筑环境为目标。

集中式布局和分散式布局不同，更多的是考虑不同功能间的空间冲突和设备的安置。集中式布局的建筑多采用带裙房的高层建筑形式。这种建筑形式下，如何处理一栋建筑中基础研究、医技、门诊和后勤供应的空间关系是功能布置的要点。

混合式布局与集中式布局相比较简单。混合式布局下的功能布置方式比较适合我国国情，在有了一定的集中式肿瘤医院的设计经验和医学研究中心的设计经验后，将两者相结合是现阶段最简单、最有效的做法。

肿瘤医院建筑空间形式分为单廊式、多廊式和回廊式等。单廊式空间形式是指将一条内部走廊作为主要的交通联系空间；多廊式空间形式是指三排或三排以上的功能房间夹着主要走廊的一种空间形式；回廊式空间形式是指以环形流线贯穿整个平面，房间在环形流线的内外两侧进行布置。除了以上3种空间形式，还有大厅式等不常运用的空间形式。

单廊式空间形式往往运用在住院部或者研究中心。多廊式空间形式既可以运用在住院部、研究中心，也可以运用在医技部和门诊部。回廊式空间形式的变式有很多，适合多种功能的布置，可以根据不同情况进行选择。一概而论地提出对策不切合实际，但对策的原则是不变的：第一要考虑功能房间的可达性；第二要考虑流线的效率；第三要考虑流线的可识别性。在遵循3个基本的流线设计原则的基础上，再考虑其他因素。

3. 基于肿瘤医学的建筑物理环境设计对策

清洁区主要包括外处理室、准备室、更衣室、浴室、机房、实验人员办公室和监控室等。在正常操作中不会发生任何试验因子的污染，人员可不必特殊防护。

半污染区与清洁区之间设置了两个缓冲间，污染区与半污染区之间设置了一个缓冲间，使不同区域之间的空气交换量降到最低，减少空气指标的损失，确保区域之间不会相互污染。外准备室、内准备室之间设置了一个双扉传递窗，供区域之间不可高压灭菌物品和器材的传递与表面消毒。内准备室、内处理室各设置了一个高压灭菌锅。内准备室的高压灭菌锅供区域之间可高压灭菌（清洁）物品和器材的传递与消毒处理。内处理室高压灭菌锅供污染废弃物（动物尸体、污染饮料、垫料等）传递和消毒处理。

4. 基于人文关怀的室内外环境设计对策

室内环境设计：①绿色植被的引入。通过对装饰植物的甄选与合理的布置，营造出一种静谧和谐的室内氛围。②室外环境的引入。通过开窗、灰空间等手法将室外环境引入室内。

室外环境设计：①与建筑本体相结合。可结合建筑物外立面制造特殊场景，也可围

合建筑灰空间形成半私密性的室外景观，结合第五立面增加绿化面积等。②与城市空间相结合。室外景观需要考虑自身所处的城市空间。③与自然环境相结合。结合自然环境做场地景观设计是一个巧妙而有效的手法。

4.4.3　肿瘤医院项目案例：黑龙江省肿瘤医院门诊综合楼

(1)项目信息。

本项目为黑龙江省肿瘤医院门诊综合楼，位于哈尔滨市香坊区哈平路以西，黑龙江省森林植物园南侧，环境优美，空气清新。用地面积为 14 935.00 m^2，总建筑面积96 527.46 m^2，地上16层，地下2层，建筑高度72.10 m，门诊量3 000人/日，总床位数为800床，结构形式为框架结构，抗震设防烈度为6度，抗震措施为7度，设计使用年限为50年。建筑防火类别为一类高层建筑，耐火等级为一级，地下2层设人防工程。基地现状如图4.82所示。

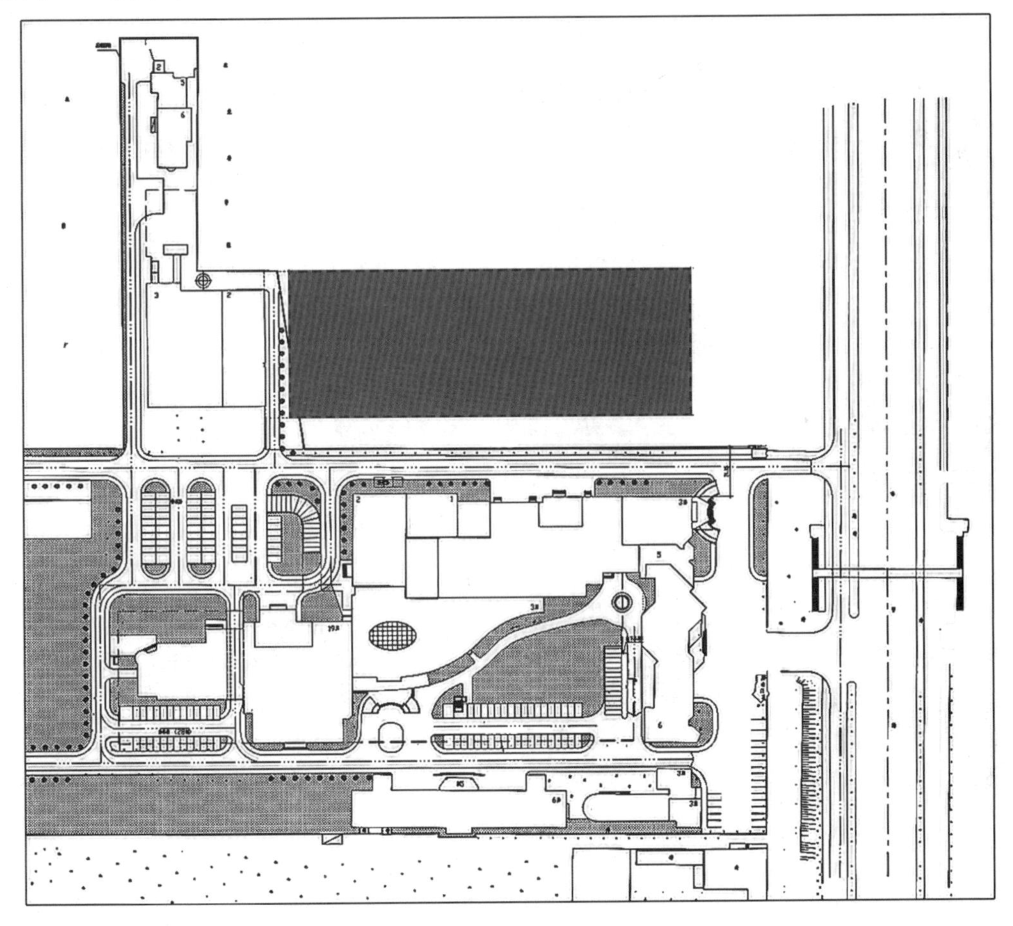

图4.82　基地现状

(2)设计理念。

医院的核心竞争力是医院的创新能力，而这种创新能力主要表现在技术和服务两大方面。面对医院竞争的加剧、医院发展空间的拓宽，医院技术和服务的发展尤为重要，两者不可偏废。医院服务质量与服务水平的高低是一所医院好坏的最直观表现。规划设计方案着眼于为院区营造和谐的就医环境及工作环境，为患者提供最优质的服务。

“人性化设计”，从广义上讲就是“为人而设计”，设计的主体是人，设计的使用者和设计者也是人，因此，人是设计的中心和尺度。这种尺度包含生理尺度和心理尺度，两种尺度的满足都是通过“设计的人性化”得以实现的。对使用者的关注，使设计从过去对功能的实现进一步上升到对人的精神的关怀(包括人的行为习惯、隐私、情感)，尤其是对特殊人群的关怀，如老年人、残疾人等。

(3)设计构思。

设计构思如图 4.83 和图 4.84 所示。

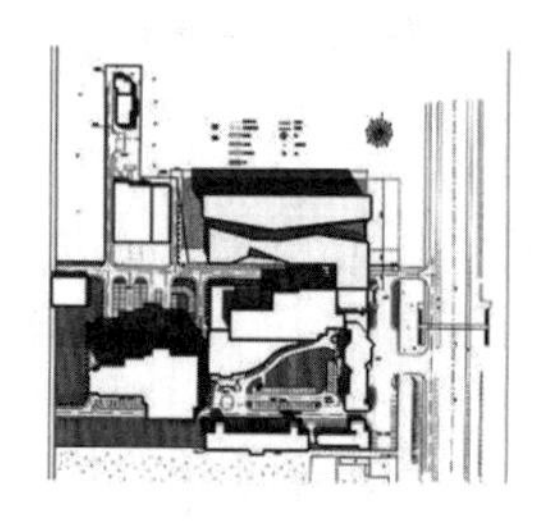
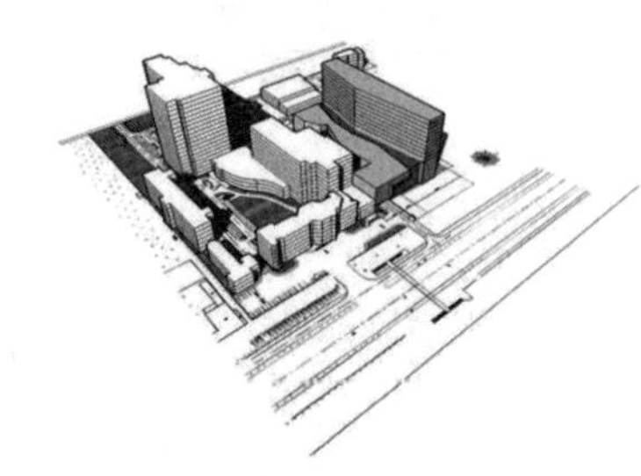

形态模式分析

1. 直线型
优点：方案规整、易于布局
缺点：北向病房较多、形象呆板

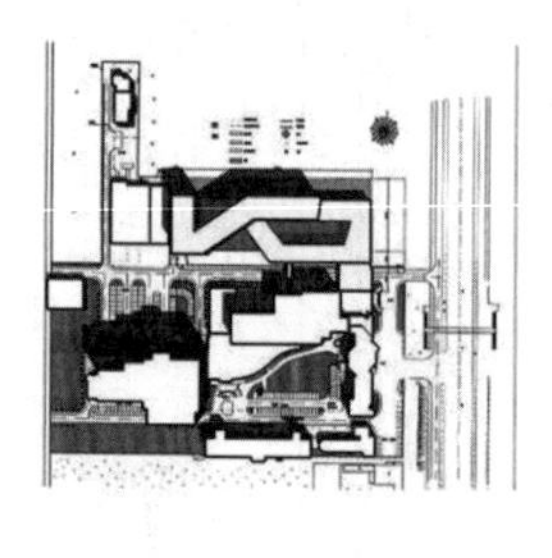
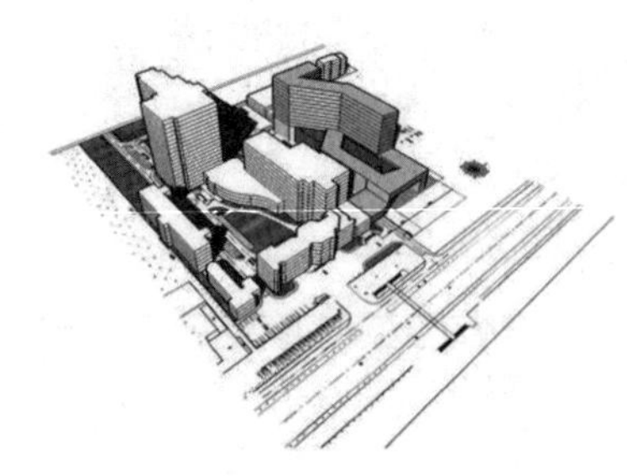

2. 折线型
优点：形态多变，裙房空间布局便利
缺点：存在阴角空间

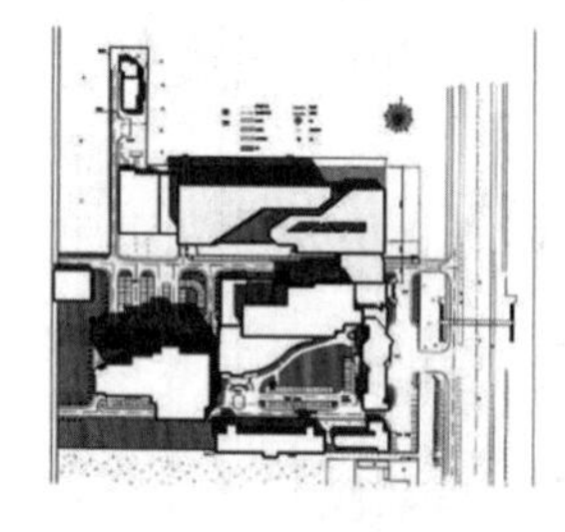
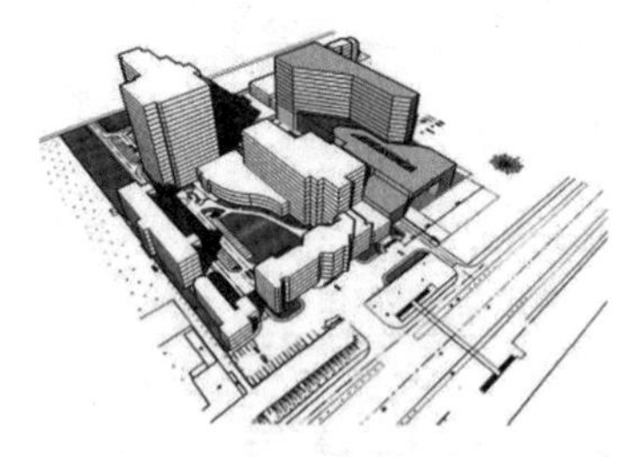

3. 点线结合型
优点：形态富于变化、雕塑感强
缺点：存在小部分的西向病房

图 4.83　设计构思(1)

(4)平面布局。

建筑按照行为心理学的理论和医院流线的需要，设计中合理组织了各部分的功能用

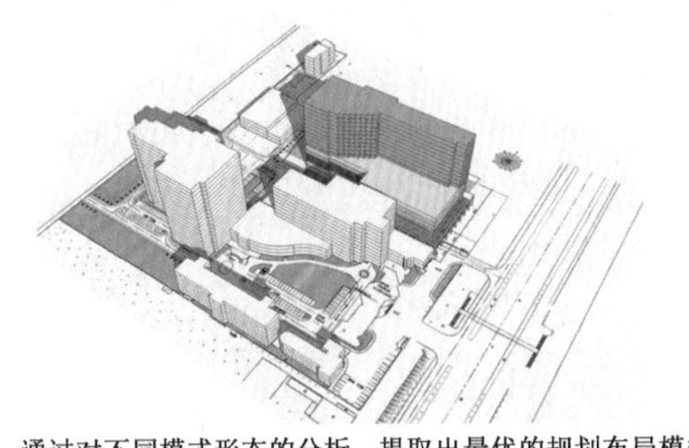

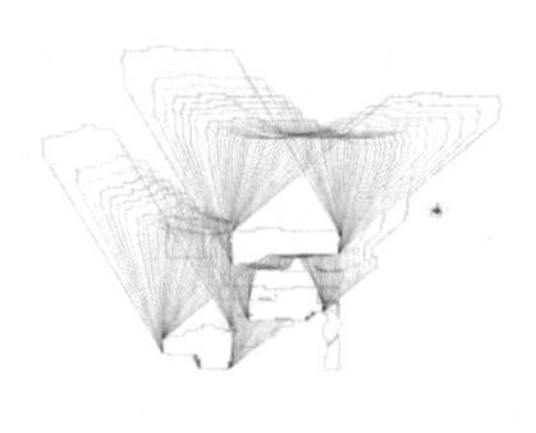

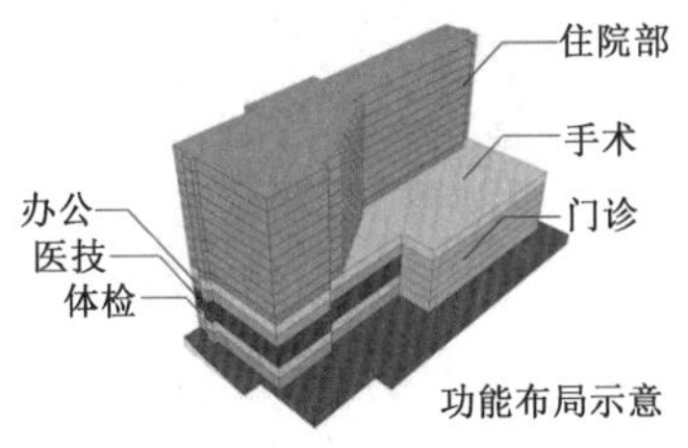

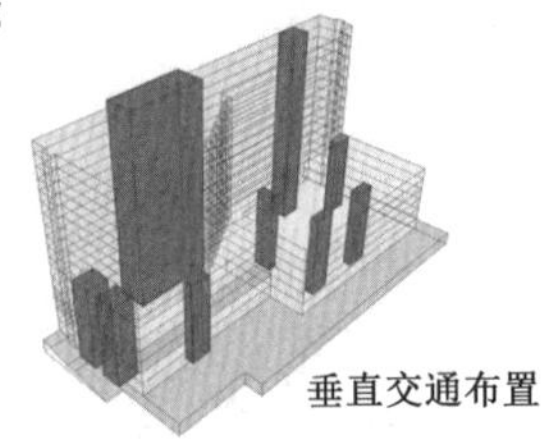

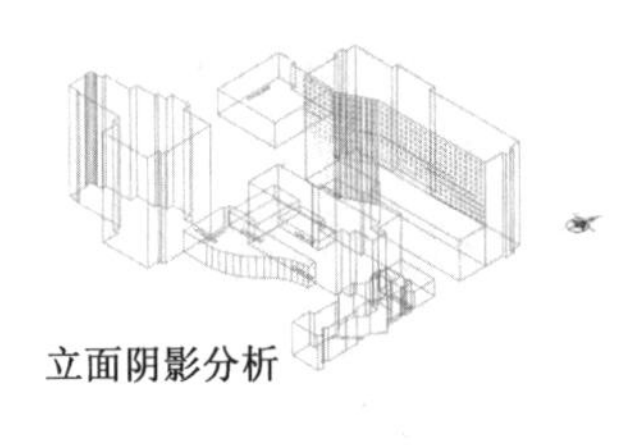

图 4.84　设计构思(2)

房,使之分区明确,分流畅通,各部分功能有机联系,组成了一个统一的整体。建筑根据医院的使用要求,在竖向分层设置了各自不同的功能。

地下 2 层:设有药库、垃圾集中室、设备用房及地下停车场(图 4.85)。

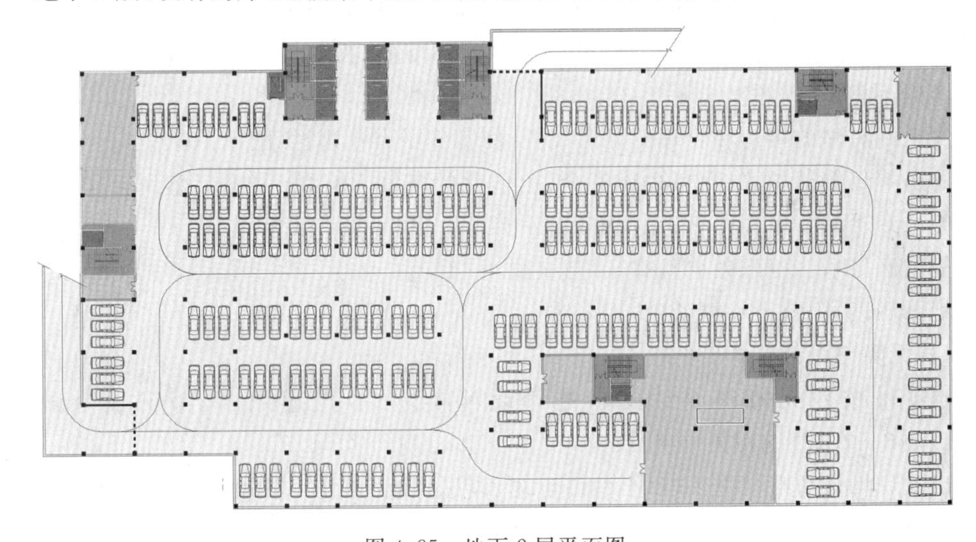

图 4.85　地下 2 层平面图

地下 1 层:设有影像中心、检查室、餐厅、厨房、超市、变电所、水泵房、换热站、医疗预留用房和地下通道(图 4.86)。

1 层:设有门诊入口大厅、挂号收款、药局、急诊入口大厅、留观、住院入口大厅、住院药局、出入院办理、体检大厅(图 4.87)。

2 层:沿医院街设置外科诊室及体检中心(图 4.88)。

3 层:沿医院街设置内科诊室、超声科、电生理科及门诊检验中心(图 4.89)。

4 层:沿医院街设置耳鼻喉科、眼科、口腔科、妇科、儿科、腔镜中心(图 4.90)。

5 层:设有办公会议区、中医门诊、皮肤科、肿瘤介入科、PICC 门诊、护理门诊(图 4.91)。

6 层:设有中心手术室及其附属用房(图 4.92)。

7 层:设有日间病房和血液淋巴病房(图 4.93)。

8～15 层:标准护理单元层(图 4.94)。

16 层:特需病房层(图 4.95)。

总建筑高度 72 米,剖面图如图 4.96 所示。

(5)造型设计。

设计采用力求展示肿瘤医院的新风貌,同时又与现有院区环境相协调的设计准则。通过体块的组合和细部的刻画,以及石材与玻璃的对比,给人以稳重、踏实、严谨又不失灵活的印象。外立面充分体现活力、现代和时代感,有规律地竖向分隔,结合顶部的凹凸变化,将现代建筑设计的简洁处理和丰富的内涵通过材质、空间的运用展现出来。

建筑表面通过石材的厚重与玻璃的轻盈,表达北方建筑特有的个性与现代医疗建筑活泼的情怀。方形点窗有利于北方地域的节能,门诊入口的柱廊设计在减小道路压力的同时,以谦和的形态展现在人们面前,给人以稳重、安静的感觉(图 4.97～4.107)。

(6)室内空间设计。

室内办公空间专业、有序,形成由内而外的学术氛围,能够降低工作压力,提升精神面貌。诊室为患者提供舒适、安全、可靠的治疗环境,在良好的氛围下进行治疗,能够减少患者的不良情绪(图 4.108)。

护士站有序的接待和合理的导医设置,使工作更有条理性(图 4.109)。

病房不仅舒适如家,而且功能齐全;生活化的空间,使医患双方都感到轻松愉快(图 4.110)。

等候区舒适、安静、独立且有亲切感(图 4.111)。

走廊明朗宽敞、指示清晰(图 4.112)。

(7)无障碍设计。

本项目按照无障碍设计要求进行设计,有关节点遵照《无障碍设计规范》(GB 50763—2012)的相关要求。

出入口均做防滑处理,入口平台位于北入口处,最小宽度≥2.00 m,入口坡道坡度小于1/12,坡道最小宽度≥1.50 m,坡道面均做防滑处理,一侧设扶手。

1～5 层均设一间可供残疾人使用的卫生间,设有坐便及助力拉手,考虑设置小便器及助力拉手。

在踏步起始点前铺设有触感提示的地面材料,为视觉障碍者提供方便。

电梯的尺寸及其内部装修能够满足坐轮椅的人的使用需求。

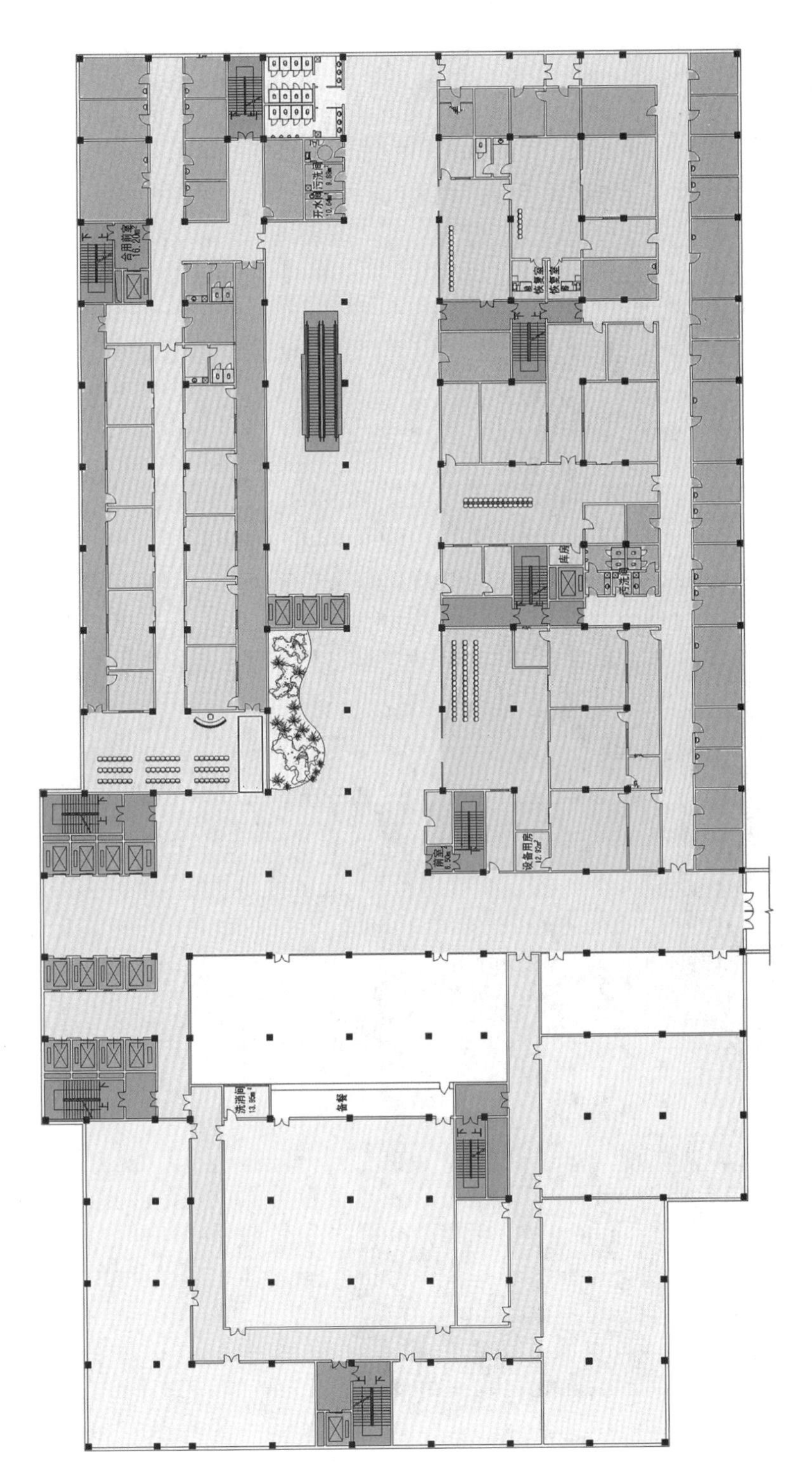

图 4.86　地下 1 层平面图

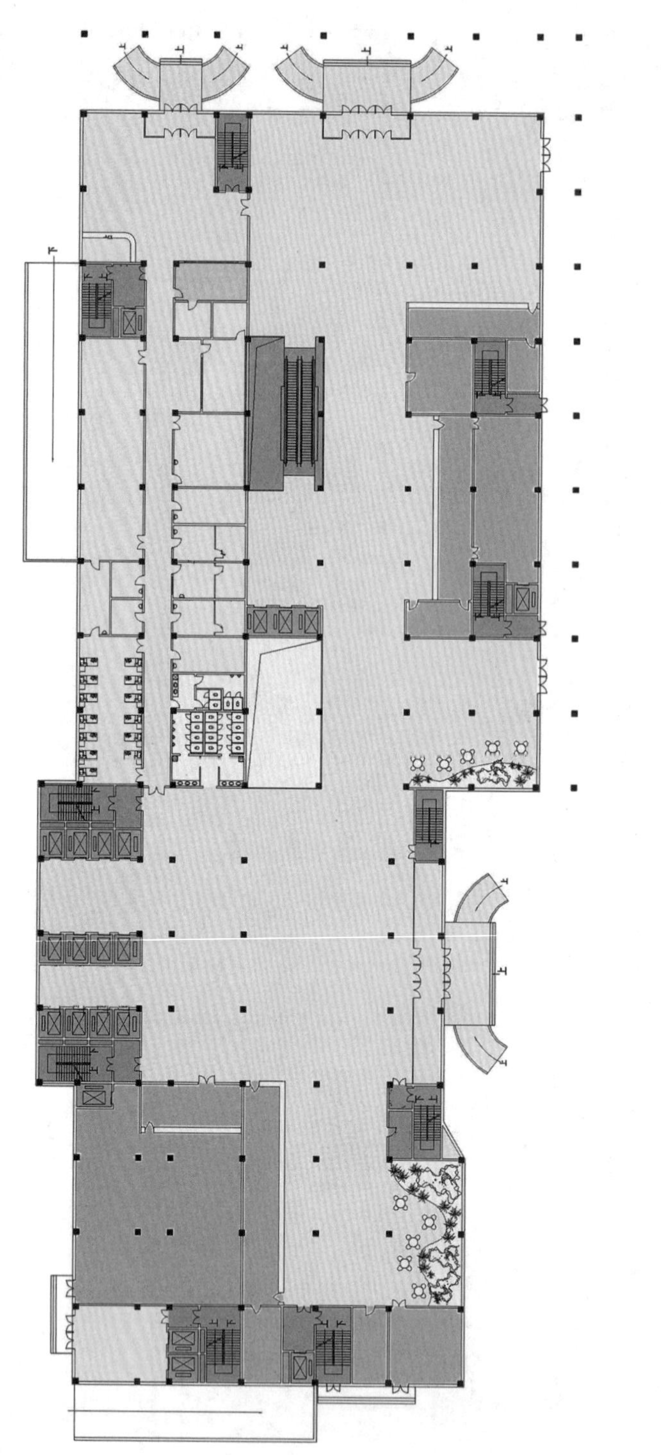

图 4.87 1层平面图

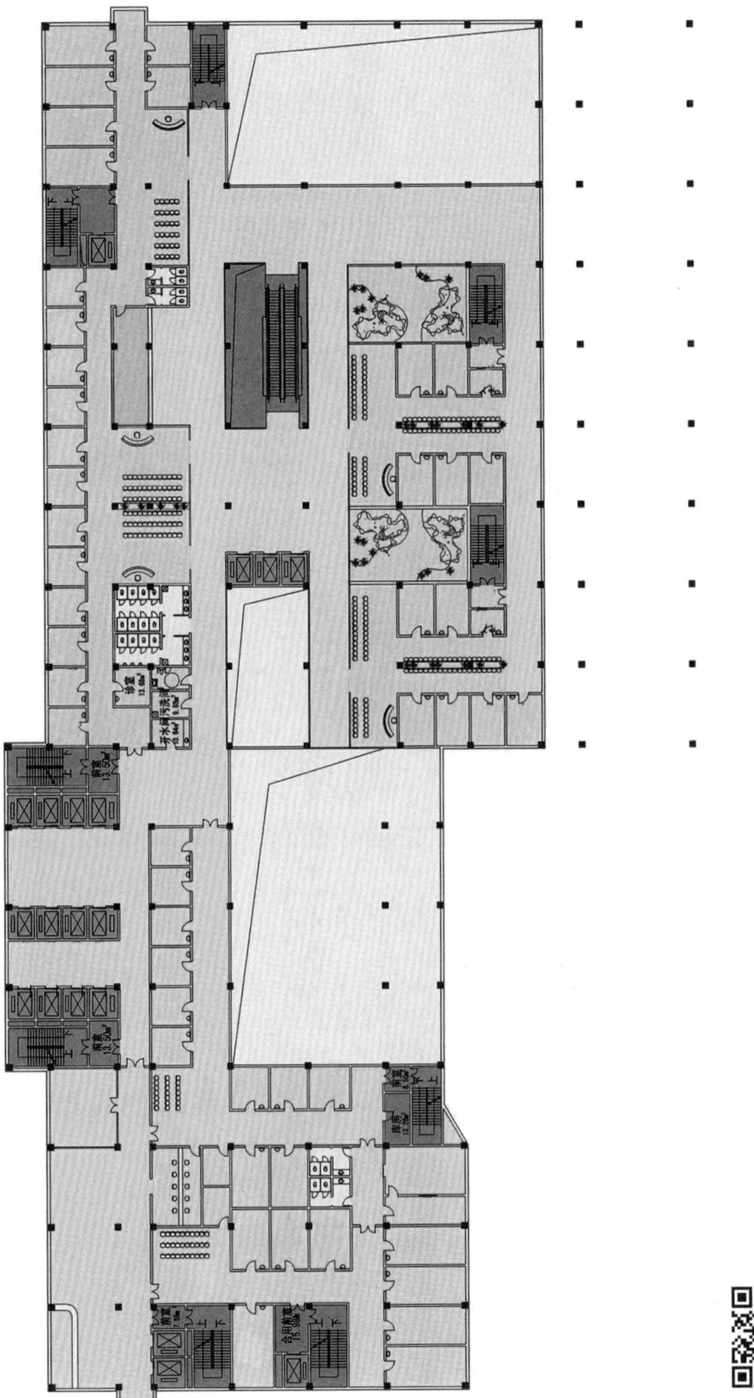

图 4.88　2 层平面图

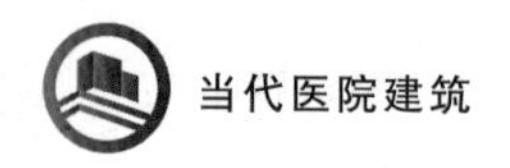

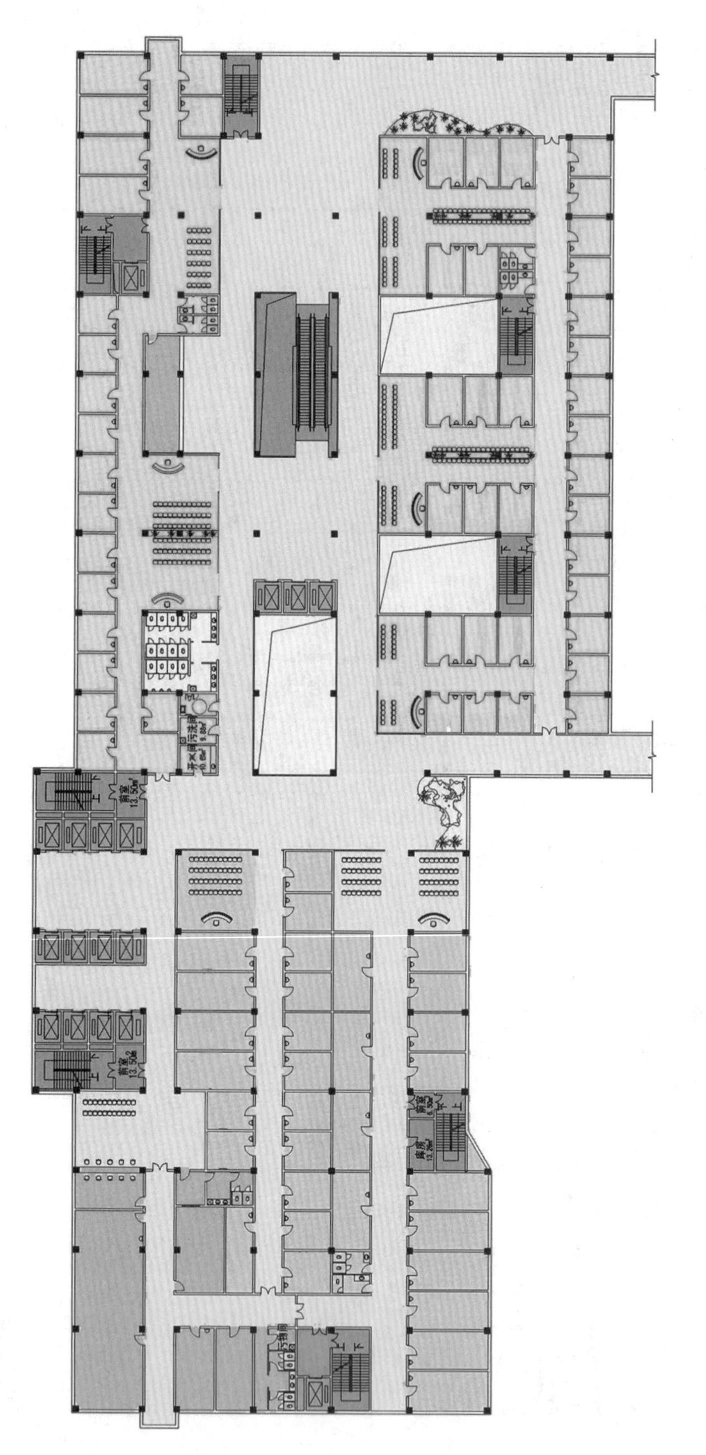

图 4.89　3层平面图

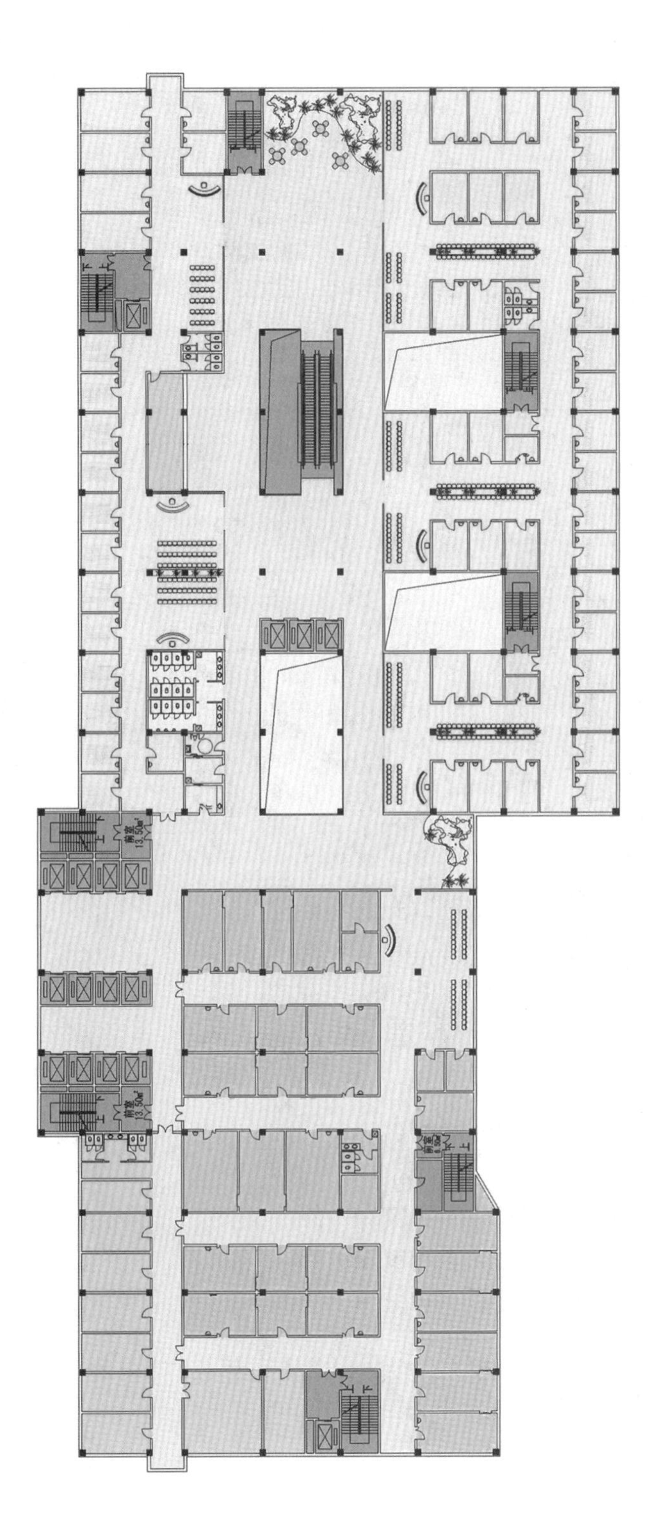

图 4.90　4 层平面图

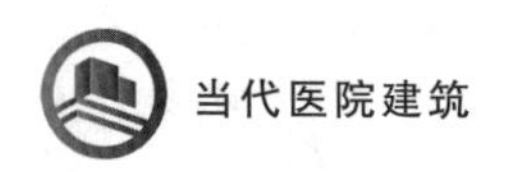

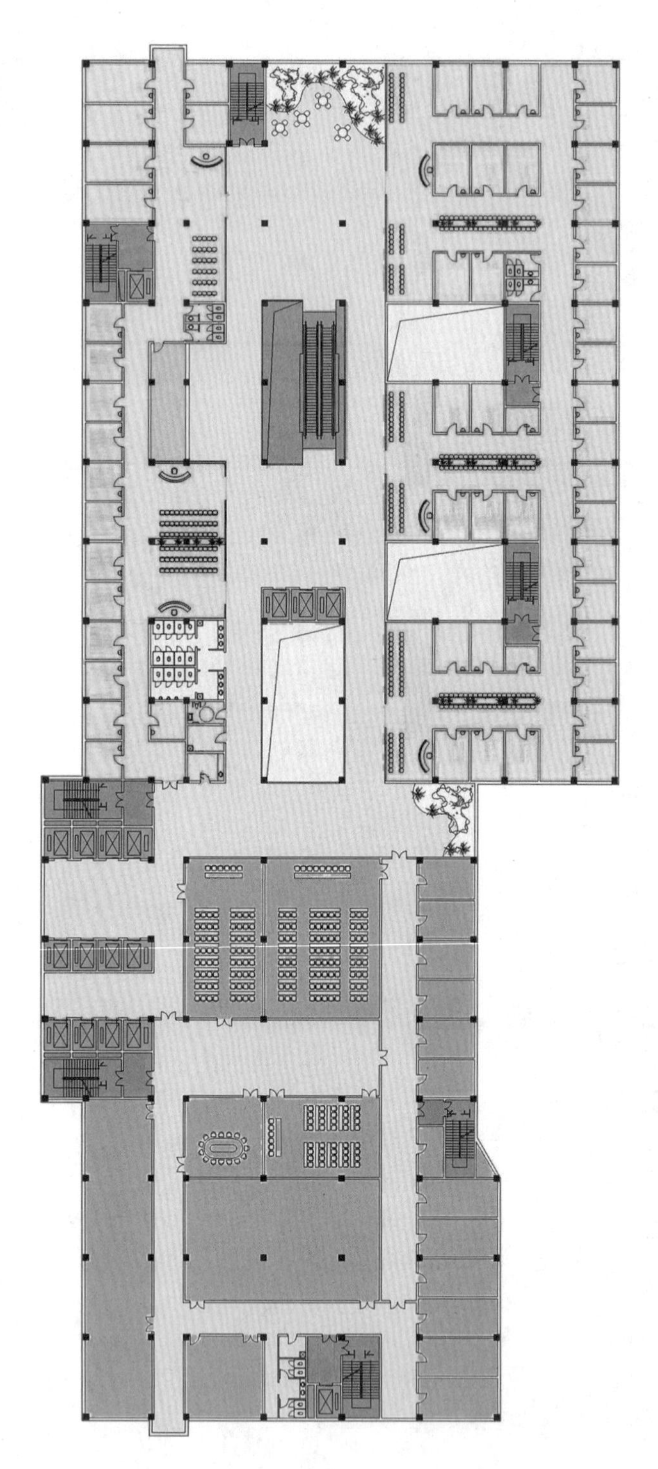

图 4.91　5层平面图

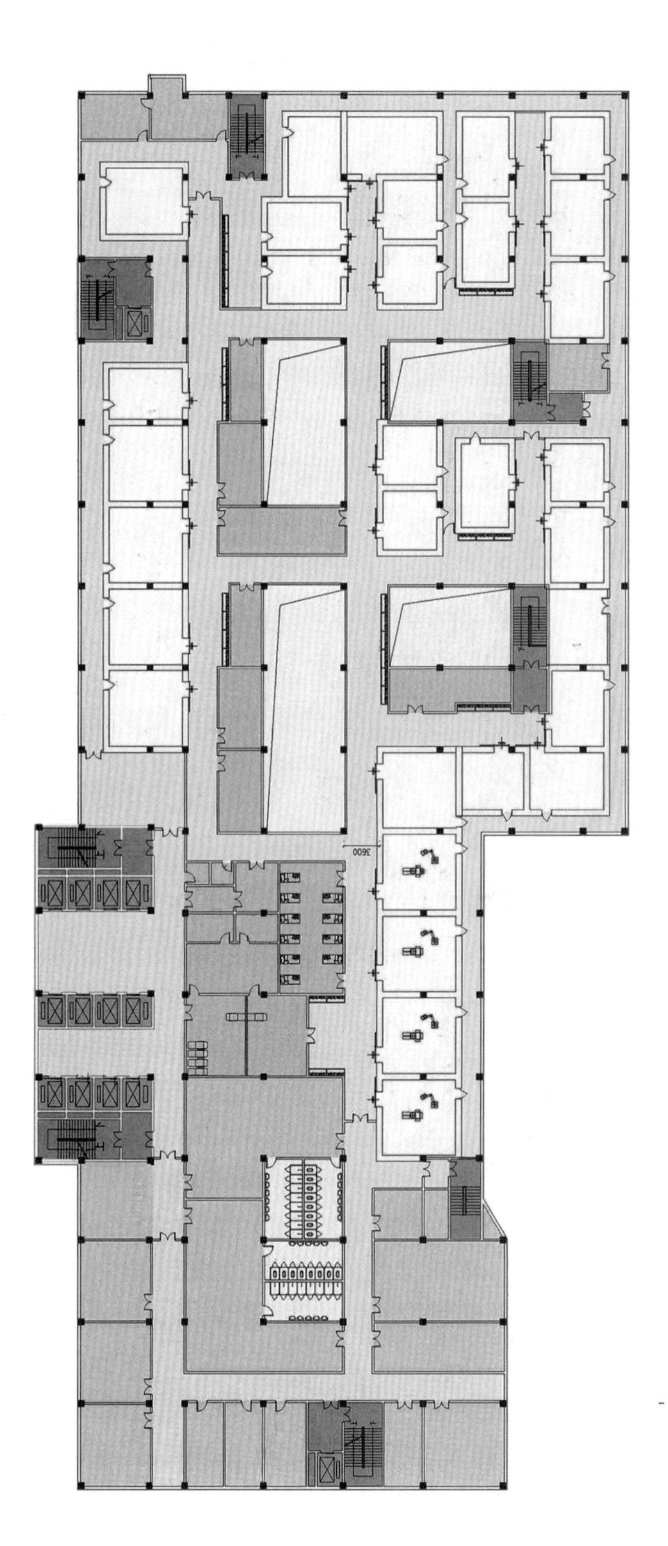

图 4.92　6层平面图

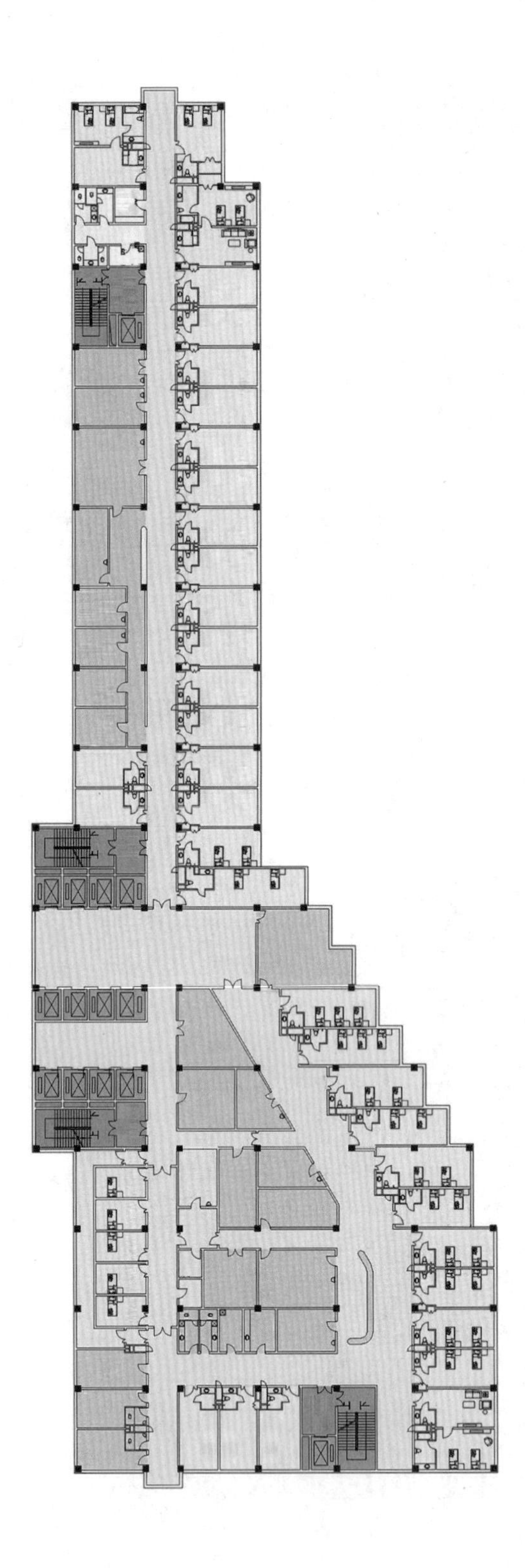

图 4.93 7 层平面图

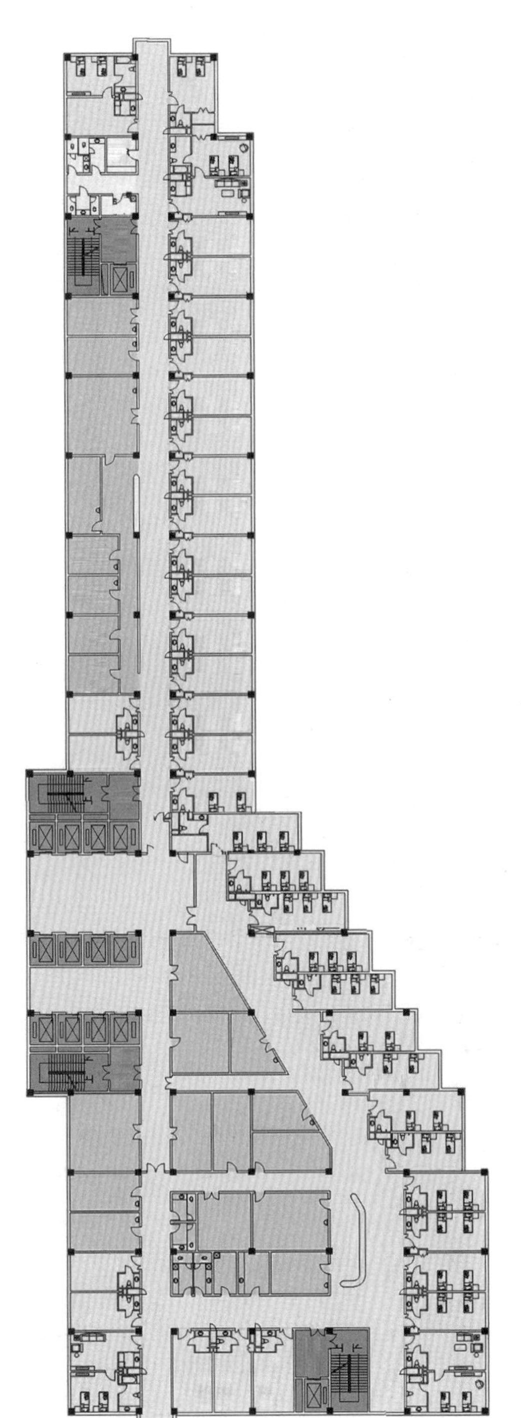

图 4.94　8~15 层平面图

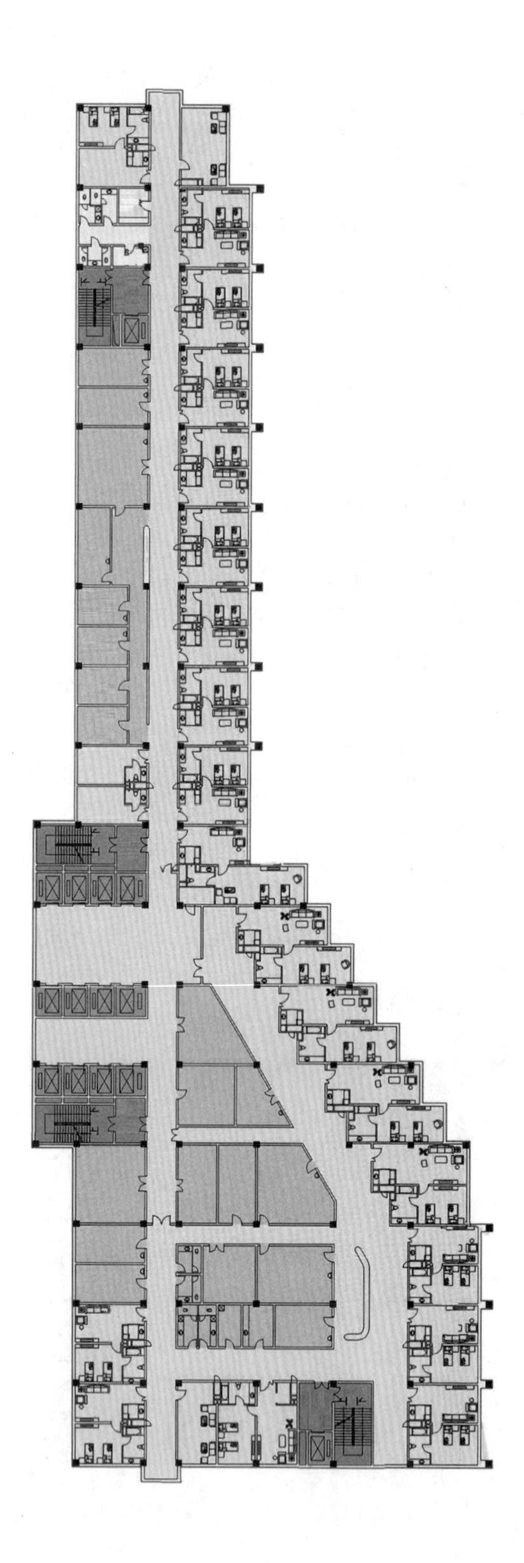

图 4.95　16 层平面图

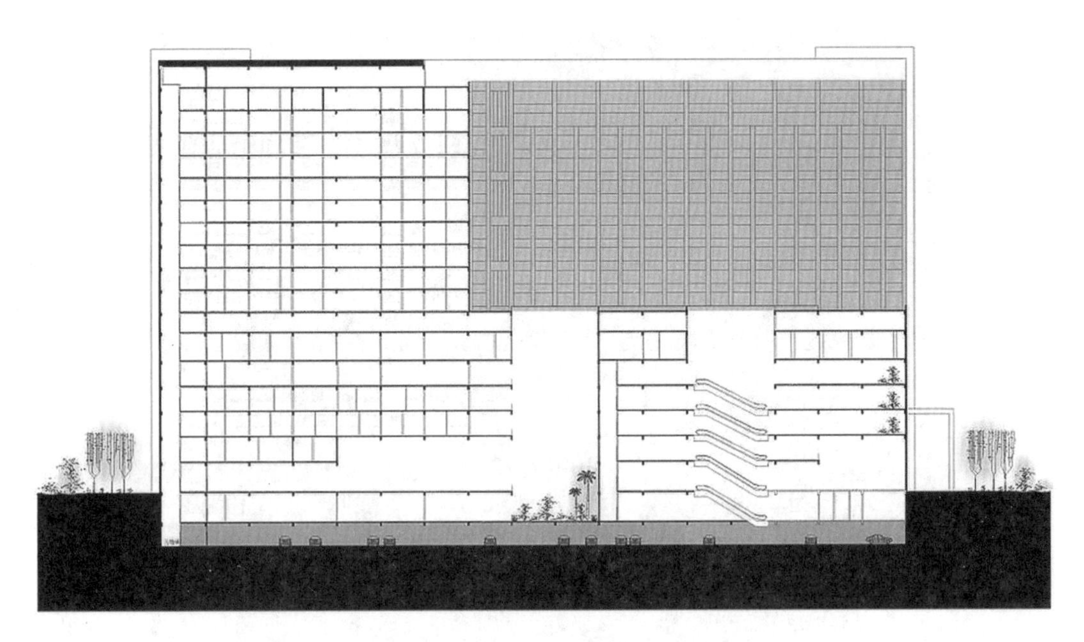

图 4.96　剖面图

图 4.97　鸟瞰效果图

图 4.98　远期沿街效果图

图 4.99　黄昏人视效果图

图 4.100　日景人视效果图

图 4.101　远期日景人视效果图

图 4.102　夜景人视效果图

图 4.103　远期夜景人视效果图

图4.104　步行街人视效果图

图4.105　建筑北立面

图 4.106　建筑南立面

图 4.107　建筑东立面

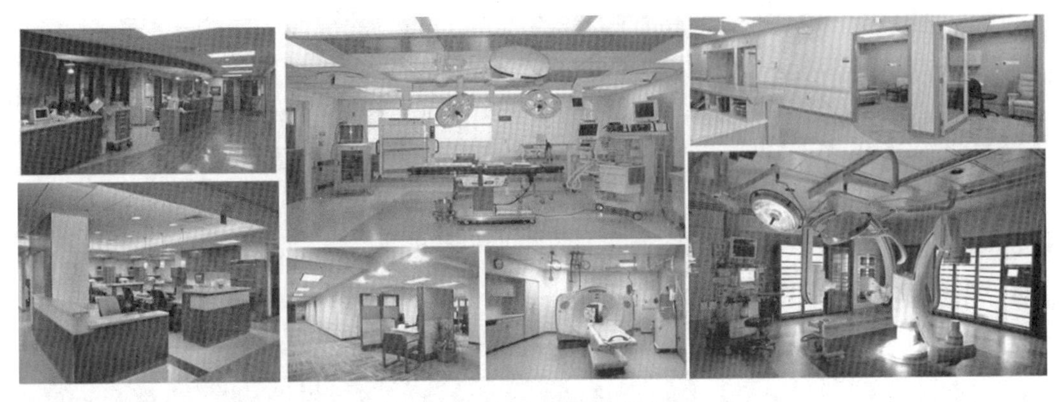

图 4.108　办公、诊室内部空间

图 4.109　护士站

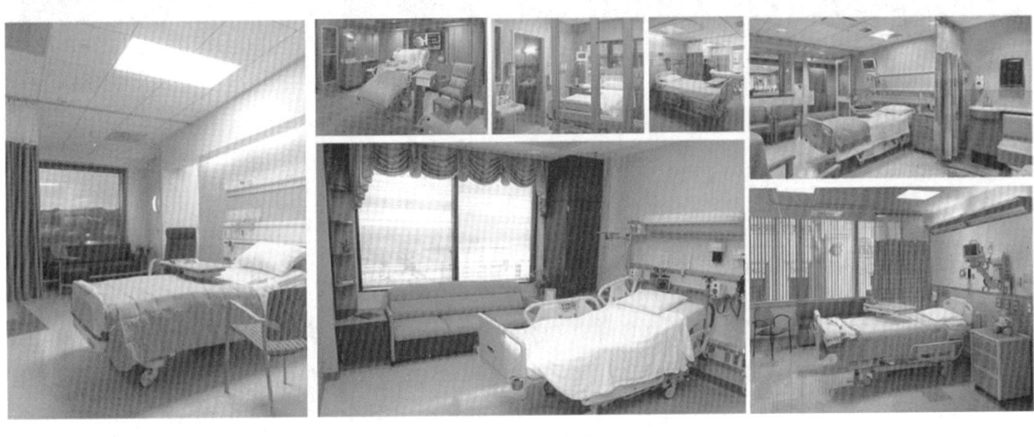

图 4.110　病房

图 4.111　等候区

图 4.112　走廊

4.5　康复中心

4.5.1　康复中心发展历史及现状

在国家的大力扶持下，我国康复中心的建设工作自 1984 年起步至今大致经历了以下 3 个阶段：20 世纪 80 年代中期到 20 世纪 90 年代中期为起步阶段；20 世纪 90 年代中期到 2000 年为发展阶段，这一阶段不仅对康复中心的建设模式进行了研究，同时也在建筑与医疗服务更好地相互配合方面取得了长足进步；2000 年至今，进入高速发展阶段。

4.5.2　康复中心设计特点

1. 整合医疗资源的场地规划

满足患者需求、满足就医需求不仅是对建筑单体的要求，也是对建筑规划的要求；根

据服务半径内人群的需要确定建筑规模；从整个区域的康复卫生划的视角出发，统筹设备购置。不同功能分区的规划应在注重实际的同时兼顾一定的灵活性，以便于以后更好地根据实际情况进行调整。

场地布局有集中式布局和分散式布局两种。集中式布局是指将康复中心内绝大多数功能都布置于一栋建筑之中的布局模式。分散式布局是指将各类功能用房进行分类，将相同或相近的用房布置在一栋单独的建筑中，最终可以根据需求决定是否将这些独栋的建筑进行连接以及连接的程度。

康复中心用地内的交通流线主要包括人流、物流与车流。在总体平面的规划过程中，主要立足点就是要处理好这三者之间的关系，做到人车分流、洁污分流，使各类交通既相互分离，又在必要时紧密联系。康复中心场地内部的人流分为两类，即外来人员和内部工作人员，这两类人流应该严格区分以免相互干扰。物流流线具体可划分为供应流线与污物流线，通常用于统筹整个康复中心物流交换的中心供应部设于洁净区与污染区之间，以便于二者联系。车流流线设计会为以后的康复中心建设提供良好的基础，主要涉及停车场设计。

2. 优化医疗资源的功能及布局

康复中心门诊部是门诊医生对前来就医的患者进行初步诊断的康复科室。对于能够即时进行解决的患者疑问、病症，则当场为患者开具相应的处置单并进行相应的康复指导。康复功能评定科室是康复类医疗建筑中所独有的。康复功能评定科室中应设置设施较为完备的中、小型会议室。康复治疗科是为康复患者提供有针对性的、专业性的康复场地，通过不同康复器械、设备来辅助患者进行康复训练的康复科室。不同康复治疗项目的康复用房不尽相同，所以相应地对建筑设计的要求有一定的差别。除了康复中心门诊部、康复功能评定科室、康复治疗科、住院部以外，一个完善的综合性康复中心还应包括营养食堂、洗衣房、仓库、空调机房、医疗器械修理处、行政办公区等。各区域应按照不同规模、不同目的来进行不同层次的划分。

康复中心依据空间形式分为单廊式条形单元、复廊式条形单元、口字形护理单元等。单廊式条形单元的形式是将一条内部走廊作为主要的交通联系空间。复廊式条形单元的形式是三排房间夹着两条主要走廊。口字形护理单元的形式由单廊式条形单元发展而来，其内部拥有一条闭合环形走廊，中间布置医辅用房，可以根据需要选择在单面、双面或者三面布置病房。康复中心门诊部与其他医疗机构的门诊部功能相近，都是对前来就医的患者进行初步诊断的部门。康复功能评定科室应设置在建筑或院区中便于门诊患者和住院患者到达的位置。具有相互配合关系的几个康复治疗科之间应有便捷的交通联系。

3. 完善医疗资源的环境设计

与其他类型的建筑不同，康复中心对绿化设计的要求相对较高。康复中心户外的绿化设计主要有自然处理式和规则配置式两种类型。自然处理式强调在康复中心院内从绿化空间的布局到地形的处理都尽量保存自然原貌，形成一种连续的自然景观组合。规则配置式在设计中强调景观的组织性、秩序感的绿化效果，该绿化设计模式通常将各类植物进行规则的布局，某种程度上受西方古典园林的影响，着力于塑造典雅的氛围。

康复中心的步行空间设计既要通过适当的形态满足康复患者康复的目的，也要作为整个康复景观中的一部分共同构建康复中心场地，即功能性与美观性兼备。康复中心的道路按平面线形划分基本分为直线形道路与曲线形道路两种。直线形道路不宜设置过长，在曲线形道路上应相对于直线形道路更为频繁地设置座椅、小品、景观等，使散步这项活动方式变得更加富有乐趣。在康复中心的设计中，通常是根据场地特征统筹两种步行道的设置。但不管采用哪种道路，道路都应在多数情况下保持平坦，避免大量的高差变化。

色彩可以起到调节、识别、引导等作用。康复中心在营造积极康复环境的过程中，色彩设计上应注意采用色彩柔和的色调，宜使用明快的色彩和简单色彩组合，不宜杂乱拼凑、使用暗淡的色彩。康复中心内大空间的背景色宜采用中性色或中等偏高的明度，整体氛围宜淡雅、宁静，可采用米色、浅黄色等。另外，根据各个科室功能的不同、患者的需求不同，可以选择不同的色调和色彩搭配。

在康复中心建筑的内部环境塑造中，根据功能的不同，可对不同楼层或同楼层的不同区域进行颜色划分，易于外来人员和患者识别记忆并带来亲切的、耳目一新的感觉。

在康复中心室内对不同色彩进行搭配，通过色彩带来的对比、渐变等方式，可以对康复中心建筑内的重要科室节点进行色彩明度的加强或通过颜色的渐变来引导就医人群顺利就医，提高就医效率。

4. 无障碍设计

康复中心的主要服务人群是残障人士，所以康复中心的无障碍设计是建筑设计任务的重中之重。

为了方便残疾人使用，康复中心从入口大厅要尽量能够看到包括楼梯、电梯、自动扶梯等交通在内的建筑主要部分并在入口上方架设较为宽大的雨篷；出入口周围要有水平空间，以便于轮椅使用者停留。

出于康复中心针对特殊人群的考虑，其走廊通常会相较于常规医院建筑更宽并尽量避免高差；如在走廊内高差不可避免，应以斜坡过渡并配以防滑路面与适合残疾人使用高度的扶手；走廊两侧的房间开门应朝向室内，以防对残疾人造成伤害。

供残疾人使用的楼梯、台阶不应采用螺旋形，而应采用有休息平台的直线形梯段和台阶；残疾人在无人陪护的情况下，为了更好地行进，往往需要外部的助力设施，所以在康复中心中，坡道、台阶、楼梯两侧均应设置高度适宜的双层残疾人扶手，高度通常为上

层900 mm，下层650 mm；扶手形状宜便于抓握，并宜在扶手的起点与终点设置供盲人识别、提醒盲人注意的盲文提示。另外，过于光滑的地面对正处于康复期间具有生理障碍的康复患者来说无疑是一个很大的隐患，因此康复中心的地面防滑设施是在康复中心的地面设计中要特别考虑的重要因素。无论是楼梯、台阶还是坡道，都宜尽量采取摩擦系数较大的铺装材料增大地面摩擦力，提升交通空间地面的防滑效果，以防残障人士跌倒，减少对轮椅使用者造成的不便。

康复中心的电梯应选购专业的残疾人电梯；电梯为了方便盲人使用，减少残疾人寻找的距离，其位置应设置在入口大厅中离门较近、较容易被发现的位置；与楼梯、台阶上的设置相同，电梯入口前方的地面应设置向盲人提示电梯位置的盲文指示，同时盲文指示的位置不宜正对轿厢门设置，以防候梯的盲人与出入电梯的行人相互干扰，而应设置在呼叫按钮下方为宜；电梯内的操作盘应布置于方便使用轮椅的残障人士操作的高度。

4.5.3　康复中心项目案例：三亚哈尔滨医科大学鸿森医院

(1)项目信息。

三亚哈尔滨医科大学鸿森医院（以下简称鸿森医院）位于三亚市天涯区槟榔河旅游度假区内，是一所集医疗、急救、科研、保健为一体的综合型医院。项目占地面积1.46万m^2，建筑面积6万m^2，其中一期建筑面积5.16万m^2。医院内设有普通病房和VIP病房，共有开放床位501张。

鸿森医院地理位置优越，直通机场路，连接三亚市中心。受严寒地区气候条件影响，每年冬季有大量北方游客前往三亚度假，这些季节性的度假游客被称为“候鸟”人群。“候鸟”人群中，老年人的医疗需求和疗养需求较大，受地方性气候影响，北方游客中的常见病症与本地居民常见病症差异较大，导致本地医院难以保障游客的就医需求。因此，鸿森医院针对“候鸟”养老人群，提出了以康复疗养为主、科研医疗结合的医疗模式，并设置异地就医结算便捷平台等，为“候鸟”养老人群提供便捷的医疗服务。医院内设置急诊、门诊、体检等科室，以及科研及教学平台，是一所集医疗、康养、保健、科研教学为一体的综合型医院。建筑效果图如图4.113所示。

(2)设计理念。

鸿森医院的主要服务对象为“候鸟”养老人群，在医院建筑设计中，南北方的建筑基调均有所体现。鸿森医院建筑外观大气磅礴，流畅的形体展现了科技感与现代感；医院室内外空间注重绿色康复环境的打造，充分体现医院空间的人性化与前瞻性。医院景观采用花园式设计，结合空间走向设置室外花园、室内休息区、景观小品等，整体建筑空间整洁有序、层次分明，兼顾艺术情怀与人文气息。总平面图如图4.114所示。

(3)内部空间。

医院内部依据功能分区，在不同区域使用相应颜色，提高导引系统辨识度，并打造医

图 4.113　建筑效果图

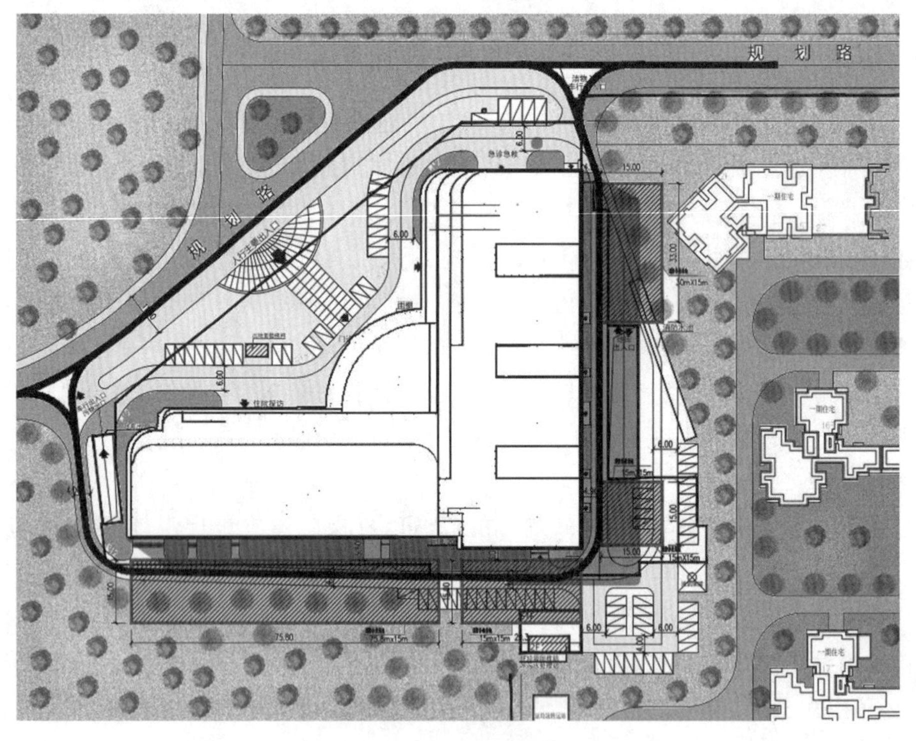

图 4.114　总平面图

院的品牌性。入口门厅中使用海螺的曲线形元素与塔形幕墙呼应，线条行云流水，扩大了门厅的视觉面积，提高了空间安全性及舒适度(图 4.115)。公共区域以蓝色为主色调，营造舒适自在的环境氛围(图 4.116)。手术室选用绿色，以稳定患者情绪，缓解医生疲劳。体检中心和康复中心则选用白色和原木色等自然色彩，促进患者身心放松。儿科门诊区增加彩绘装饰，色彩造型更加丰富，降低儿童对医院的恐惧感(图 4.117)。产科病房如图 4.118 所示。

各层平面图如图 4.119～4.130 所示。

图 4.115　鸿森医院入口门厅

图 4.116　鸿森医院公共区域

图 4.117　鸿森医院儿科门诊区

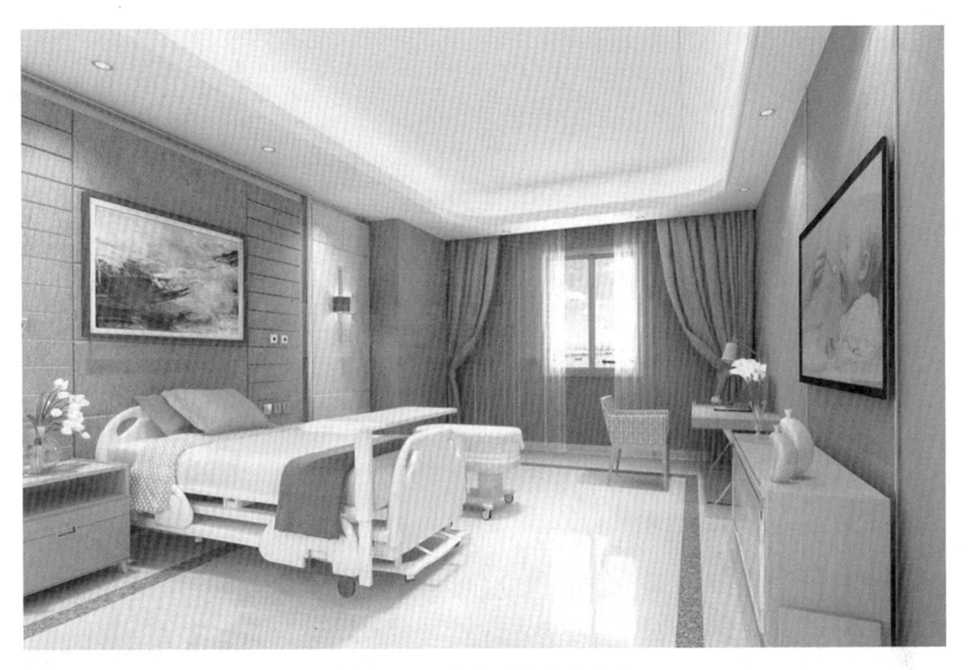

图 4.118　鸿森医院产科病房

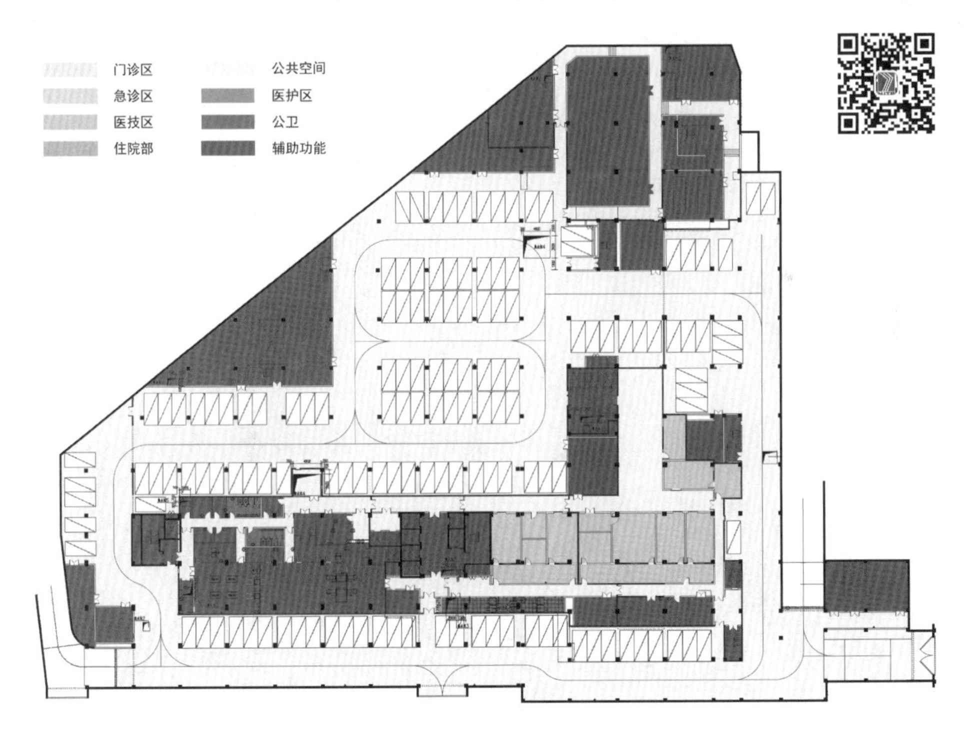

图 4.119　地下 1 层平面图

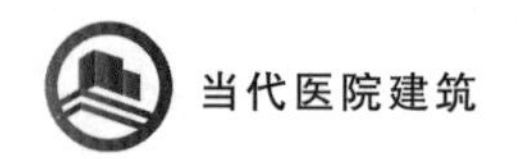

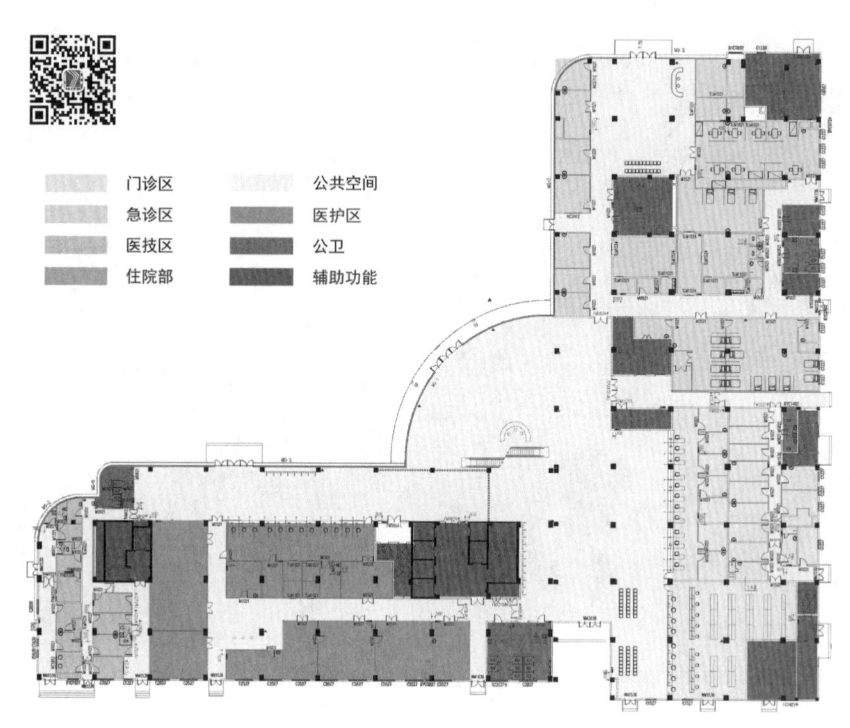

图 4.120　1 层平面图

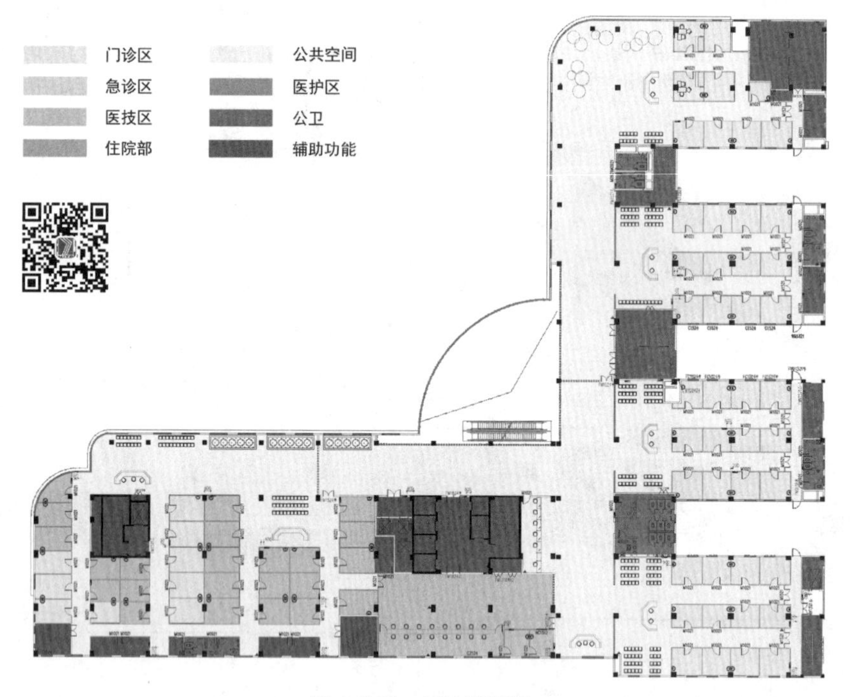

图 4.121　2 层平面图

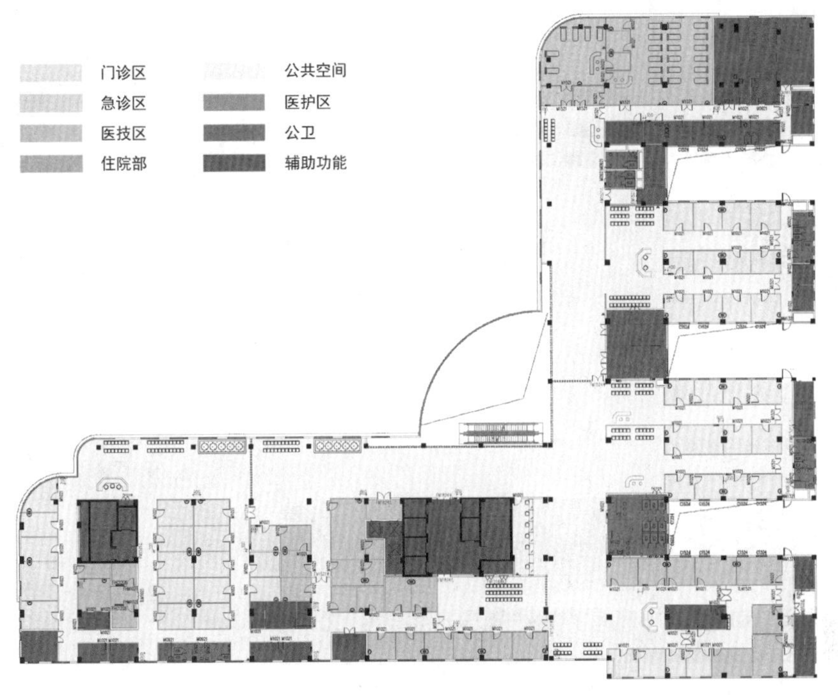

图 4.122　3 层平面图

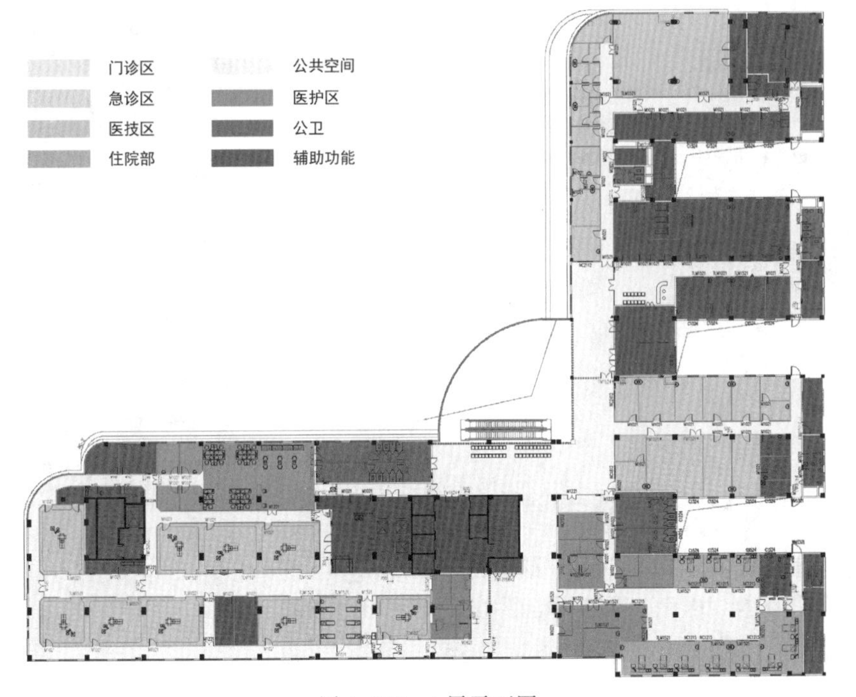

图 4.123　4 层平面图

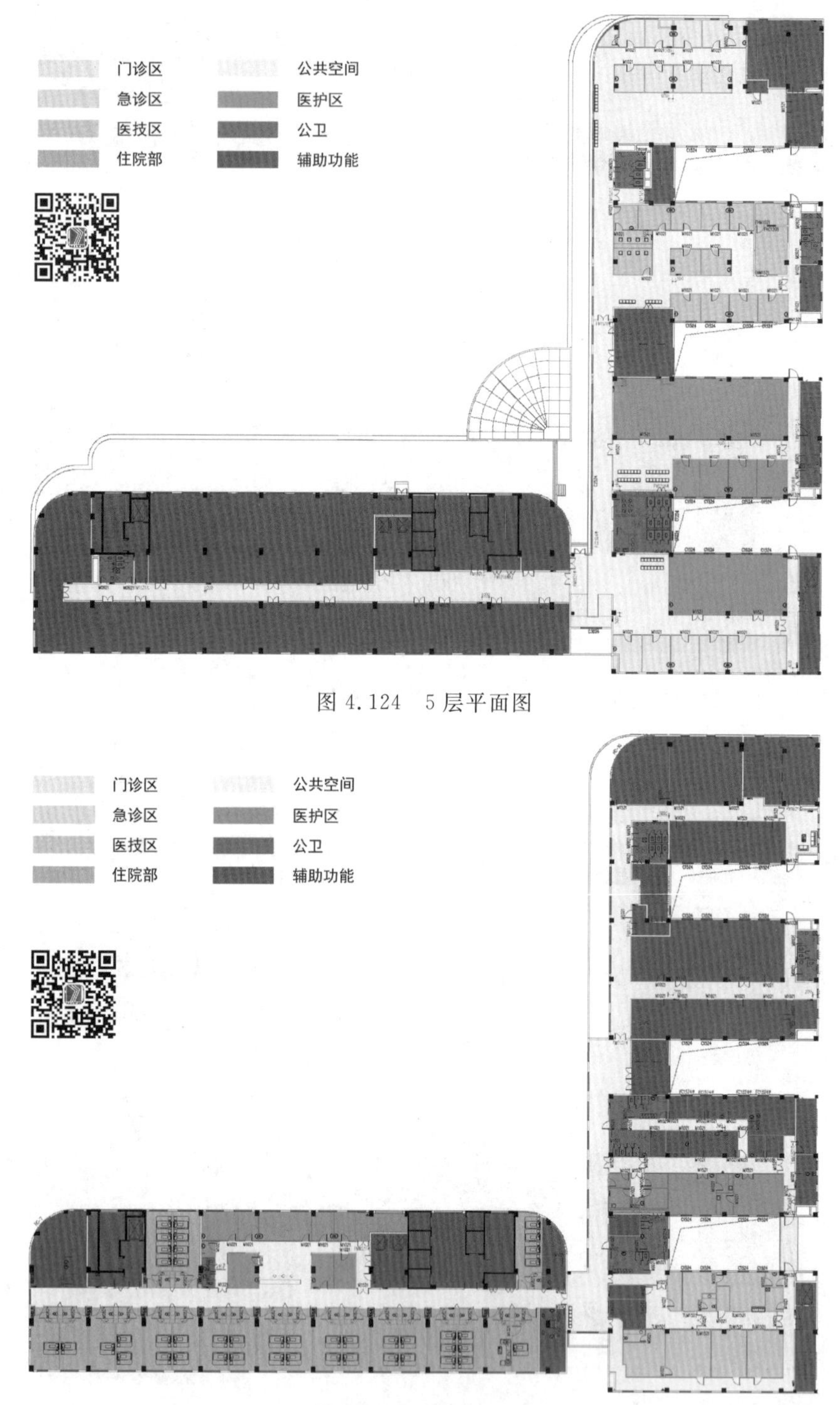

图 4.124　5 层平面图

图 4.125　6 层平面图

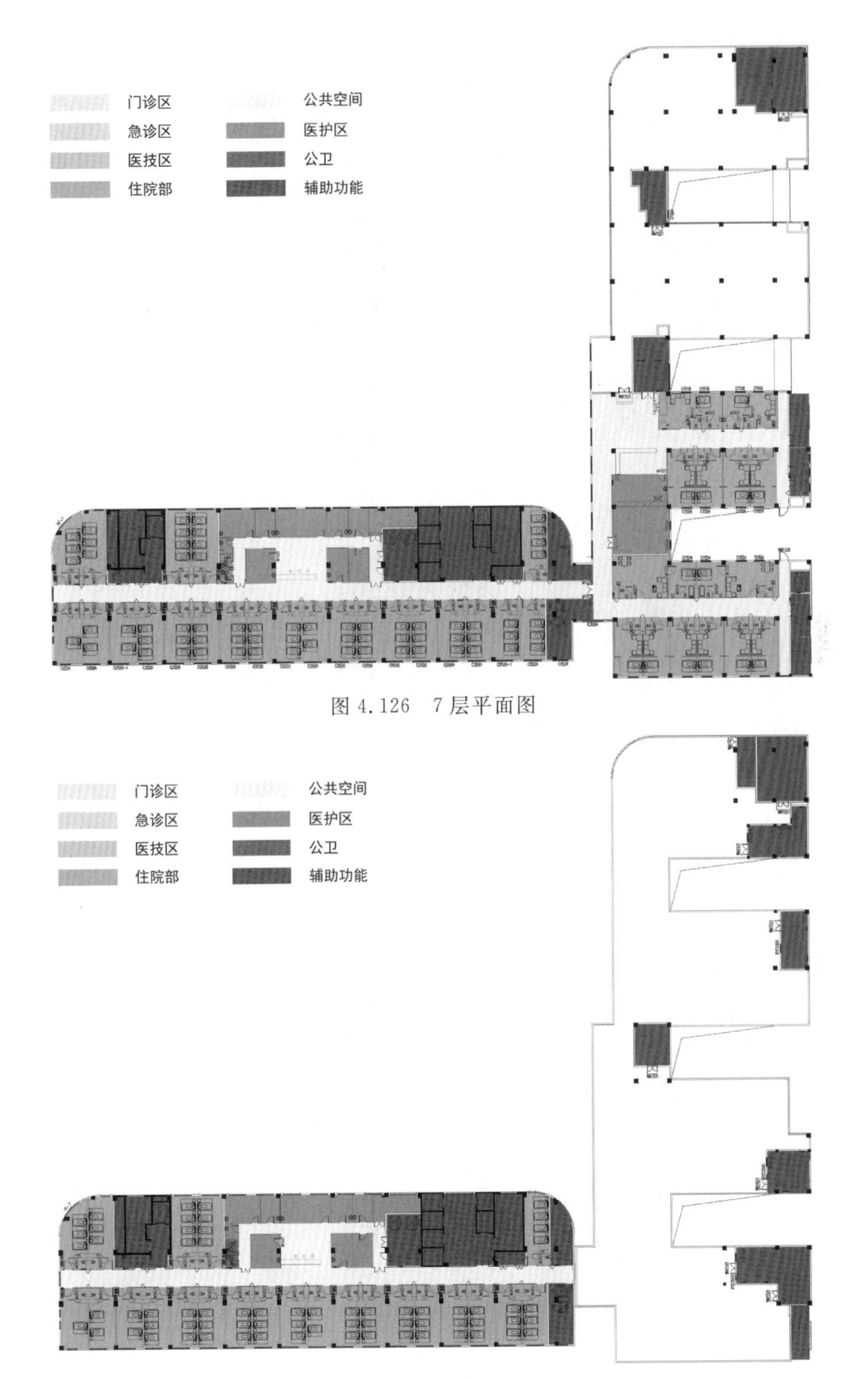

图 4.126　7 层平面图

图 4.127　8 层平面图

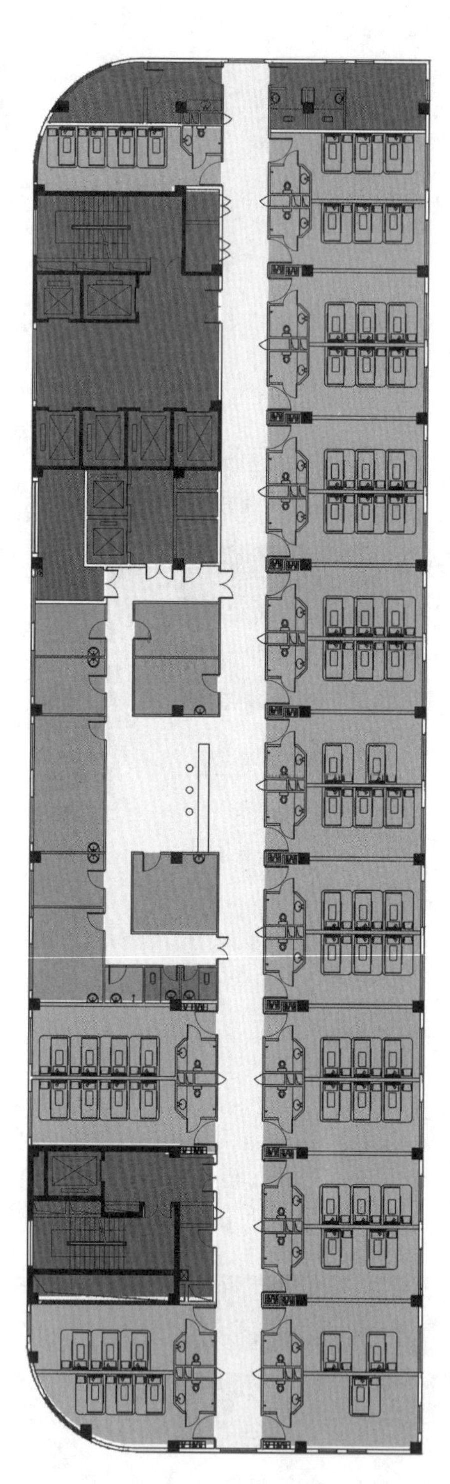

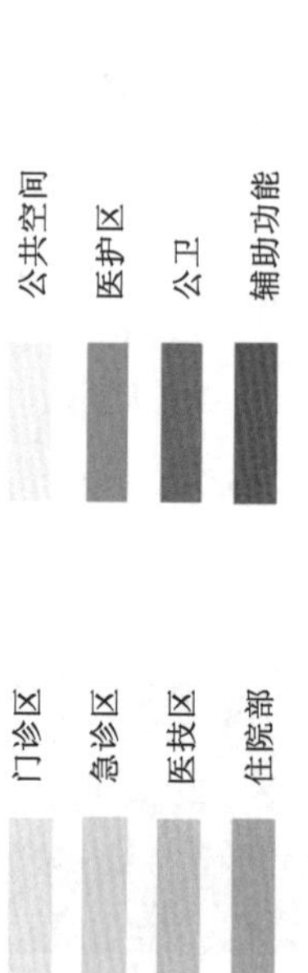

图 4.128　9~12 层平面图

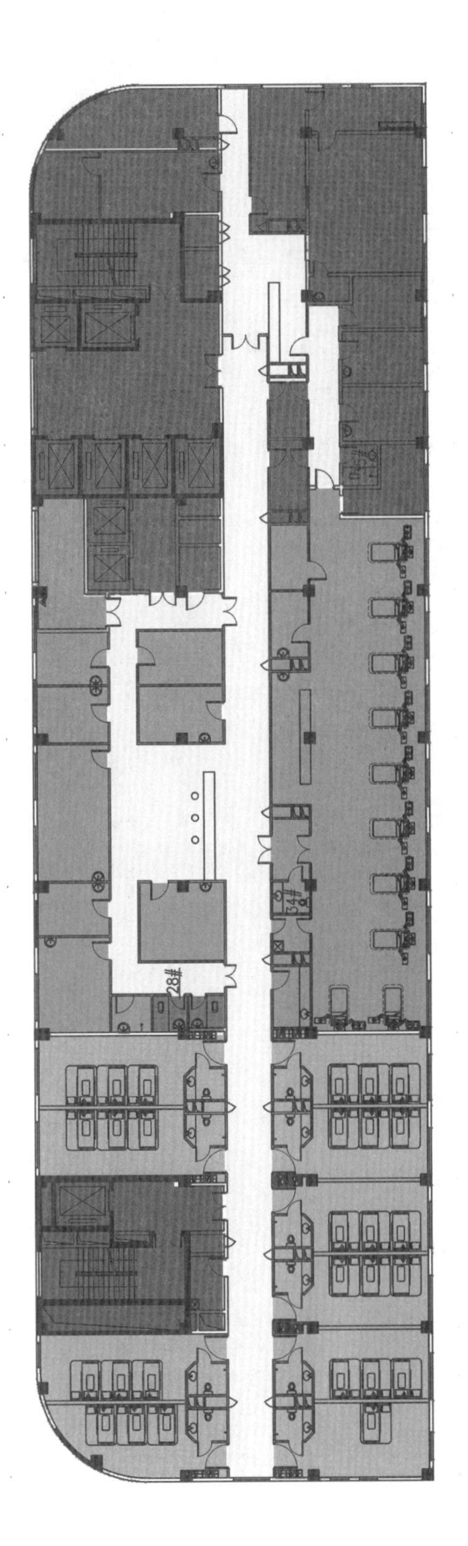

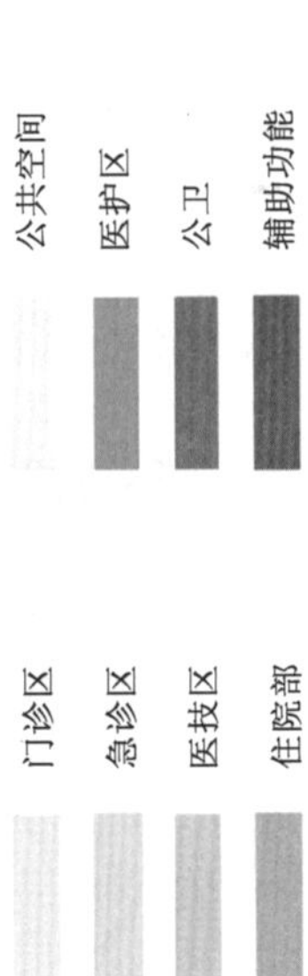

图 4.129　13 层平面图

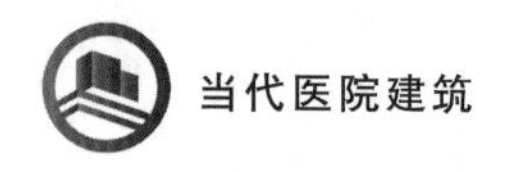

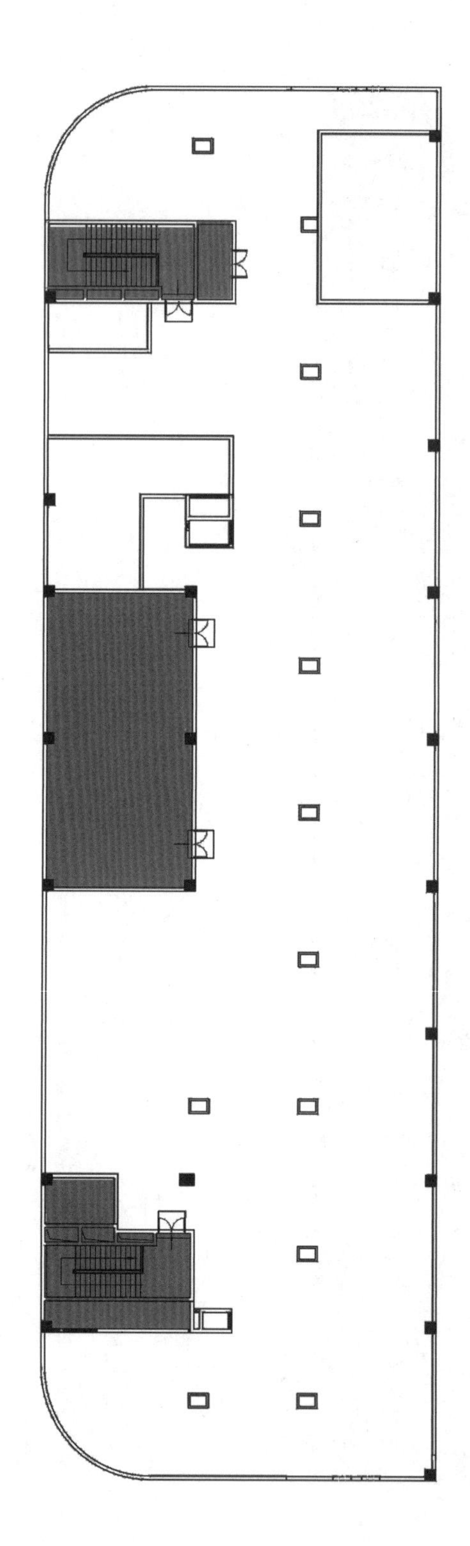

门诊区　急诊区　医技区　住院部

公共空间　医护区　公卫　辅助功能

图 4.130 机房层平面图

第5章　智慧医院建筑设计理念与方法

5.1　智慧医院概念及应用领域

5.1.1　智慧医院概念

随着时代发展、数字时代的需求和5G医疗服务模式的逐步建立健全，越来越多的医院尝试将数字技术与传统医疗体系相结合。根据我国国家卫生健康委办公厅于2021年印发的《医院智慧管理分级评估标准体系(试行)》，智慧医院包括面向医务人员的"智慧医疗"、面向患者的"智慧服务"和面向医院管理的"智慧管理"，完善"三位一体"智慧医院建设的顶层设计。智慧医院运用科技赋能医疗服务工作的开展，不但提高了诊断和治疗的质量、患者的体验和安全性，并且降低了医疗能耗及治疗成本。智慧医院的建设工作在全球迅速发展。

据韩国保健产业振兴院报告，在智慧医院应用的关键技术和案例可概括为：第一，物联网(IoT)是以信息通信技术(ICT)为基础，连接各种事物并互通信息的智能技术。在IoT环境中，利用无线频率非接触识别人或物的射频识别(radio frequency identification，RFID)，可从目标物中感知各种信息。将传感器网络通过传送信息的蓝牙或Wi-Fi等无线通信，以及基于互联网的嵌入式(embedded)技术运作，可应用于远程医疗，根据实时患者数据进行个性化治疗，医疗设备的使用、追踪和维护管理、预测保养、患者识别等方面。第二，人工智能(AI)是将人类的学习能力、推理能力、感知能力、自然语言的理解能力等通过计算机程序实现的技术，可用于通过实时数据进行决策，通过深度学习改善诊断准确性，通过AI实现业务无人化、自动化等方面。第三，机器人学(robotics)是利用类似于人类的机器，即根据给定的控制指令处理工学业务的机器——机器人，除手术机器人外，在非手术领域，用于病房消毒、患者监测、情感治疗、物流转运等方面。机器人不仅可以被利用，还可以通过机器人流程自动化(robotic process automation，RPA)实现业务自动化。第四，5G无线网络是以超低延时和超链接性为优势的移动通信技术，以提高网络性能和速度为基础，可以实现虚拟现实(VR)、自动驾驶、物联网技术等，通过数字病理、远程手术、基于IoT的患者监控、虚拟内源(virtual visit)等，可以用于提高医疗的可及性和及时性。

5.1.2 智慧医院应用领域

本书从智慧医院的3个主要落脚点——运营效率、临床优越性、患者中心性对智慧医院的具体应用实例进行分析。

第一，从运营效率来看，可以适用于建筑物自动化系统的构建、设备/物品/药品库存及追踪管理、移动/运输机器人、动线管理等方面。例如，楼宇自动化系统包括医院整体楼宇的温度、氧气、照明、通风、火警、出入控制和管理，通过仪表板进行管理，实现远程控制或自动控制。自动化机柜系统根据处方自动分配/排出药品或分拣分析。

第二，在临床优越性方面，信息获取、早期诊断、预测、治疗、机器人手术、远程诊疗室可应用于远程监控等。在智慧医院中，医护人员将患者信息上传后，患者可以在任何网络覆盖的场所通过手机等通信设备实现信息确认。例如，Watson for Oncology 的人工智能通过影像资料等大数据学习，可以在短时间内提出正确诊断和最优处方，机器人、VR、增强现实（AR）技术也可以实现最小创伤性的手术。可穿戴设备或传感器可以实时更新和监测患者的生物信息。通过语音识别功能可以实时完成手术记录或护理记录，提高工作效率。可穿戴的机器人也可以辅助护士完成高强度工作。外骨骼机器人（exoskeleton robot）可以支持与辅助患者的动作和肌肉力量，使重症患者更容易移动，并有助于康复治疗。同时，VR、AR 和程序智能技术也被运用于医疗人员的培训中。

第三，在患者中心性方面，应用于病房环境控制、QR 码或 AR/VR 等融合的患者教育及引导服务、远程探视系统等，可以以患者的偏好和需求为中心提供个体化的服务。通过 IoT 技术轻松控制病房环境，如温度、照明、电源开关等，并申请自己的餐食或床品交换。移动终端的寻路系统会为患者指导检查或诊疗流程，同时进行路线引导。此外，像 Pepper 这样的类人机器人可以用于治疗或检查的讲解，以帮助住院患者减少对医院环境的恐惧和焦虑感，或者作为陪同检查及舒缓情绪的助力。

根据 Verified Market Research 的数据，2019 年全球智慧医院市场规模达 258 亿美元，年均增长 24.03%，预计 2027 年将达到 1 288.9 亿美元。多国政府采取了多种支援政策积极推进智慧医院的发展建设。新加坡卫生部于 2017 年通过智慧医院计划，开展医疗产业创新指导（Healthcare 行业转换图）。日本宣布制订 5 年计划，从 2018 年开始，每年投入 1 亿美元，到 2022 年 AI 医院已扩大到 10 家。韩国保健福祉部也推出了“韩国版数字新政”“智慧医院领先模式开发支持项目”，计划 2020 年至 2025 年，每年在 3 个领域（18 个细分领域）支持智慧医院建设，将 ICT 应用于医疗中，2020 年智慧系统已经在远程重症监护室、智能感染管理、医院内资源管理领域陆续开展，2021 年在医院内患者安全管理、智能特殊病房、智能工作流程领域展开应用，计划每年有 5 个联合体被选定为项目执行机构。

5.1.3　智慧医院应用案例:首尔峨山医院

(1)项目背景。

首尔峨山医院(图5.1)1989年6月开院,2019年,总病床数达2 705个,为韩国最大的医院,日均门诊患者11 885名,在院患者2 540名,急诊患者328名,每年进行67 228台高难度手术,是拥有最优秀的医疗团队、最佳的诊疗系统、最尖端的医疗体系和设备的综合医院之一。2020年在韩国医院中获得最高分数。

图5.1　首尔峨山医院

近年来,韩国科学技术信息通信部正在推进AI医生“Dr. Answer”的项目,由韩国25个医院、19个企业单位及信息通信产业振兴院联合开发,而首尔峨山医院是人工智能基础精密医疗方案开发的主管单位。2017年,为了有效利用医疗数据,提供更高质量的患者服务,医院内部平台和数据中心成立了健康创新大数据中心。2018年,医院与现代重工集团和Kakao投资专门子公司签订了韩国国内首次设立的医疗大数据平台开发计划,成立了峨山Kakao医疗数据处理专门公司,将优秀的韩国国内医疗大数据结构化并整合。开发平台建立并引领了韩国国内外优秀医疗创业企业和医疗信息生态界发展,通过医疗环境分析,提供更高服务质量的个性化信息,激活医疗人工智能产业,提高全球医疗竞争力。

基于智慧医院应具有的特性,与其他医疗生态系统建立较强的网络联系,即与政府数据平台和公共卫生机构等互联互通；在保护个人信息的基础上进行健康数据、医疗数据收集；采集和传输数据标准结构遵循统一规则；医院内患者及工作人员通过可穿戴设备进行实时数据采集、跟踪传输，整合、存储患者数据以实现共享，具有高度的自动化，即可以通过多种医疗器械自动化代替劳动力，提高医院治疗的效率和精确度；利用无线识别条形码等技术，实时识别、推荐、管理内部资产和医疗器械；医疗程序设备的自动化使医护人员可以通过替代劳动力将更多的时间用于患者治疗；所有针对患者服务的数字化管理等基于Web的跟踪，实现医院运营效率的提升，为患者提供全方位、周到、及时的服务，患者身上的可穿戴医疗设备，可以在突发异常情况时及时将信息传递给医护人员，需要入院就诊的患者可以通过身份证、指纹、人脸识别等确认身份认证系统，自动通过信息技术审核，提示检查日程。韩国的医院大部分采取预约制，诊疗后患者的数据会被收集到云平台上，形成治疗图表，患者可通过移动端查看结果。大数据分析－医疗相关数据应不仅限于医院数据，而应通过大数据，在除医院以外的其他医疗生态系统内收集和利用数据，进而通过大数据分析加速诊断治疗，优化关键医疗设施应用效率。综合性和多学科创新－智慧医院建设是一个整体系统的建设过程，需要所有员工（包括医生、护士、管理人员）参与其中，而不仅仅是引进高级技术。通过开放式协作，快速检测并处理数据信息，改善临床过程中患者的治疗体验并节约成本。首尔峨山医院在公共空间的设计应用体系中，已经部分融入了数字化技术。

（2）病房设计。

针对住院生活的疲劳度、夜间摔伤、促进睡眠和患者监测等方面的问题，首尔峨山医院对医院的照明系统进行了统一规划。病房部分整体照明分为病房窗侧和墙侧灯、出入口灯、引导灯等，个人照明由安装在床位墙面的阅读灯、间接灯、处置灯组成。可根据病房情况调整照明亮度和颜色。利用数字可寻址照明接口（DALI）System73，实现对患者的监控，并通过智能设备对病房照明系统进行远程控制。实现以患者为中心的照明调节，进而将昼夜节律（circadian rhythm）的影响降到最低，减轻医护人员和患者的疲劳程度，提高效率和功能性。病房内灯光设计示意图如图5.2所示。

病房配有中央控制系统的空调给排气设施，病房的温度可以通过调节器进行调节，因为床位位置的不同，会有温度差，所以窗边设有冷暖风机。病房采用折叠式陪护床，消除步行环境中的障碍因素；病房中的医疗器械，执行每日每周等周期的医疗器械日常检查，确认医疗器械稳定性。智能性方面，病房设有患者无线感知的电子病历（EMR）自动联动系统；基于医院内部网络环境系统的建设，患者可通过数字设备移动端获取实验室等检测单位的结果，为住院患者提供住院生活、跌伤预防、手术计划管理等提示。护士室分为主护士室和辅护士室，在病房中，医疗行为操作接近性行动路线有特别考虑，并且都采用单独的窗帘，方便病房内治疗和护理。病房采用开放式形式，为保护隐私和预防感染，除患者外限制1人看护。病房内景和病房入口处分别如图5.3和图5.4所示。

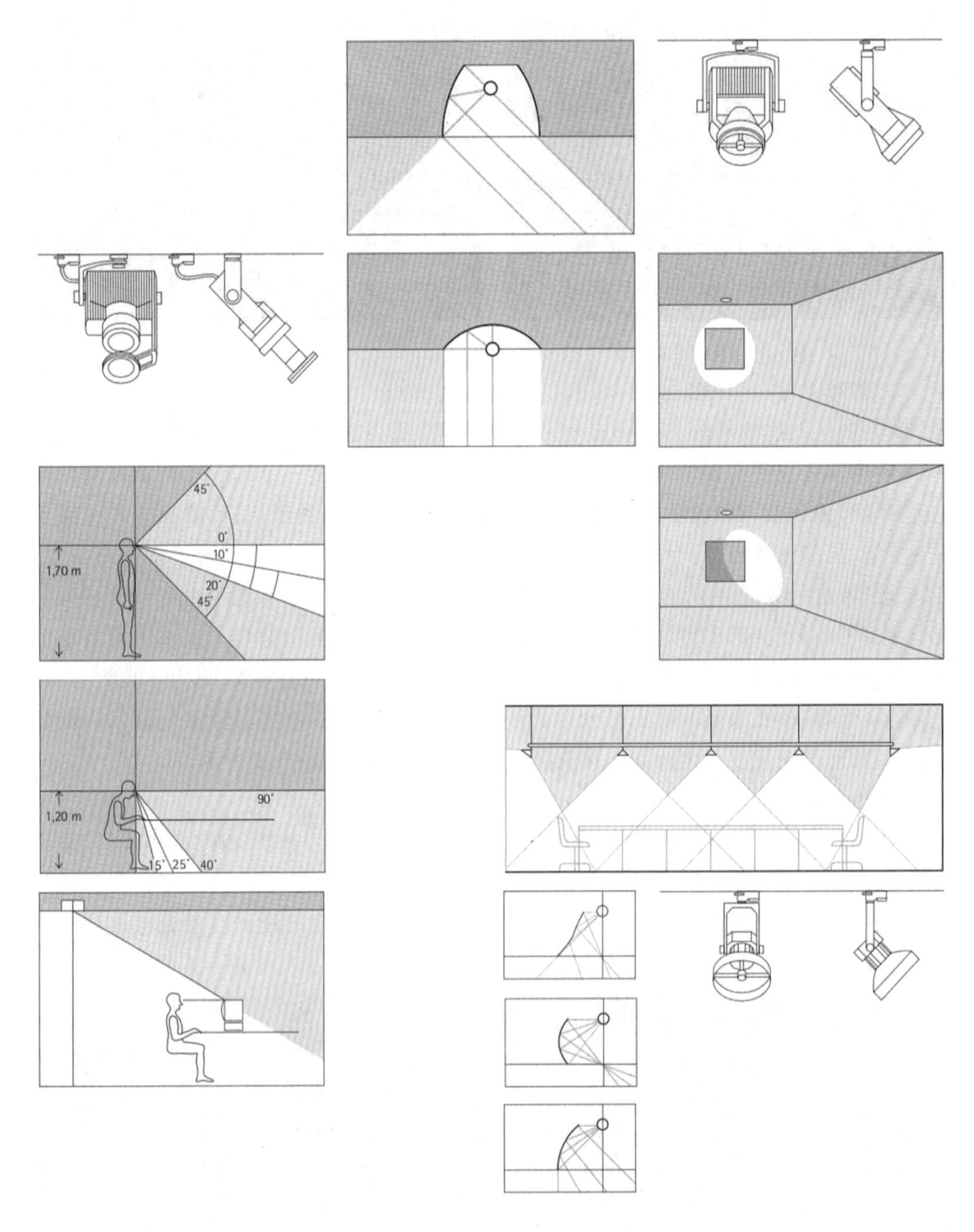

图 5.2　病房内灯光设计示意图

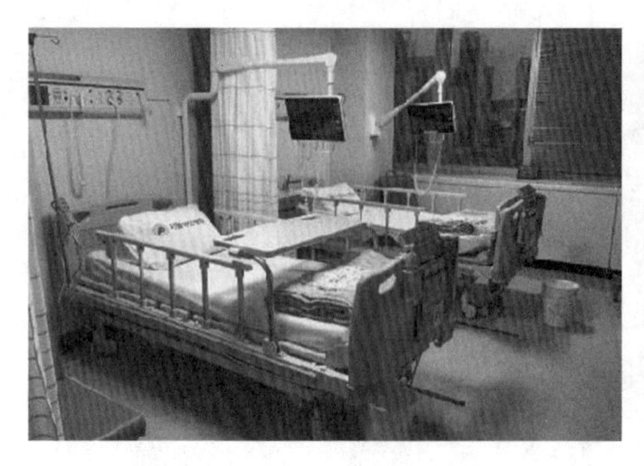

图 5.3　病房内景

图 5.4　病房入口处

(3)走廊设计。

每个病区的连接部分都有休息室和过渡空间，适当安排了自然采光和自然景观要素，并利用部分控件实现轮椅、IVpole 等步行辅助设备的收纳。走廊导航指示标牌的颜色由青绿和橙黄系列的色彩组成，这些色彩在彩色疗法中也被运用，可以减少疲劳感和不安情绪，提高注意力，同时缓解视疲劳，提高工作效率。整个走廊实现了全网络覆盖，可以全区域进行数据共享，实现精准医疗的系统覆盖。病房防盗系统为患者和医护人员安全设置了防护设施，但存在死角，需要闭路电视监控系统辅助监控。医院走廊目前的智能关联性较低，还需要增加智能健康护理服务内容。为弥补老年人、视力不良人群、康复医学科患者、小儿患者的标识认知能力不足，每个建筑物外壁之间都重复显示当前位置信息，并通过图像显示走廊端连接空间。走廊设计如图 5.5～5.9 所示。

(4)治疗室设计。

治疗室对于患者来说，是陌生、使人焦虑、隔绝的空间。未知的治疗日程安排、监测仪器、急救手推车和医疗仪器等带来的混杂噪声会使患者烦躁不安，但与患者的舒适性和休闲性相比，救死扶伤才是治疗室重要的功能所在，所以空间设计要首先考虑治疗室的物理环境和功能布局。

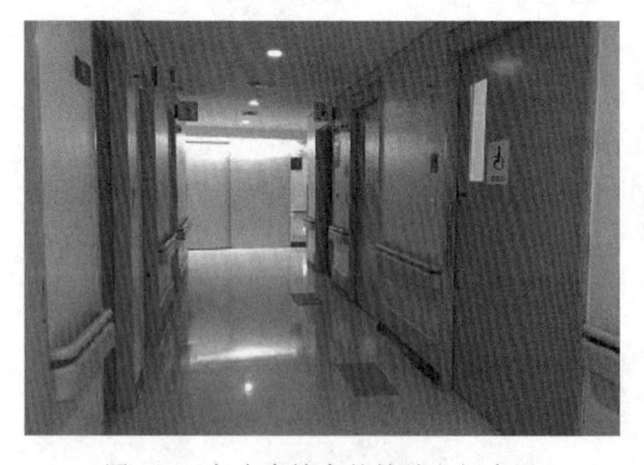

图 5.5　与走廊结合的辅助空间布置

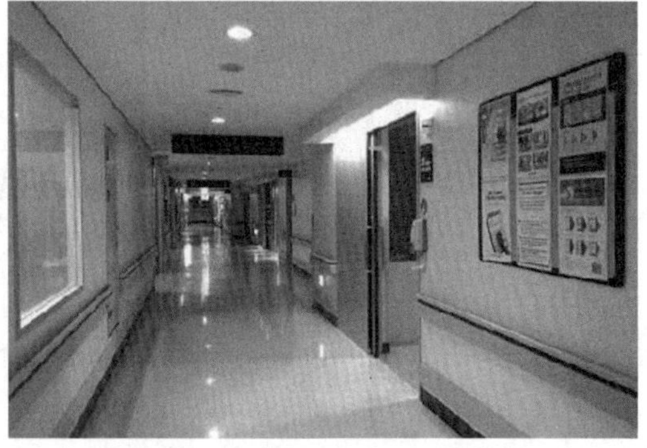

图 5.6　走廊布局

图 5.7　走廊标识牌(1)

图 5.8　走廊标识牌(2)

图 5.9　走廊标识牌(3)

目前首尔峨山医院的治疗室已实现全网络覆盖，可以完全实现医疗数据共享，具备精准医疗系统和操作空间配置。室内采用中控式空调，自然采光欠佳。护士室及准备室、洗涤室、消毒室相邻，容易出现噪声干扰。空间的配置可以积极应对紧急情况下物品和医疗器械的使用。动线设计符合重症患者或急症救护时医护人员的行动路线及物品安排。随着医疗水准和技术的进步，首尔峨山医院开始尝试通过智能技术改善治疗室。医院为了减少患者的焦虑及给患者带来安全感，已对手术候诊室、检查室等进行改造，以提供更为人性化的服务。治疗室设计如图 5.10 和图 5.11 所示。

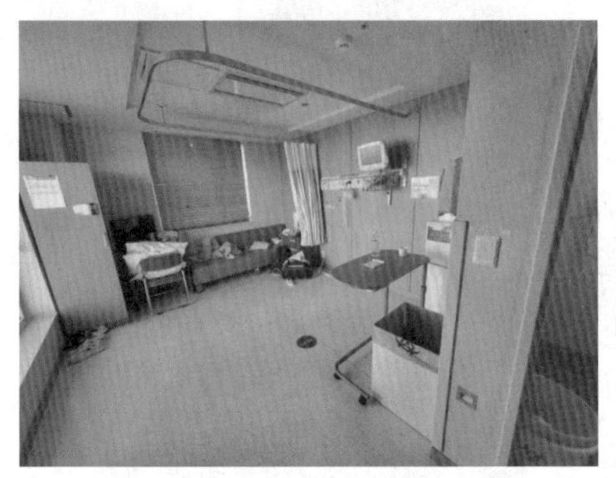

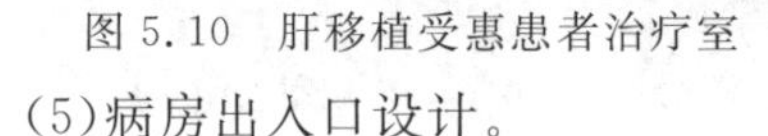
图 5.10　肝移植受惠患者治疗室

图 5.11　带有数据实时传输的核磁影像室

(5)病房出入口设计。

病房出入口是与走廊相连的过渡空间,医院通过寻路系统来组织空间。由于病房出入口与患者安全相关,所以对外部人员的控制功能是至关重要的。该医院目前只有患者、医护人员和医疗服务人员可以进入病房,IT 系统可以通过身份证、指纹、人脸识别等进行身份验证自动识别,审查进入权限。医院的医护人员可以使用工作证或移动工作证,患者可以使用首次办理入院手续时获得的监护人出入证,在该病房出入口通过 RFID 系统认证出入,进入病房后可以使用患者手环出入。这种限制探视者的物理系统可以更好地预防感染和防止病毒扩散。出入口管理系统如图 5.12 和图 5.13 所示。

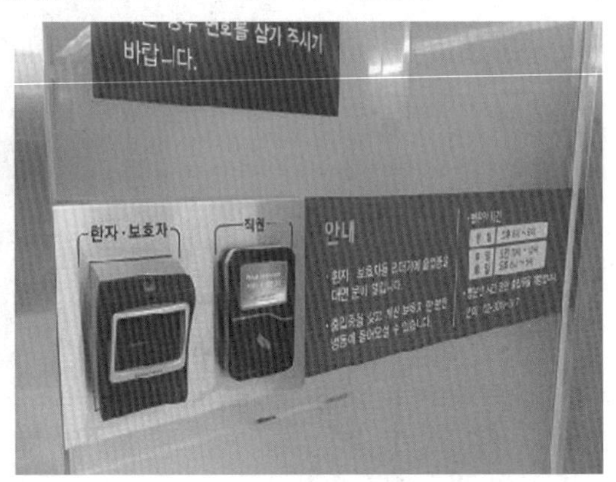

图 5.12　出入口管理系统(1)

图 5.13　出入口管理系统(2)

(6)咨询室设计。

该医院每个病房都有咨询室,与护士室相邻,网络全覆盖,设有保护医患安全的监控系统,但智能化体系相关性较低。今后的智慧医院,咨询室应该不局限于特定环境内,而应在可以顺应各种时空的虚拟环境中展开。通常患者在网络上搜索医疗知识数据会花费大量时间并产生很大的压力,为避免错误医学知识的误导,可以采用以 AI 为基础的聊

天机器人为患者提供针对性的医疗服务，缓解患者因疾病产生的压力及不安。聊天机器人可以在服务器上通过 AI 分析用户的查询内容后，通过应用程序及网络向用户直接展示查询结果页面，主要使用移动即时通信应用程序或混合应用程序或网络。Hadoop 功能适用于多个软件的交互工作，基于相同的分布式计算环境，该功能可实现大流量信息的处理分析，在服务器上使用自然语言处理、情境识别和大数据分析技术，以便为用户的查询提供适当的答复。文本聊天机器人所需要的关键技术见表 5.1。咨询室设计如图 5.14～5.16 所示。

表 5.1　文本聊天机器人所需要的关键技术

关键技术	主要内容
阵列识别	用机器识别图形、文字、语音等
自然语言处理	通过计算机识别人类通常使用的语言来处理的工作，包括信息检索、问答、系统自动翻译、口译等
语义网	计算机能理解信息资源的语义，甚至能进行逻辑推理的新一代智能网络
文本挖掘	从非结构化文本数据中发现新的、有用的信息的过程或技术
上下文计算	将虚拟空间中的现实情境信息化并加以利用，提供以用户为中心的智能化服务的技术

图 5.14　治疗前咨询室

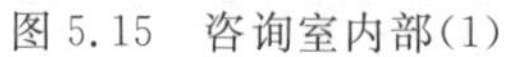

图 5.15 咨询室内部(1)

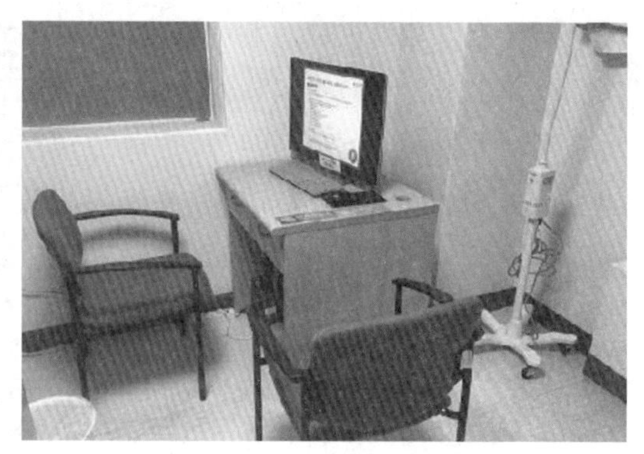

图 5.16 咨询室内部(2)

(7)会客室设计。

该医院的会客空间较舒适,连接性强,通过玻璃屏实现自然采光与人工照明的完美结合。通过一定的截面阻隔,可以有效地隔绝噪声。移动路线相对简单,为访客和患者提供了观影和休息的服务,并标注了探望事项及守则。会客室通过自然采光营造出舒适的日光浴治愈性环境,但目前智慧技术的融入相对较弱,可以尝试做出改变。病房区的会客室如图 5.17 所示。

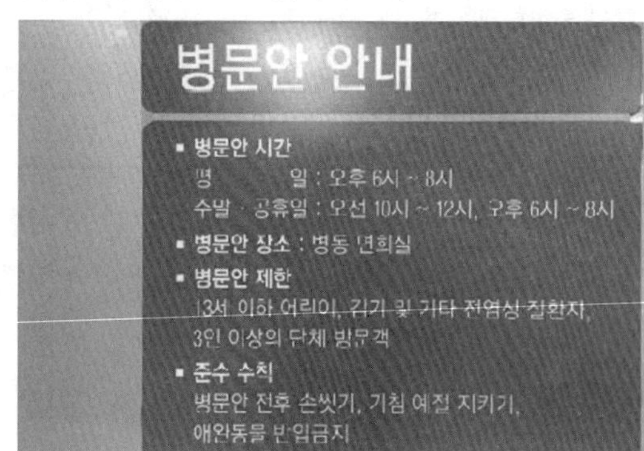

图 5.17 病房区的会客室

参照 2015 年韩国国内感染中东呼吸综合征(Middle East respi-ratory syndrome, MERS)的情况,人们开始重视医院内探病方式的改善。保健福祉部规定了一定的探视时间,并制作探视访客记录表,管理探视访客,致力于感染预防和管理。医院对外部人员进行了更加彻底的控制和管理,对常住监护人以外的探视进行限制,每天实施感染监测。因此,在智慧医院的探视和咨询行为中,应在虚拟现实或网络环境下尝试使用非接触式的 Untact Visiting 概念,以打破物理环境限制。

所以以后的探视可能不再以面对面的方式在物理空间中进行,而要变成没有空间限制的方式。系统与智能设备融合,构建远程视频会面系统,通过 AR、混合现实(MR)等技术,追求患者和监护人之间的交互自如的环境,进而为患者创造以患者为中心的心理安

定和医疗感染预防的技术方法，创造另一种治愈性环境。

总之，目前的病房为了保护个人信息及感染管理，限制访客接近，智慧性改造已经实现了患者疾病信息的同步，并采用了集中性的温度和采光控制调节系统，房间的舒适性、稳定性、功能性、融合性处于良好水平，但室内运动、治愈的功能性空间尚需要改变。走廊有较好的网络和监控系统覆盖，布置了无障碍设施、间断性休息空间，但步行引导系统未健全，还是以标识指引的方式为主。治疗室已经在做环境改造计划，实现了一定程度的数据同步展示机制，但是针对患者的病痛缓解、精神抚慰方面的技术手段还未达到。韩国感染 MERS 后，保健福祉部宣布改善探病方式，医院具有完善的 RFID 的安全出入系统，以控制医患及探病人员的出入，基本达到了出入安全检测的精准和管理的高效，但目前院区内的寻路系统仍待完善。咨询室作为咨询的场所，虽然整体的功能性和体验感都满足合理性，但是智能系统的应用性有很大的提升空间。会客室也是医院中体现疗愈关怀和增加患者幸福感的重要区域，为患者家属和访客提供休息和观看电视的场所，空间大小配置合理，探视时间也给予了一定的适宜性管理。基于保健福祉部探病方式的改善，目前医院正在构建远程视频探病系统，探讨智慧医院时代下新访问文化空间的实现方式。

5.2　共享医疗模式

5.2.1　共享医疗概念及发展背景

共享医疗是指人们在共享经济背景下，基于资源共享这一社会发展阶段所提出的医学形式的总体概括和看法，是应对“看病难”而产生的便利方法。共享医疗主要涉及医生、医疗设备、医疗床位、医疗信息等几个方面的共享。

目前，我国的医改正处于稳步进行的阶段。随着医改的进一步深化和共享经济向医疗领域的渗透，医疗模式正朝着共享的方向发展。共享医疗为医疗资源的高效利用提供了新思路。共享医疗背景下医学模式的变革对医院建筑提出了新的设计要求。因此，共享医疗理念的出现，让人们对新型的就医看病模式和全新的医院建筑形式充满了期待。

5.2.2　共享医疗设计应用现状

共享医疗的发展使得医疗资源向更加均质高效的方向流动，其表现形式为医疗联合体。目前我国医疗领域面临的问题是优质的医疗资源向大型公立医院集中，而我国人口基数大，幅员辽阔，人口的分布范围广泛，虽拥有优质的医疗资源余量，但仍有一部分百姓的健康问题难以得到保障。为解决这一难题，国家颁布了分级诊疗政策等医疗领域相关政策文件，并已经在全国范围内展开了相关的医疗实践，来重新整合规划与布局。集中在大型公立医院中的医疗资源，使一、二级医疗机构在优质医疗资源的助推下，为患者提供值得信赖的医疗服务。这种将医疗资源进行整合的模式就是医疗联合体，它分为实力相当的医院之间形成的水平联合和区域内的不同级别医院间的纵向整合两种。医疗联合体内的医疗机构之间实现检查结果互认、双向转诊畅通、床位资源统筹使用等，实现医疗资源的共享。紧密型医疗联合体如图 5.18 所示。

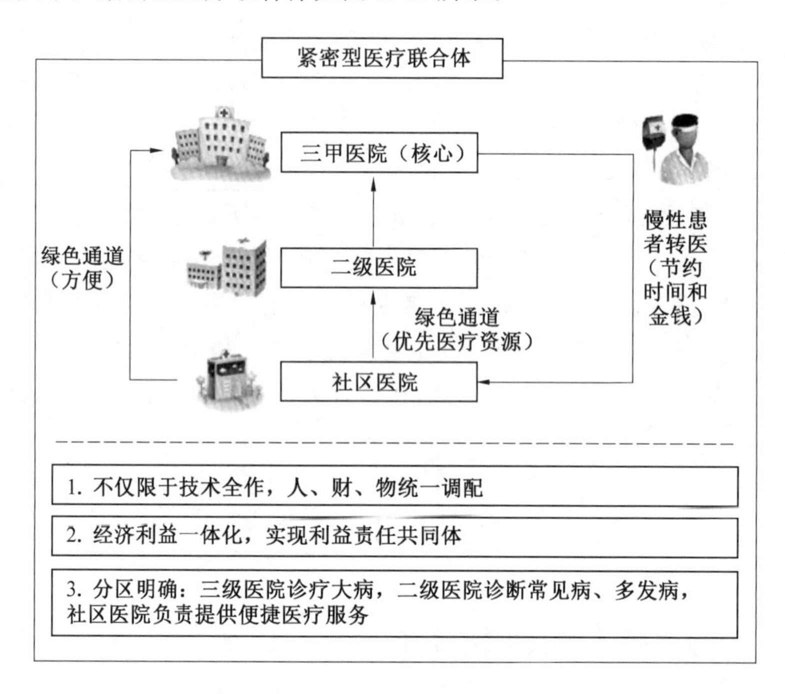

图 5.18　紧密型医疗联合体

共享医疗的发展促进了医疗服务商品化，其表现形式为医疗商场。医疗商场是社会就医需求、经济与城市快速发展的产物，且尚在探索阶段。随着行医模式的改变及医疗服务的商品化发展，人们已经不再仅满足于最基本的求医问药诊疗模式，而对医疗商品的品质提出了新的要求，更加关注除重大疾病以外的医疗健康服务。随着医生多点执业的普及，诊疗模式随之产生适应性的调整，医生成为流动的资源，设备变成共享的设备，医疗商场这一医疗模式的出现为百姓就医提供了全新的思路，让患者可以通过更加智能化的预约手段避免因排队挂号而浪费就医时间，通过医疗信息的科间共享，将患者的医疗信息在相关科室间无障碍地流转，使医生更充分地为患者提供医疗服务。患者在医疗商场等待就诊的同时，也可以享受医疗商场提供给患者的商业空间，进行购物、休闲娱乐等相关活动，让就诊环节更加轻松愉快。

目前在中国、新加坡、日本、迪拜、美国等已有建成案例，这预示着共享医疗光明的发展前景（图 5.19～5.23）。

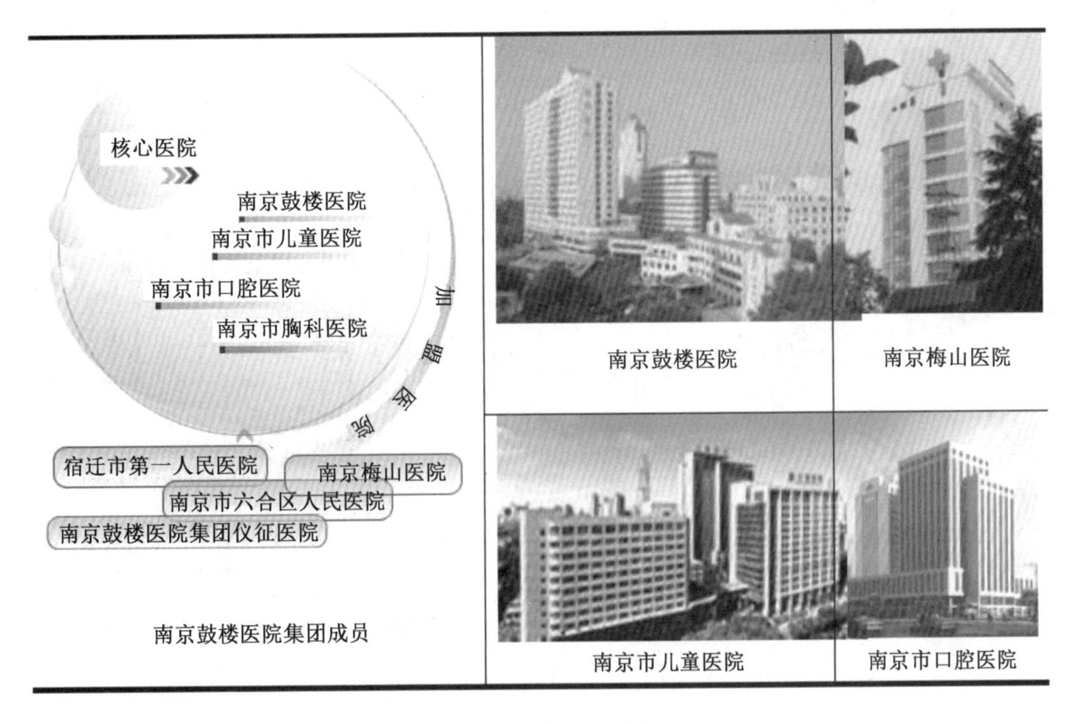

图 5.19　南京鼓楼医院集团

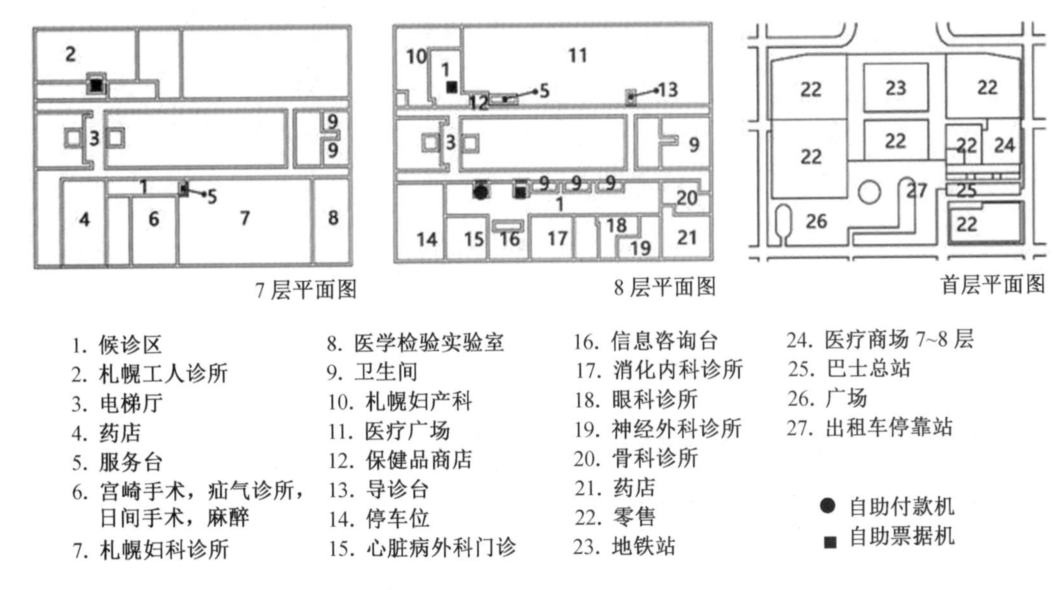

图 5.20　札幌医疗城

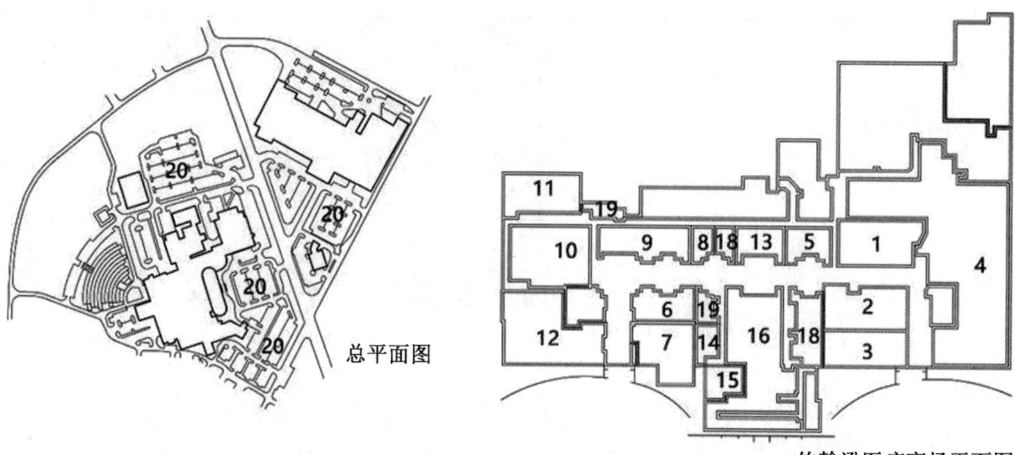

1. 约翰逊创伤治疗中心
2. 内科诊室
3. 急救中心
4. 心肺康复治疗中心
5. 保健护理中心
6. 医疗与外科用品
7. 肿瘤放射科
8. 贝尔通听力中心
9. 影像医学
10. 康复保健
11. 糖尿病中心
12. 血液肿瘤科
13. 咖啡店
14. 社区教育
15. 金融服务
16. 礼堂
17. 早教中心
18. 教室
19. 休息室
20. 停车场

图 5.21　美国约翰逊健康中心

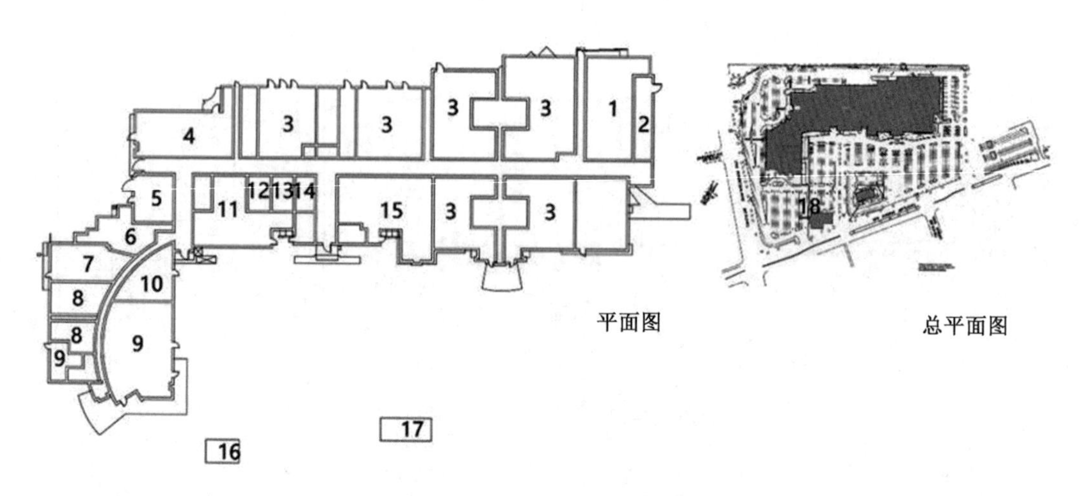

1. 疼痛管理
2. 管理办公
3. 布莱尔医疗中心
4. 康复治疗中心
5. 阿尔图纳心脏康复
6. 会议室
7. 神经病学和睡眠障碍中心
8. 实验室
9. 影像服务
10. 外科检测
11. 血液透析中心
12. 银行
13. 家庭疗法
14. 杰克逊·休伊特
15. 骨科大学
16. 急救
17. 麦当劳
18. 停车位

图 5.22　车站医疗中心

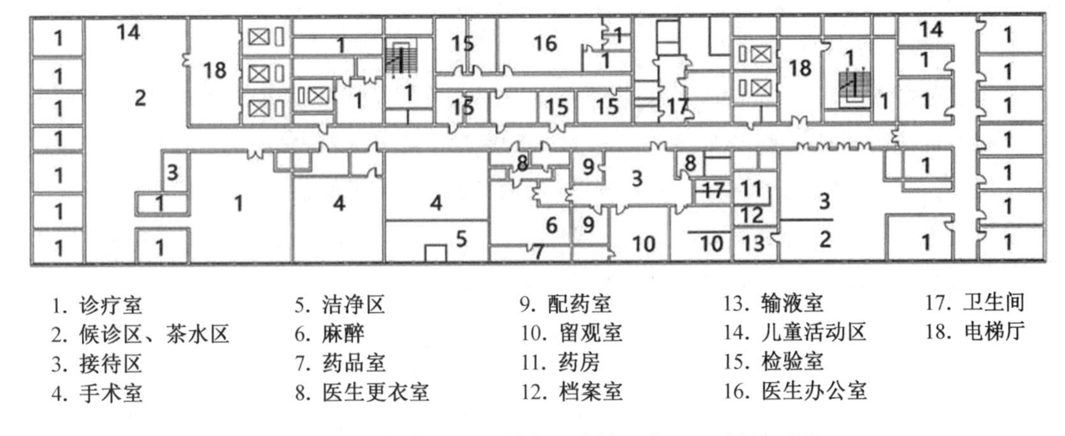

图5.23　杭州全程国际健康医疗管理中心11层平面图

5.2.3　共享医疗设计未来趋势

随着新兴的共享医疗理念的发展，未来医疗行业将出现更加开放、多元的行医模式。这一行医模式将为患者带来更加多样、自主、灵活的就医体验。

国家政策的引导，将会促进医疗设施向郊区发展，缓解市中心大型医院的就诊压力，引导医院之间建立区域医疗联合体，使医疗资源均衡发展。通过建立新型医疗联合体，可以有效地解决扩张和效率之间的矛盾。较以往大型医院传统的发展模式，其分散而有机的空间形态，正适应了数字网络时代的城市特点，将原本处于自发无序状态的城市大型医院体系，发展成和谐有序的市场化的组织。新型医疗联合体可以通过统一的组织结构和管理体系来控制医院集团下各个院区的无限膨胀和不良竞争，从而在实现规模化经营的同时，促进城市医疗资源的共享和医疗资源集约化使用，最终减轻大型医院发展对城市产生的巨大压力，缓解城市交通、经济等各方面问题，使城市和大型医院实现共同和谐发展。因此，应当鼓励大型医院形成适合自身的医疗联合体的发展模式。

医疗商场是随着城市和经济以及人们健康需求的不断发展而产生的医院建筑新形式。基于我国经济的共享化发展，共享化的行医模式必然会形成属于我国的特色模式，真正达到医院的共享，为百姓就医带来便利。

5.3　移动医疗设计

5.3.1　移动医疗概念及发展背景

可移动应急医疗空间是一种在突发公共事件爆发后，可从其他地方向应急医疗资源需求区域机动运输并开展人员救治工作的医疗服务平台。其主要功能为现场应急急救、部分专科救治、处置后送、医疗物资储备及人员保障等，根据不同可移动应急医疗空间定位的差异，具体功能有所不同。

突发公共事件发生后，如何应对事件带来的人员伤亡，尽量“挽救生命，减少伤残”是摆在我们面前的重要课题。在面对突发公共事件破坏城市建筑群、既有医疗空间严重受损、事件发生区域道路交通中断、突发公共事件伴随严重传染性疾病等情况时，需要在事件发生区域或隔离区搭建临时的医疗空间满足救治需求。目前的方式是使用包括方舱医院、车载医院在内的军队野战医院参与应急救援。野战医院虽然考虑“平战结合”，但其研制的主要目的是军队机动卫勤保障，其功能体系、空间布局、配套技术等与普通民用应急医疗空间有一定差距。特殊情况下用于民用应急无可非议，但如果作为常备民用应急物资力量，必然会造成资源浪费、军事技术暴露、应急水平低下等，导致救治效果打折扣。因此，应当研制民用领域的应急医疗设备，以提升社会整体的应急医疗救治水平。

5.3.2 移动医疗设计应用现状

自大型突发事件发生后，国内外对应急医疗的重视程度均有较大提升，在应急医疗方面已实现了立法和系统建构。

我国应急医疗空间的研究始于 2000 年前后，目前已在建筑及规划领域形成成熟的研究体系。当前阶段，我国的应急医疗空间研究核心主要集中在空间体系化建设上。我国自主研发的可移动医疗空间类型较为丰富，多为军用型可移动医疗单元，基本覆盖了目前世界上所有投入使用的可移动应急医疗空间类型，如方舱医院、野战医院、医疗船等。此外，部分急救中心已配备急救车。野战帐篷医院以其具备的救治能力强、展开面积大、物资储存齐全、使用范围广、便于航空运输等特征，被广泛应用于我国国内应急救援及对外援助型医疗救援中。未来还将引入医疗直升机，投入应急医疗体系的构建中。多种类型的医疗救援设备如图 5.24 所示。

5.3.3 移动医疗设计未来趋势

应急医疗保障体系建设作为完善危机干预机制对保障社会持续稳定发展具有重大意义。在突发公共事件发生后，现有医疗空间损毁、道路交通中断、应急救援时间急促等，对应急医疗保障提出了极高要求。此外，因较长时间以来军队一直承担着突发公共事件应急的主要任务，用于快速投入应急救援的可移动应急医疗空间主要集中于军队，民用领域救援队伍、救援设施较为缺乏。

移动医疗设计未来发展趋势可概括为以下 3 个方面。

1. 民用化

民用领域的可移动应急医疗空间体系，有利于提升突发公共事件的应急医疗保障能

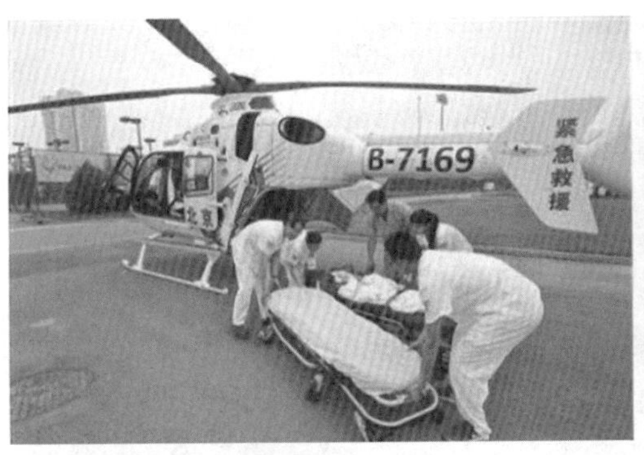

(a) 医疗直升机

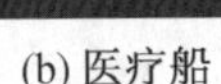

(b) 医疗船

(c) 方舱医院

(d) 野战医院

图 5.24　多种类型的医疗救援设备

力，实现有效利用医疗资源、提升救援效率、改善治疗环境的目标。

2. 模块化

模块化的设计方法能通过以不变应万变的方式满足应急医疗的不同功能需求、条件各异的灾区场所限制，以及不同灾害规模与类型等对应急医疗提出的挑战，采用模块化的设计方法，通过主导功能、次要功能、辅助功能的穿插和联系形成应对不同情形的医疗场所模式是重要的解决方式。通过模块的组装、拆解与重组实现应急需求的快速建造。模块重组流程如图 5.25 所示。

3. 运作方式多样化

可移动应急医疗空间将从独立式(图 5.26)、组合式(图 5.27)向独立一组合式(图 5.28)模式发展。在应急救援前期灾区道路不畅、应急救援需求迫切的情况下，独立式可移动应急医疗空间以快速反应、机动性强、快捷方便、自我保障的特征进入灾区参与救援；在应急救援正常开展、道路打通、物资进驻的情况下逐步转化为组合式可移动应急医疗空间模式，其表现为功能齐全、专业性强、指挥高效、管理先进；在应急救援后期，再以独立一组合式的形式参与当地医疗力量恢复和卫生防疫工作，从而使系统具备适用于各

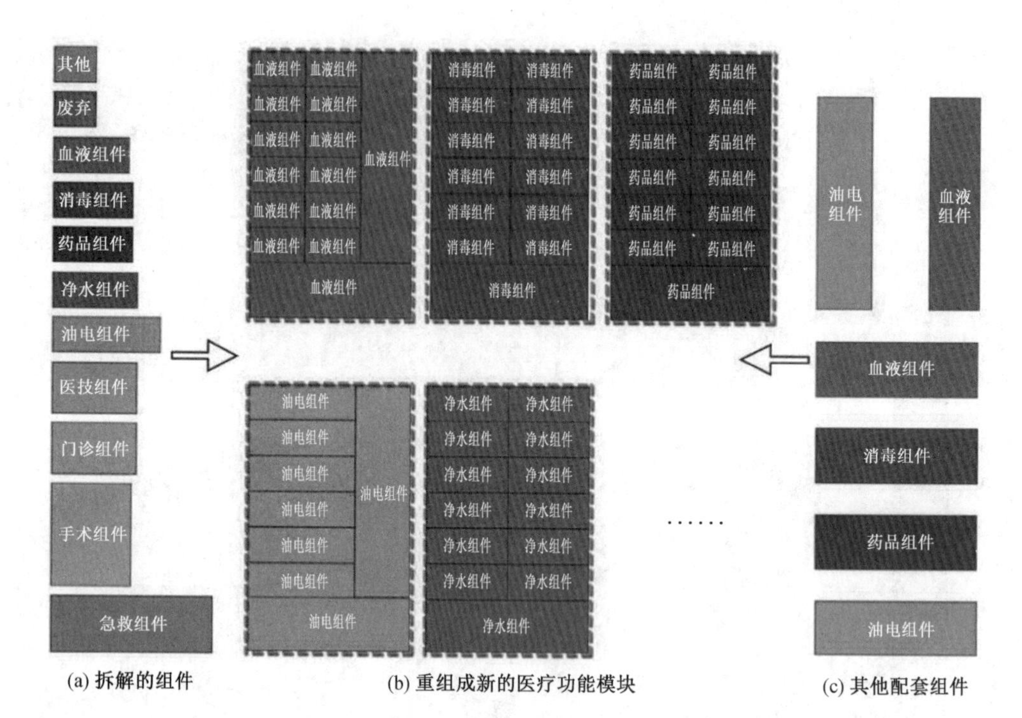

(a) 拆解的组件　(b) 重组成新的医疗功能模块　(c) 其他配套组件

图 5.25　模块重组流程

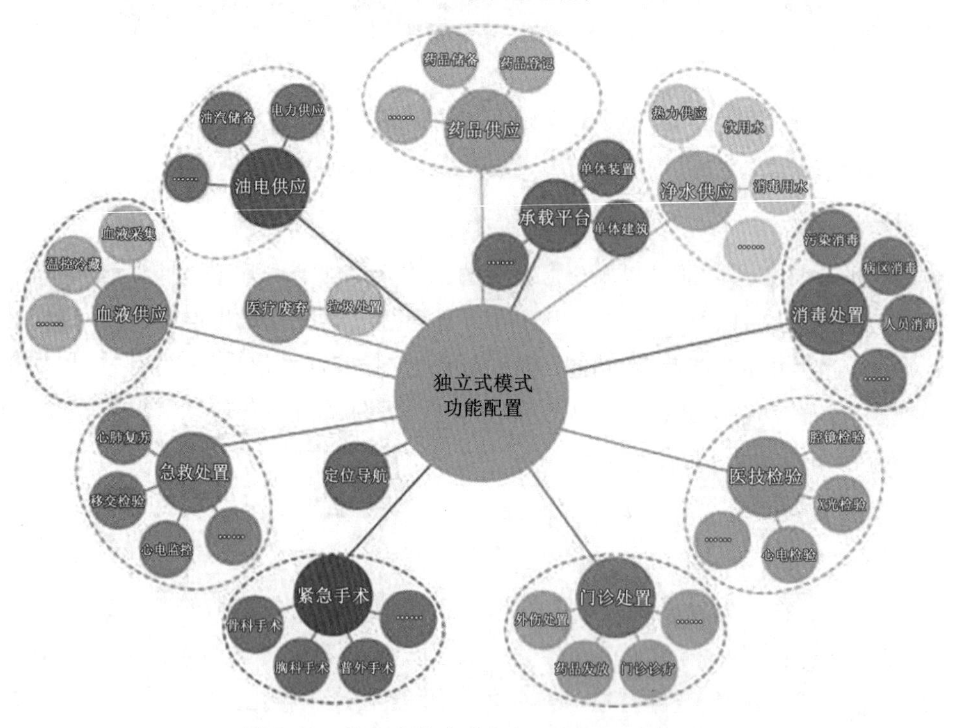

图 5.26　独立式模式下应急医疗空间功能配置

种空间条件、灾情大小、灾害类型的灾害救援情境的特质，实现从“以转运为主、救治辅助”的应急医疗救援模式向“即时救治”模式的发展转变。

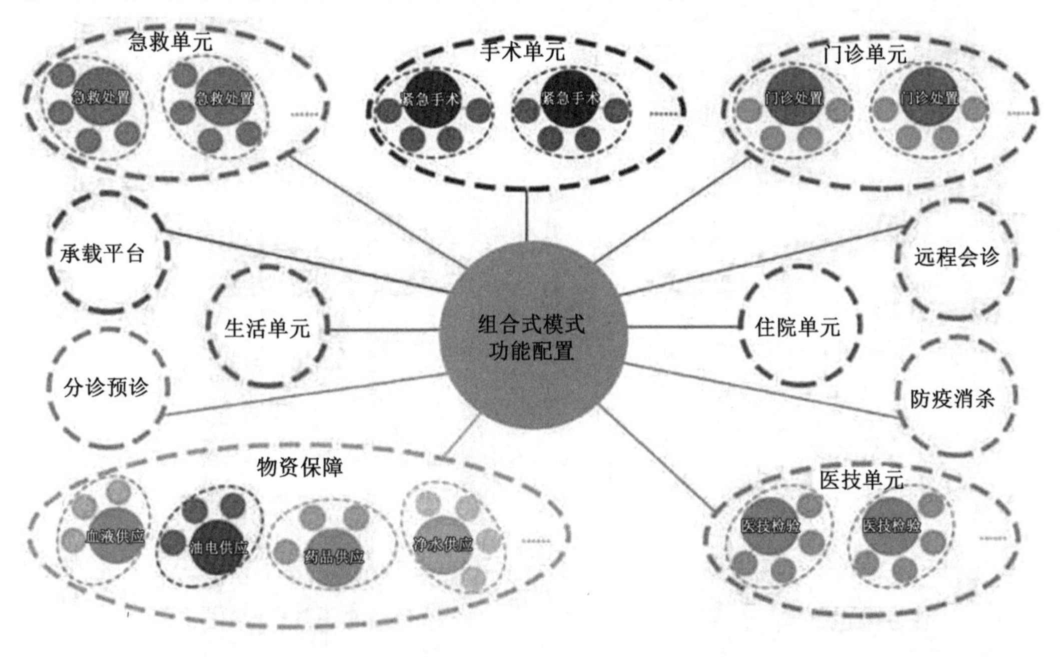

图 5.27　组合式模式下应急医疗空间功能配置

5.4　数字化医院设计

5.4.1　数字化医院概念及发展背景

本书以医院建筑设计为载体，研究数字化技术辅助下的新建筑方法构成和应用，通过对现有数字化建筑辅助设计方法的总结提炼、医院建筑设计方法特点研究和数字化技术与医院建筑设计方法的切合点研究、具体方法的理论建构和实际应用研究等一系列步骤，完成整个研究过程。

5.4.2　数字化医院设计应用现状

随着数字化建筑如雨后春笋般在世界各地相继出现，数字化技术已经成为当下建筑设计的重要组成部分，必将影响和改变设计师的思维模式和工作方式。不过数字化设计只能提供有限的理性辅助，是一种以人的思维为主线、计算机参数化生成结果为辅助的设计方法。目前存在两种倾向：功能参数化和形式参数化。

通过整合医院建筑设计和数字化技术，希望能够找到功能参数化和形式参数化、“无

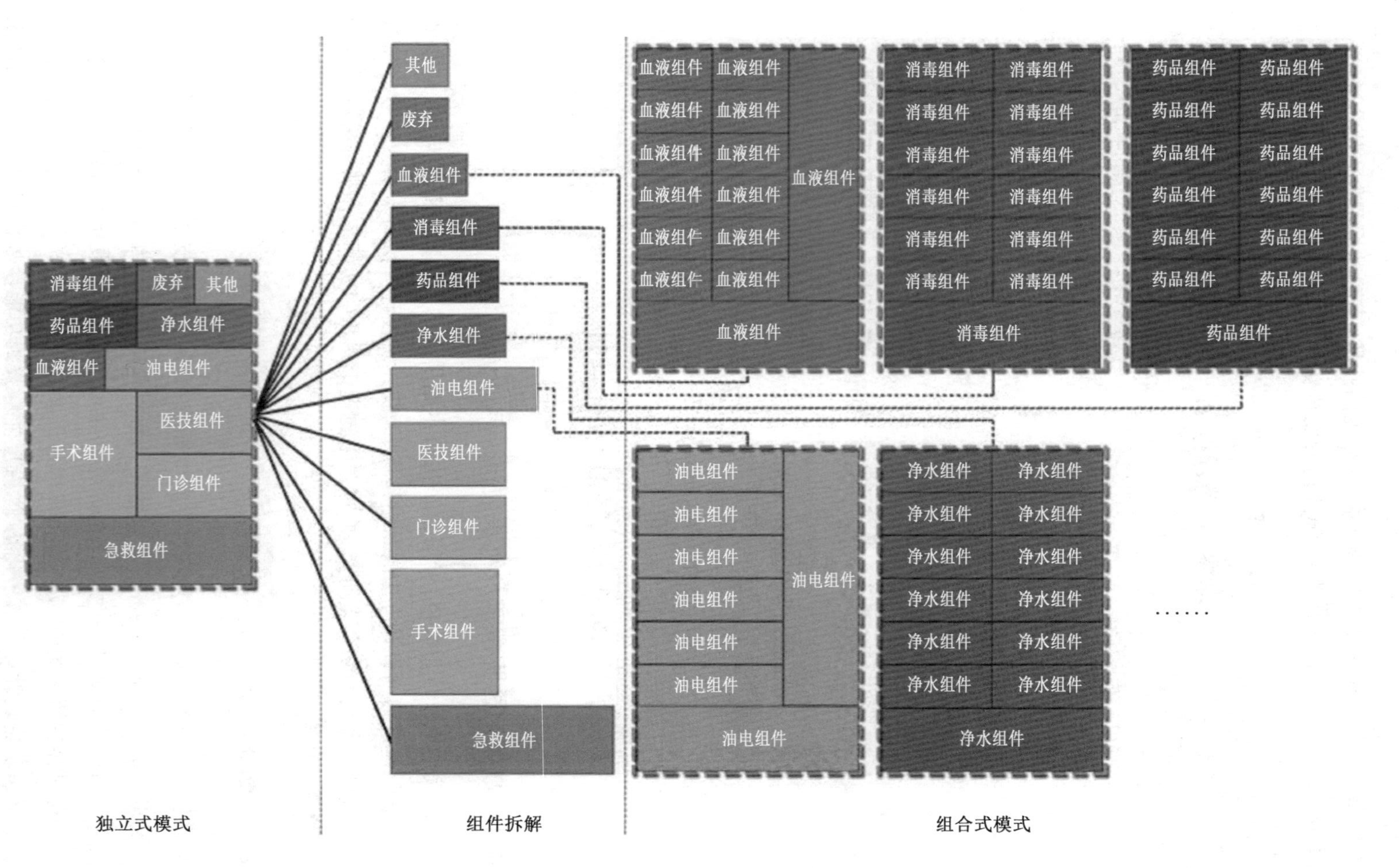

图 5.28　独立式模式向组合式模式转换流程

纸”设计和徒手设计的中间领域，并恰如其分地将其表现出来。

目前医院建筑设计中缺乏理性思考和人文关爱。用地和规模的矛盾激化使得医院建筑向集中化发展，功能组织效率越发复杂，而数字化的设计方法和交流方式必将很好地辅助设计者完成这一复杂的集成设计。

本书中的“数字化技术”是指基于建筑设计任务书条件和设计者设定功能条件生成合理建筑空间和相关联系的方法。以医院建筑为载体有两个最主要的原因：第一，医院功能的复杂性，使医院建筑设计受多方面因素制约，往往由一些可以考评的因子决定；第二，医院受众的特殊性，患者的行为能力和心理需求应该成为考评建筑空间的一项具体指标，而这样的设计理念需借助当下的数字化技术实现。

数字化技术的介入将给医院建筑设计带来新的思路：①辅助设计师完成复杂功能空间组织的理性思考，生成最合理的建筑功能空间，为设计者提供前期方案构思的依据。②在VR辅助下进行建筑全息模型设计，以完成设计师对医院空间的人性化设想，在一套可以自我感知和评价的系统中完成空间推敲，具体研究高效建模的方法与应用，以及三维虚拟现实的建筑交互设计方法与应用。③在能耗模拟系统的帮助下完成空间组织和界面处理的优化。

5.4.3　数字化医院设计未来趋势

数字化技术辅助下的医院建筑设计方法与应用研究，丰富了现有建筑设计理念和方法，可以提高建筑师的设计效率，更好地达成设计目标，为功能合理的建筑设计提供新的思路，从设计方法层面加强医院建筑设计的理性化和人性化。

数字化医院设计未来发展趋势可概括为以下4个方面。

1. 基地环境信息化

在医院建筑设计之初，应了解宏观大背景下的城市定位和建筑周边微环境中的项目定位。

随着互联网大数据的发展，对城市发展大背景的整体信息处理，除了依赖甲方提供的资料之外，还可借助政府部门网站、地图软件的卫星航拍图以及网友上传的照片和模型对城市总体规划、土地利用情况、各类专项规划、水文地理气候资料、地方人口和疾病的统计数据等有整体的了解。

软件虚拟城市环境建设为医院建筑前期设计带来的便利，如百度地图街景图的丰富与更新、Google Earth三维虚拟建模的不断完善，使得设计师可以不再使用若干体块代替建筑本身，从而对基地周边微环境有深入的了解。Google Earth三维虚拟场景如图5.29所示。

2. 三维建模元件化

元件化概念并不是用原有的设计材料原封不动地拼凑新的设计成果，而是一种对设

图 5.29　Google Earth 三维虚拟场景

计者思维的启发，其广泛应用于构思阶段。设计者需要在各种元件拼合的基础上找到新的创意，进而开发出新的元件，不断更新自己的元件库。其具备的高效性、便捷性、优化性必将使其成为将来设计师建模的主流方式。元件库系统示意图如图 5.30 所示。

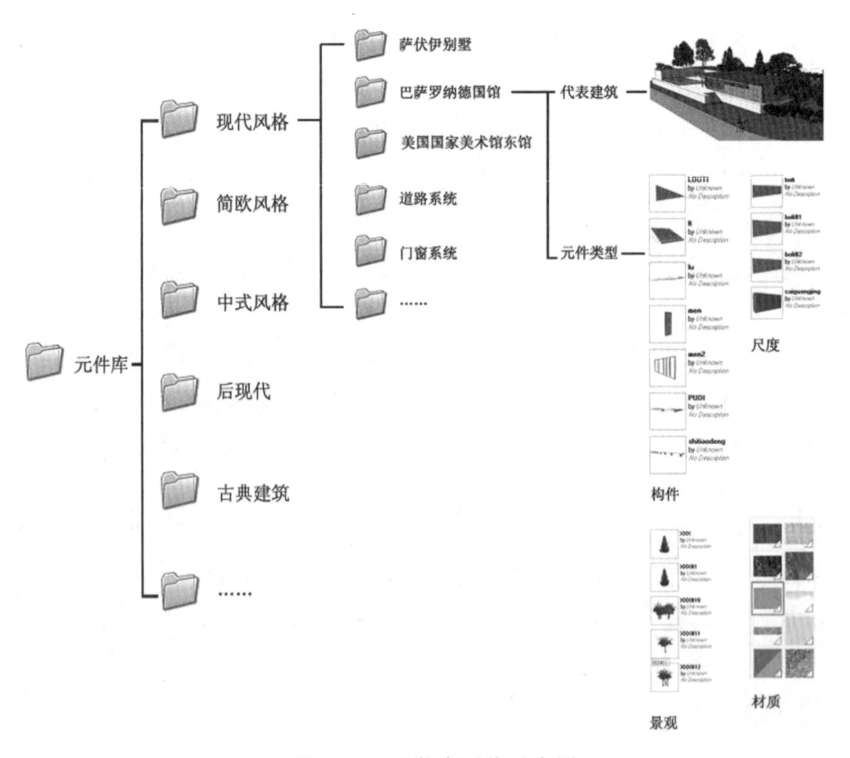

图 5.30　元件库系统示意图

3. 建筑功能组织算法化

功能气泡图是建筑设计工作者对建筑功能组织关系的一种抽象概括的模型，其具有拓扑性和抽象性，是在对建筑功能组合问题进行数学模拟的基础上，利用遗传算法、模拟退火算法和神经网络算法等进行优化。未来医院功能组织系统的数学建模工作需要计算机专业、管理专业和软件工程专业的配合，最终开发出相应的设计辅助软件，真正达成数字化技术的理性辅助。医院建筑系统的功能气泡图如图 5.31 所示。

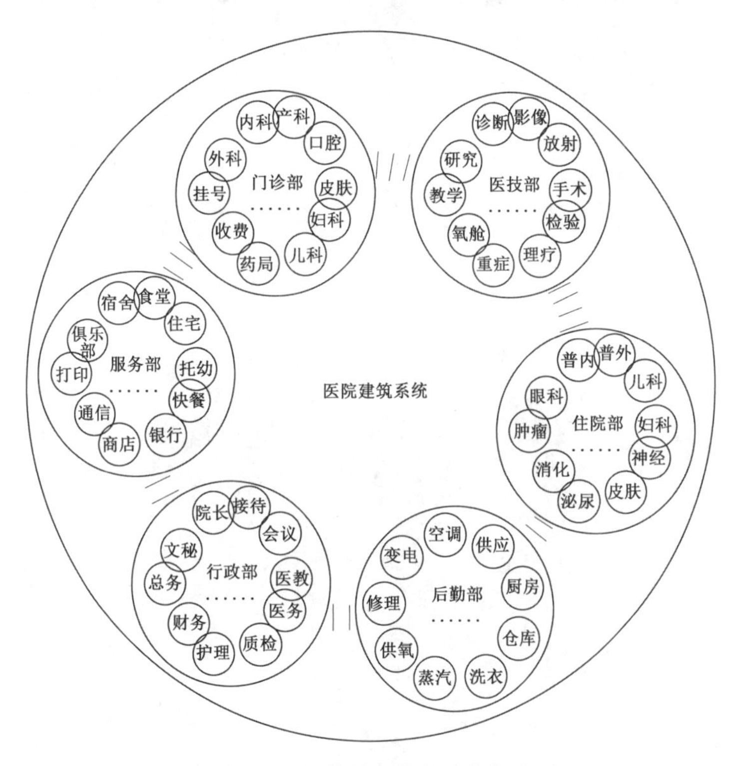

图 5.31　医院建筑系统的功能气泡图

4. 感知细部设计交互化

在医院建筑这一特殊受众使用的建筑类型中，设计师往往难以凭借正常的心理推测来设想患者的行为模式和心理需求。现今技术的发展提供了这样一个机会：设计师可以把空间设计的三维效果直接传递给建筑的受众。随着 VR 的发展和计算机硬件设备的更新换代，交互式感知细部设计将实现人机交互、人人交互。它主要“以人为中心”研究关于创建新的用户体验的问题，目的是增强和拓展人们工作、通信及交互的方式。虚拟现实的心理评价系统的建立，将实现使用者对医院细部空间的感知体验并提出改进需求。人机紧密共栖和 VR 环境模拟分别如图 5.32 和图 5.33 所示。

采用电子信息显示器等器材，构筑简单易懂的导航系统，利用院内通信设备，使患者

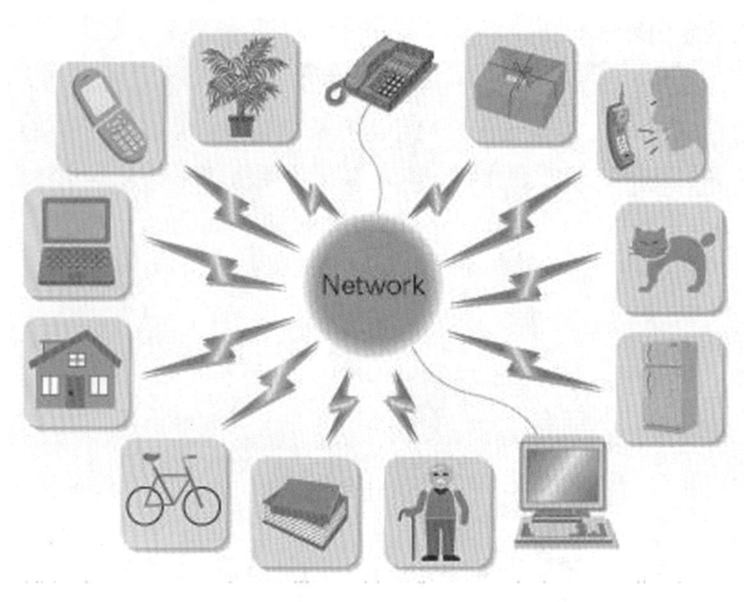

图 5.32 人机紧密共栖

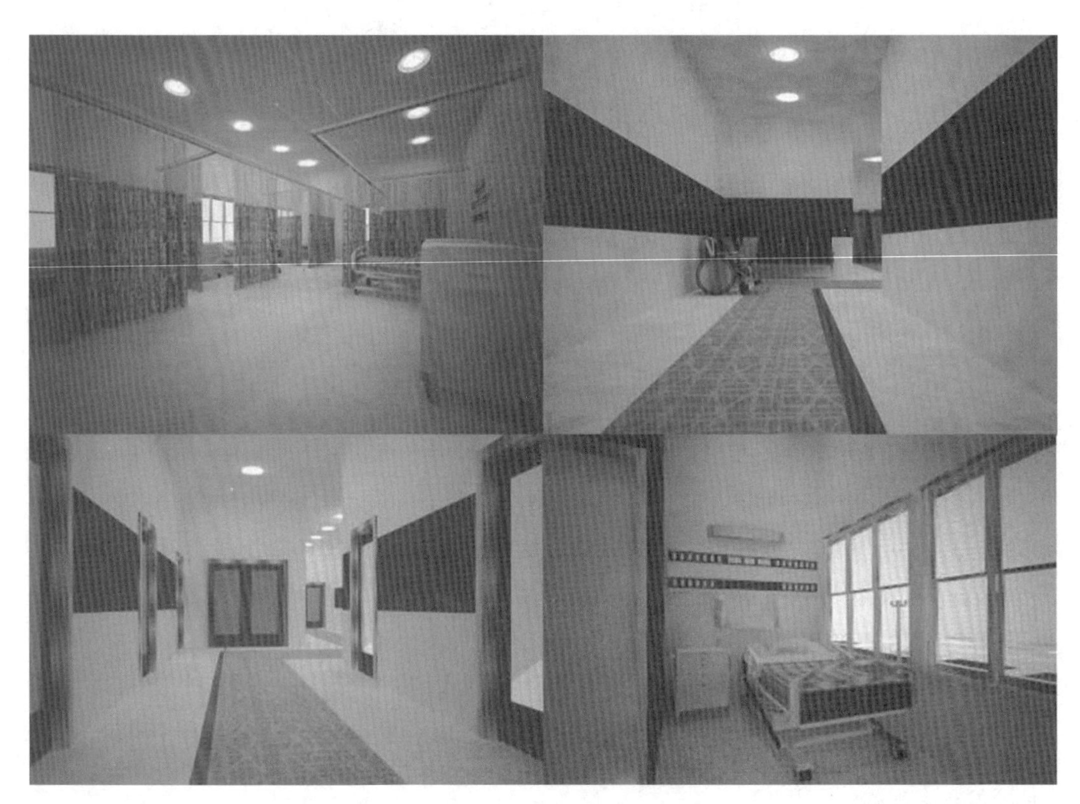

图 5.33 VR 环境模拟

可以在院内自由移动、候诊而不受候诊室的限制，设置医疗信息处，使患者更容易了解自己所患疾病的信息(图 5.34)。

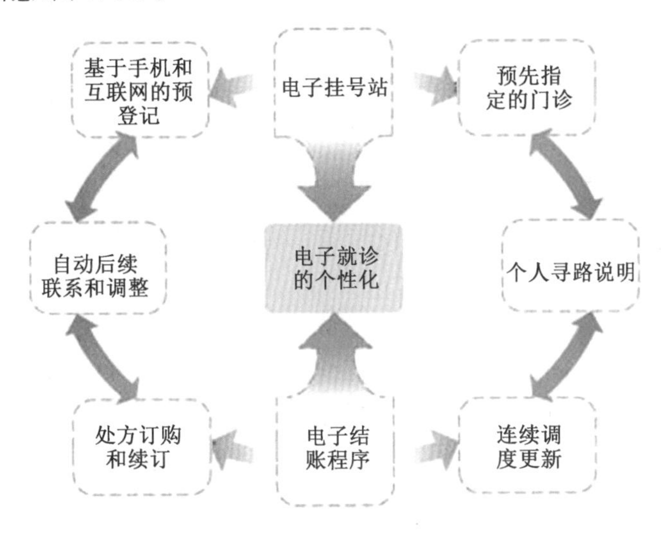

图 5.34　理念图示

为了给患者、访客和员工创建更安全的环境，方案将循证健康设计实践和 JCI 标准应用于项目的规划中，将建筑设计和设施工程与临床安全及质量措施相结合，建立可促进安全、质量和运营效率的物理环境。安全性设计原则图示如图 5.35 所示。

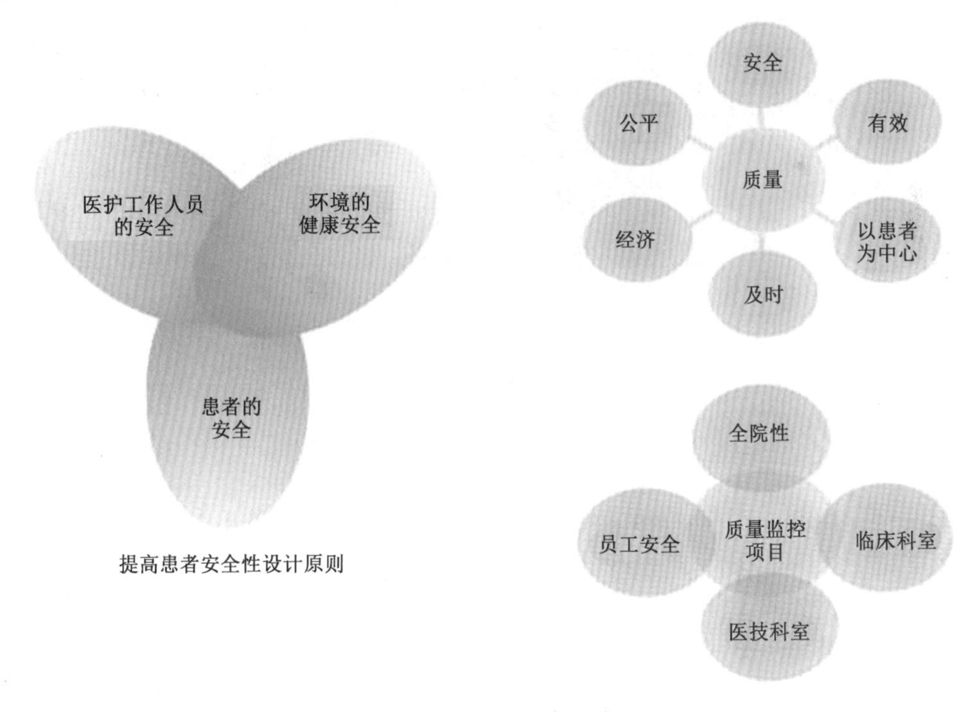

图 5.35　安全性设计原则图示

病房内各种需求的满足是改善患者及家属体验和提高满意度的重要组成部分。病房的设计以信息传递和娱乐消费为主。除了一般的娱乐内容(视频点播、上网和游戏),智能电视也将被用来提供重要的医疗内容,如患者教育、营养计划和预约等。运营服务,如客房服务、医院的事件信息和退房手续也将加入智能电视中。患者信息系统图示如图5.36所示。智能化病房如图5.37所示。

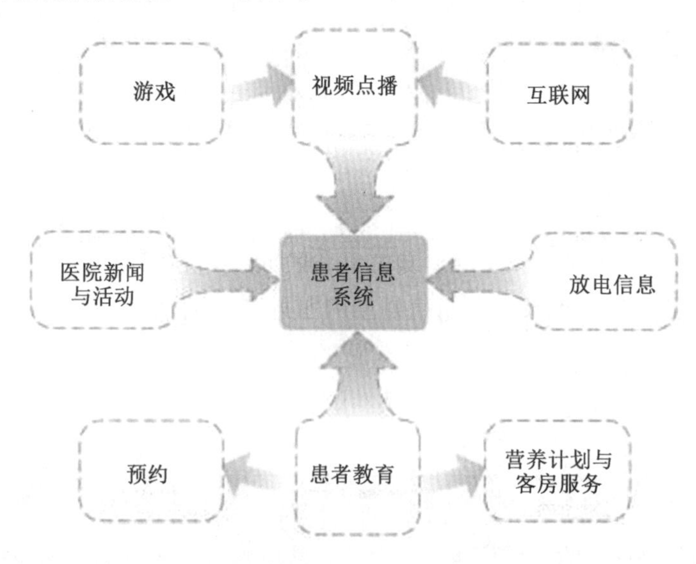

图5.36　患者信息系统图示

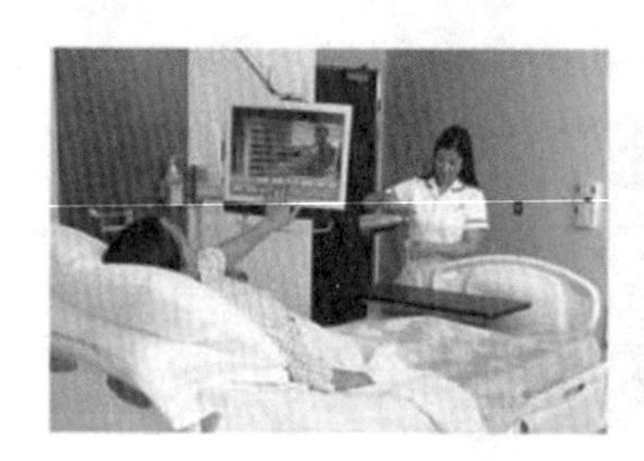
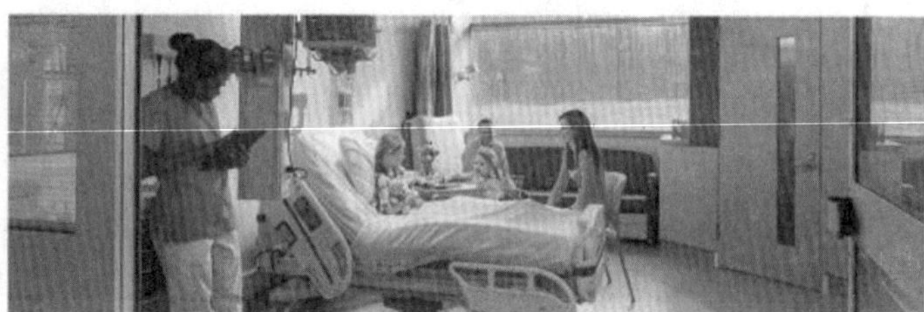

图5.37　智能化病房

第6章　绿色医院建筑设计理念与方法

6.1　绿色医院建筑概念及发展背景

首先,绿色医院建筑属于“绿色建筑”体系。绿色建筑是指在全寿命期内,节约资源、保护环境、减少污染,为人们提供健康、适用、高效的使用空间,最大限度地实现人与自然和谐共生的高质量建筑。其次,绿色医院建筑有“绿色医院”的特殊要求。“绿色医院”不仅包括环境优雅、安全可靠、无害化的绿色环境,还包括绿色发展战略、绿色医疗与诊治服务、绿色人文理念、绿色管理等几个方面的内容。不难看出,绿色医院建筑是在保障医疗护理与感染控制前提下的“绿色建筑”,是将可持续发展理念引入医院建筑领域的结果。

绿色医院建筑是指在建筑可使用的有效时间内,通过合理规划、设计、施工、使用及维护,能够最大限度地将能源消耗降到最低,最大限度为外部环境产生负荷空气,最大限度为内部空间提供舒适的空间环境,实现室内外空间能耗趋于守恒的和谐医疗建筑。

绿色医院建筑在某种程度上是医疗绿色化建筑。我国医疗建筑绿色化的发展经历了萌芽时期、探索时期、迷茫时期及大发展时期。萌芽时期最早可以追溯到我国古代周朝时期,当时的医院建筑多选在环境清幽、空气清新之地,将自然环境的优越与医院建筑的职能相契合,形成了早期医院建筑的绿色实践。探索时期是1840年后,西方文化对我国社会的影响,产生了一种有别于中国古代医院模式的建筑形式,西医的引进和发展促使医院建筑大量产生。此时,由于建筑外部环境的限制,绿色建筑主要体现在医院建筑功能分区等方面,如洁污分流。如今,我国迎来了医院建筑的大发展时期,《绿色医院建筑评价标准》(GB/T 51153—2015)的提出为我国医院建筑的发展带来了新的契机。

《绿色医院建筑评价标准》可作为我国开展绿色医院建筑评价工作的技术依据,其对医院建筑设计提出了新的要求。

6.2　绿色医院建筑设计应用现状

6.2.1　国内绿色医院建筑评价体系

目前,对于绿色建筑设计,我国在政策制度、评价标准、创新技术的研究方面都取得了一定的成果，在技术方面也处于国际领先水平，而如何将这些新技术转化为低廉和可操作性强的实用技术，并将其运用到医院建筑实际建设中，已成为重要课题。

与一般的公共建筑相比，医院建筑有其特殊的功能需求和对环境控制的独特要求。医院建筑是一个具有独特功能需求和环境控制要求的特殊建筑类型，而我国的医院建筑又具有自身的特殊性，因此需要适合我国国情的绿色医院建筑评价体系。这样的评价体系可以促进医院建筑的可持续发展，以满足当地医院的需求，并同时减少材料和资源的消耗以及废物排放。绿色医院理念在我国逐渐受到欢迎，并得到了各省市的支持。绿色医院建筑评价标准由各地政府以多种形式推出，例如，2022 年深圳市市场监督管理局关于公开征求《绿色医院评价规范》等 4 项地方标准意见的通告，以及 2016 年甘肃省总结地域特色后推出的地方标准《绿色医院建筑评价标准》。这种趋势将进一步推动我国绿色医院的发展，同时也符合患者对健康舒适就医环境的期望。随着《绿色医院建筑评价标准》的出台，推广绿色医院建筑成为当务之急。这些标准的出台不仅会促进当地绿色医院的发展，还有助于建立更加健康、可持续的医院环境，从而改善患者的就医体验和提高医疗服务质量。

当前，我国还没有制定针对医院的绿色建筑指标和认证体系，因此需要根据我国国情制定适合的评价标准。在拟定评价系统时，需要对每一个项目权重和分值进行大量的论证。评价系统中的项目和分值应当立足于我国医院的近况和发展趋势，并切合我国已发布的《绿色医院建筑评价标准》，确保满足对应的准则，与国家部署的战略相一致，同时适度地参考国外先例的经验和教训。

6.2.2 绿色医院的建筑形态

权威机构所建立的评价体系，影响着绿色医院的建筑形态。美国提出的《医疗建筑绿色指南》(GGHC)包含 12 项标准，其中对建筑影响最大的是生态绿化。GGHC 减少了绿色建筑评估体系(LEED)中涉及“引进新工艺、新设备”等内容的条款，增加了生态绿化条款，使其更加适合医疗机构的需求。

澳大利亚专家根据科技水平的高低，将绿色建筑划分成浅、中、深 3 个等级，可能更科学也更能适应各地区经济发展水平的需要，简单、可持续发展的医疗消费方式，以及低科技、低成本、低能耗的节能环保措施，被称为“浅绿”；运用部分高科技措施，以及舒适、部分环保、可持续发展的建设方式，被称为“中绿”，如粤北人民医院(图 6.1)以及国外大多数绿色医院建筑；使用遮阳、光电集热板、整体低能耗或能源高效利用设施，营造高度舒适、环保、可持续发展的建设方式，被称为“深绿”，如德国锡荣舒瓦医院(图 6.2)可纳入此种类型。

中国环保网针对医院综合节能技术的案例分析显示，医院的电力消耗占总能耗的 63％左右，其中照明和插座消耗约占 33％，空调消耗约占 49％；而燃气等其他能源消耗

图 6.1　粤北人民医院效果图及光电板

图 6.2　德国锡荣舒瓦医院

约占 12%。在节能方面，要注重有效地控制空调和照明的使用，以降低不必要的能源消耗。除此之外，医院应格外注意天然采光和通风。合理使用自然光源可以降低医院的电力消耗，同时也能提供更好的舒适度和环境。在通风方面，合理设计和运用通风系统可以提高室内空气质量，降低室内温度和湿度，也能有效降低医院的能源消耗。值得注意的是，24 h 开放的部门，如急诊、住院部、重症监护室等，为全时空间。这些区域是节能的重点，应在天然采光和通风等方面进行特别处理。

对于平面形式来说，除医技部分可以采取大进深或板块式平面外，多以中廊式或庭院式平面为主，其典范为德国医院的护理单元平面形式。罗伯特 · 亚当(Robert Adam)建筑公司的研究结果表明，开窗面积小于 38%左右的实心外墙建筑，比那些使用大面积玻璃幕墙的建筑节能 14%～22%。中国可再生能源学会前副理事长黄鸣表示，一般的窗墙单位能耗比例为 6 ∶ 1，而北京的“玻璃盒子”建筑在夏天采光面积(单位为 m^2)与空调(单位为匹)之比达到了 3 ∶ 1，依此类推，3 床病房需至少 4 匹空调。相比之下，普通建筑的 3 床病房只需 1 匹空调即可满足需求，因此普通建筑更符合绿色建筑标准。

对于剖面形式来说，多层建筑在绿色环保和节能性方面具有更大的优势，这是因为多层建筑平面利用系数更高，且对电梯和空调的依赖程度更低，这使得多层建筑的绿色程度更高。另外，随着层数的增加，绿色建筑所要求的体形系数随之降低，这进一步增强了多层建筑的节能性和环保性。中庭是多层建筑中的一个关键构建元素，它可以贯通多层，形成竖向风道，这有利于自然通风，构成良好的“穿越式”自然通风和热压作用的热气流，从而减少空调排风能耗。例如，新西兰的斯塔基普(Starship)儿童医院就是一个多层建筑中运用了多个绿色技术的优秀范例。除了手术部和重症监护室安装了空调设施，其他空间均采用自然通风。该医院在住院楼的设计中充分利用了中庭自然通风和地源热泵技术，免装空调设施，从而节省了大量的能源，同时也提高了病房内的舒适度和空气质量。

绿色医院建筑应将绿化环境作为重要考虑要素。少量树木的种植即可实现等同于自身面积30倍的草坪所带来的生态效益，氧气转化能力更是相同面积草坪的近百倍。由此可知，调整好各类绿化环境要素的比例对于绿色医院建筑的建设至关重要。

对于一所医院来说，判断其宜医程度的重要指标之一，是绿地和停车场的比例。一些新建的超大型医院规模多达2 000张床，并按照每张床需要一个停车位的标准设置停车位。这种做法方便了有车一族，但当车流密度过大时，难免会导致交通拥堵、人车混杂、时间和燃油的浪费，同时还会占用绿化面积，剥夺人与自然相处的机会。比利时鲁汶大学医院将公交车站引入院内，并通过长廊连接门诊入口(图6.3)。美国约翰霍普金斯医院甚至在其院区内部设置地铁站，以方便患者和医护人员(图6.4)。

图6.3　比利时鲁汶大学医院长廊连接公交车站

图6.4　美国约翰霍普金斯医院地铁站

依据建筑全寿命周期分析，时间维度是一个需要重点考量的因素。当考虑医院建筑时，除了考虑其外观和功能，还需要考虑其耐久性、功能寿命和运营维护等问题。诸如此类问题密切影响着医院能否实现长期运营。我国第七届建筑物改造与病害处理学术研讨会上展示的相关研究结果表明，建筑在使用过程中几乎很少能够达到设计的标准寿命。以医院建筑为例，其自身结构的寿命能够达到百年，但是其基础设施的寿命往往至多只有30年。为了解决这个问题，可以采取“置换手术”，即在医院设施老化之前，将其

重建或翻新。这可以延长建筑的使用期限，但会产生高昂的成本和运营中断时间。

建筑适应性的提升，是当下现代医院所关注的重点领域。这意味着要采用可灵活布置的板块式平面，以便更好地适应未来的功能转换。医院可能需要更多的空间，借以容纳更多的新型设备，以及适配新的医疗技术。设计相对稳定的护理单元也可以提高建筑的适应性，使它们可以用于多种不同类型的患者。

6.3　绿色医院建筑设计未来趋势

人类的生存环境、健康问题以及如何更好地利用自然环境等问题，都是在现代建筑设计中需要被重点考虑的。医院建筑作为保障健康、延续生命的场所，更要顺应现代建筑的演变趋势，朝着生态、绿色的方向发展。只有将节能设计理念完整地应用到现代医疗建筑之中，才能使我国当前医院建筑设计走上人类与环境健康和谐发展之路。

目前，医院建筑设计需要结合新的理念、方法和技术进行建筑创作。医院建筑绿色化为我国的医院建筑设计拓宽了思路，为医院建筑的未来指明了新的发展方向。医院建筑绿色化是我国建筑绿色化的重要组成部分，是我国医院建筑与国际医疗建筑接轨的重要途径。

《绿色医院建筑评价标准》的颁布，填补了我国绿色医院建筑评价体系的空白，充实了绿色建筑的评价体系，推动了绿色医院建设发展。

在综合考察医院建筑绿色化的实践和我国医院建筑的现状之后，可以发现我国医院建筑绿色化正处于繁荣期。近些年我国社会生活的各方面发展取得了辉煌成就，为我国医院建筑的大发展创造了良好的条件。总结其发展规律，可以肯定的是，新时期我国医院建筑将在注重高效节能、关注环境生态化和强化持续发展的实践方面有新的拓展。我国医院的建筑形态将以此为根本，结合国际医疗服务机构的发展态势以及我国的经济、地域、人文等具体国情，表现出自身的特点，具体表现为以下几方面。

6.3.1　医院建筑向现代化、智能化、系统化方向发展

依托当下 AI 技术蓬勃发展的时代背景，智能建筑已经成为未来建筑发展的重要方向。建筑智能化的实现，不仅对建筑物自身的能源利用有积极作用，还可以在管理和维护上实现智能化，继而提高建筑使用者的生活品质。医院作为特殊的建筑类型，需要具备高度的安全性和舒适性，同时也需要满足医疗设备的特殊要求。医院建筑标准日渐提高，医疗设备不断向高效化、精细化、安全化等方向发展。医院建筑中不断增加智能化技术的使用，如运用了数字化技术进行远程医疗。智能医疗系统可以实现医护人员的信息共享，避免重复检查和误诊，提高医疗效率和质量。新型智能化医院将采用当下最先进的医疗技术及智能化管理手段，使医院智能化、高效化、绿色化、人性化等方面获得新的

发展。例如,医院内进行的巡检、清洁、消毒等工作可以由智能化医疗机器人来承担,降低医院的人力需求,从而提高医院管理效率。医院建筑中越来越多智能化技术的应用,会使医院建筑的形态发生变化,提升医院的医疗服务能力。综上所述,新型智能化医院综合了智能建筑技术(楼宇自动化)、智能化医院管理和智能化医疗技术等要素,会在未来不断涌现。

6.3.2 医院建筑向人性化、生活化和多样化方向发展

“以人为本”是设计医院建筑的宗旨,将人性化设计作为重要考虑要素,应该对医院设计的诸多细节进行重点把握。国外许多医院建筑设计已经成功地融合了自然环境和建筑设计,实现了与自然环境融为一体的设计理念。例如,瑞典斯德哥尔摩的卡罗林斯卡医学院采用了自然光和自然通风系统,这不仅可以降低能源消耗,还可以提高患者的舒适度和健康感受。美国的克利夫兰诊所在诊所周围种植了大量植物,从而营造了一个绿色、舒适的环境。

我国的医疗体系随着当下实施的医改不断健全,在这个背景下,医院建筑将呈现出更加多样化的趋势,分化重组的现象也会更加明显。有实力的综合医院将专注于治疗疑难杂症,而相对实力较弱的综合医院则需要通过转型来实现自身的发展。专注于社区的卫生服务网和高水平专科医院将不断涌现,而专业性的医疗功能服务也会不断普及,这些服务将会更多地在新型社区医疗体系中提供,为无论是普通感冒还是疑难杂症都提供了更加便捷的医疗服务。对于医院建筑来说,未来的趋势是向大型的“医学城”“医疗中心”和“院际联合体”发展。这意味着医院将更加集中化,资源的整合和优化将会得到更好的实现,医疗效率将进一步提高。此外,随着社区医疗服务的普及,患者就医的选择更加多元化,这也有助于减轻大型医院的压力,让医护资源得到更合理的分配和利用。

6.3.3 医院建筑向生态化、可持续化方向发展

我国的医院建筑需要更多地考虑应变性设计,以满足动态发展的需要,继而具有有机生长的特征。同时,医院建筑应落实可持续性原则,在设计医院建筑时要考虑到环境保护和资源节约(图 6.5)。为了应对未来的发展,我国的医院建筑需要采取生态优化和持续发展的设计原则。由于我国当下的医疗需求大、人口老龄化等社会问题,建设绿色医院迫在眉睫,所以需要在建筑设计的可持续性研究阶段充分考察并研究建筑的功能和流向设置及其经济价值与社会价值,将绿色技术应用在医院建筑空间的弹性设计中,实现永续利用的目的。

图 6.5　医院内的绿化环境

第 7 章　健康医院建筑设计理念与方法

7.1　健康医院建筑设计标准

7.1.1　健康医院建筑及其发展背景

健康医院建筑是在满足医院建筑功能的基础上，为建筑使用者提供更加健康的就医与工作环境、设施和服务，促进建筑使用者身心健康、实现健康性能提升的医院建筑。

1. 绿色医院理念的推动

绿色医院的理念推动着建筑业的转型，其核心是减少建筑对自然环境的影响，合理利用资源，应对气候变化，改善人类赖以生存的自然环境。在绿色建筑不断发展的同时，我们也意识到，未来建筑不仅要关注环境，更要关注居住在建筑中的人，特别是人的身心健康。身心健康为生理、心理、社会和精神 4 个层面的需求得到满足的健康概念。显然以节约资源为核心的绿色建筑还不足以完全满足这些需求，应在理念上进一步深化、创新。

2. 健康中国战略的提出

为提高人民健康水平，贯彻健康中国战略部署，推进健康中国建设，实现医院建筑健康性能提升，指导医院建筑建设，健康医院建筑的理念应运而生。对于这一发展趋势，医院管理者应当加以关注并积极开展研究，充分理解绿色医院建筑与健康医院建筑之间相辅相成的关系，以一种科学合理的态度把握绿色与健康的平衡，最终目的是提升医院建筑的品质，更好地为人民健康服务。《健康医院建筑评价标准》(以下简称《标准》)于 2020 年 8 月 31 日正式发布，于 2021 年 1 月 1 日起正式实施。

《标准》用于评价建筑的健康性能，评价对象为各类医院建筑。人的健康状况受多种复杂因素的影响，是由身体状况、心理因素、生活习惯、外部环境等多方面因素共同作用的结果，因此，《标准》并非保障建筑使用者的绝对健康，而是有针对性地控制影响健康的涉及建筑的因素指标(室内空气污染物浓度、饮用水水质、室内舒适度等)，进而全面提升建筑健康性能，促进建筑使用者的身心健康。符合国家法律法规和相关标准是健康医院建筑评价的前提条件。《标准》的重点在于对建筑涉及的空气、水、舒适、健身、人文关爱、服务等健康性能的评价，并未涵盖建筑全部功能和性能要求，故参与评价的建筑应符合

国家现行有关标准的规定。

7.1.2　健康医院建筑评价标准

1. 基本规定

(1)评价指标。

健康医院建筑评价应对建筑的空气、水、舒适、健身、人文关爱、服务等指标进行综合评价。人的健康是由多种复杂因素共同作用的结果,因此,健康医院建筑在指标设定方面不仅涉及建筑工程领域内学科,还涉及病理毒理学、流行病学、心理学、营养学、人文与社会科学、体育学等多种学科领域,医院建筑的健康性能涉及空气、水、舒适、健身、人文关爱、服务等内容,健康医院建筑评价应遵循多学科融合性原则,对上述健康性能指标进行综合评价。

(2)评价对象。

健康医院建筑的评价应以全装修的医院建筑群、单栋医院建筑或建筑内医院区域为评价对象。当评价单栋医院建筑或建筑内医院区域时,涉及系统性、整体性的指标应基于该栋医院建筑所属工程项目的总体进行评价,且申请评价的项目应满足绿色建筑或绿色医院建筑的要求。绿色建筑是在全寿命周期内,最大限度地节约资源(节能、节地、节水、节材)、保护环境、减少污染,为人们提供健康、实用和高效的使用空间,与自然和谐共生的建筑。健康医院建筑是绿色建筑更高层次的深化和发展,在保证“绿色”的同时更加注重使用者的身心健康,是“以人为本”理念的集中体现。健康医院建筑为人们提供更加健康的环境、设施和服务,从而实现健康性能的提升。健康医院建筑的实现不应以高消耗、高污染为代价。

(3)评价阶段。

健康医院建筑的评价应分为设计评价和运行评价两个阶段。设计评价应在施工图审查完成之后进行,运行评价应在建筑通过竣工验收并投入使用一年后进行。健康医院建筑的评价应对医院建筑进行技术分析,确定设计方案,并应采用促进人们身心健康的技术、产品、材料、设备、设施和服务,应对医院建筑的设计和使用进行全过程控制,并应提交相应报告、文件。

2. 评价方法与等级划分

(1)评价方法。

健康医院建筑评价指标体系应由空气、水、舒适、健身、人文关爱、服务组成,每类指标均应包括控制项和评分项。为鼓励健康医院建筑在提升建筑健康性能上的创新和提高,评价标准设置了“加分项”。

当进行设计评价时,不应对服务章节指标进行评价,可预评相关条文。当进行运行评价时应对所有指标进行评价。

运行评价是最终结果的评价，检验健康医院建筑投入实际使用后是否真正达到了健康性能所要求的效果，应对全部指标进行评价。设计评价的对象是图纸和方案，还未涉及服务，因此不对服务指标进行评价。但是，服务部分的方案、措施如能得到提前考虑，并在设计时预评，将有助于提升医院建筑健康性能。控制项的评定结果应为满足或不满足；评分项和加分项的评定结果应为分值。

(2)等级划分。

健康医院建筑评价应按总得分确定等级，当健康医院建筑总得分分别达到50分、60分、80分时，健康医院建筑等级分别应为一星级、二星级、三星级。健康医院建筑评价得分与结果汇总表见表7.1。

表7.1 健康医院建筑评价得分与结果汇总表

工程项目名称							
申请评价方							
评价阶段	□设计评价			□运行评价			
评价指标		空气	水	舒适	健身	人文关爱	服务
控制项	评价结果	□满足	□满足	□满足	□满足	□满足	□满足
	说明						
评分项	权重 W_i						
	实际满分						
	实际得分						
	得分 Q_i						
加分项	得分 Q_7						
	说明						
总得分 $\sum Q$							
健康医院建筑等级	□一星级		□二星级		□三星级		
评价结果说明						评价时间	

3. 控制项

(1)空气。

现代社会中，健康良好的生活环境受到持续重视。现有研究显示，人们80%以上的时间处于室内环境，在呼吸环境健康的主题下，提供良好的室内空气环境尤为重要。现有的医疗条件下，综合医院的诊疗压力不断增大，庞大数量的诊疗人群汇聚在综合医院的室内环境中，对于患者等弱势群体而言，存在着巨大的健康隐患。因此，在医院环境中

提供良好的室内空气环境对于患者与医护人员均具有显著价值。良好的空气环境被定义为大多数人(80%)对室内空气环境满意且室内各项污染物水平达标。

健康医院建筑评价应对建筑室内非净化区空气中甲醛、苯系物、总挥发性有机化合物(TVOC)进行浓度预评估，且空气质量应符合现行国家标准《室内空气质量标准》(GB/T 18883—2022)的规定；对非净化区室内颗粒物浓度、室内使用的建筑材料、木家具产品的有害物质限值、净化区室内空气菌落总数、核医学科的排风标准提出具体要求。评分项中对浓度限值、源头控制、净化措施、监测公示 4 方面进行打分，并提出全面的要求。

(2)水。

对水的评价从水质、水系统、检测监测 3 方面进行，确保生活饮用水、医疗工艺用水、采暖空调系统、景观水体、非传统水源、游泳池等水质符合国家现行相关标准的规定。

(3)舒适。

医院住院环境最基本的就是要满足使用人群的生理健康需求，声、光、热、空气等物理环境因素对于患者的治疗和康复具有直接作用。舒适性是指满足使用人群的心理需求，体现以人为本的理念和人性化的要求。医院的建筑、环境和设施等要处处为患者着想，尊重患者的隐私，方便患者，在一切以患者为中心进行建设的同时，也关注医护人员、家属及探访者的需求。

对健康医院舒适性的标准主要是对声、光、热各项指标的控制。

在声环境方面，对主要功能房间的室内噪声级提出了具体要求，如病房、医护人员休息室、重症监护室、手术室、分娩室；对有语言交流需求的功能房间，要求保证人能够通过自然声交流，如会议室、诊室；对有传播语音信息需求的功能空间，要求配备电子叫号器等扩声系统，如入口大厅、门诊大厅及候诊区等。

在光环境方面，对室内光环境、一般照明光环境、光污染限制提出了具体指标要求。对于医院建筑主要功能空间的大进深房间、地下空间宜通过合理的建筑设计改善天然采光条件，且尽可能地避免出现无窗空间。对于无法避免的情况，鼓励通过导光管、棱镜玻璃等合理措施充分利用天然光，促进人们舒适健康，但此时应对无法避免的因素进行解释说明。为了更加真实地反映天然光利用的效果，采用基于天然光气候数据的建筑采光全年动态分析的方法对其进行评价。建筑及采光设计时，可通过软件对建筑的动态采光效果进行计算分析，根据计算结果合理进行采光系统设计。需要注意的是，过度的阳光进入室内，一方面会造成强烈的明暗对比，影响室内人员的视觉舒适度；另一方面会在很大程度上增加室内空调能耗。因此，在充分利用天然光的同时，还应该合理采用遮阳等方式有效控制过度采光。

在进行采光设计时，宜尽量采取各种改善光质量的措施，以避免引起眩光。天然采光情况下的窗口亮度往往远高于工作面的亮度，因此不宜作为工作人员的视觉背景；采光区域的显示屏不宜朝向窗口，美国健康建筑标准 WELL 健康建筑标准推荐所有计算机屏幕的朝向与最近的窗法线的夹角不小于20°。对于患者使用空间，为保证良好的休息环境，夜间应在满足视觉照度的同时合理降低生理等效照度；对于医护人员工作空间，为保证舒适高效的工作环境，应适当提高主要视线方向的生理等效照度。采光系统可根据天然光水平进行自动调节，可以保证室内充分利用天然光的同时避免室内产生过高的明暗亮度对比；遮阳装置与人工照明系统的协同控制不仅可以保证良好的光环境，同时还能在较大程度上降低照明能耗和空调能耗。

在热舒适方面，制定了整体性评价指标和局部评价指标。室内热湿环境直接影响人体热舒适，真实的空调房间大多属于非均匀环境，存在一部分空间舒适，另一部分空间过热或过冷的现象，对使用者舒适度影响巨大，还易导致使用者因室内过冷或过热而感冒生病的现象。热环境的整体性评价虽能一定程度上反映热舒适水平，但局部热感觉的变化也应着重考虑。因此，在空调房间室内对热湿环境进行等级评价时，设计阶段和运行阶段也应考虑局部评价指标进行等级判定，且应满足相应等级要求。整体评价指标应包括预测平均热感觉（PMV）、预测不满意百分率（PPD），PMV－PPD的计算程序，应按现行国家标准《民用建筑室内热湿环境评价标准》（GB/T 50785—2012）附录E执行；局部评价指标包括冷吹风感引起的局部不满意率（LPD1）、垂直空气温度差引起的局部不满意率（LPD2）和地板表面温度引起的局部不满意率（LPD3），局部不满意率的计算应按现行国家标准《民用建筑室内热湿环境评价标准》（GB/T 50785—2012）附录F执行。被动式调节措施强调利用自然条件、气候资源等实现建筑在非机械、不耗能或少耗能的运行方式下，全部或部分时间满足建筑对于室内热舒适性的要求，达到降低建筑使用能耗、提高室内环境性能的目的，实现在保障室内热环境舒适健康的前提下降低空调能耗。

作为自然界中的组成部分，人类系统与自然环境不断进行物质、能量的交换。适应性模型认为，人在室内热环境中具有自我调节能力。例如，在室外气候条件适宜的情况下，相比于稳态气流，自然风对于人体具有更好的接受度，使用者在自由运行状态的建筑中具有更强的适应性。同时，合理的自然通风调节措施也有助于建筑节能。因此，无论是从人体适应性热舒适的角度，还是从建筑节能减排的角度，都鼓励尽量采用自然通风等被动调节措施来营造舒适热环境。

（4）健身。

健康医院建筑除了提供有利于人体健康的空气和水，具有良好的声环境、光环境和热湿环境外，还可以通过设置健身、运动锻炼的场地与设施，促进患者积极运动，主动提高身体健康水平。健身运动有利于人体骨骼、肌肉的生长，增强心肺功能；有利于改善血液循环系统、呼吸系统、消化系统的机能状况；有利于控制体重、缓解压力、提高抗病能力、提升认知力、增强身体的适应能力。健身运动对于医院的医护人员、部分有能力的患者和家属尤其重要。

运动场地可以在室外，也可以在室内，可以是免费的，也可以是收费的健身俱乐部

等。运动场地应为相对独立的区域，无障碍设施完善，每处运动场地的面积不应小于20 m^2。可以利用室外绿地、广场、屋顶平台等公共活动空间，也可以利用建筑内的公共空间（如小区会所、入口大堂、休闲平台、茶水间、共享空间等）设置健身运动区，提供健身运动场所。除放置健身器材的室内外场地外，羽毛球场地、篮球场地、乒乓球室、瑜伽练习室、游泳馆、跳操室、广场舞场地、武术场地等球类运动和集体运动场地也可算作运动场地。

运动设施包括健身器材和球类运动设施。健康医院建筑应免费提供运动设施，并应有充足的数量、丰富的种类，给不同需求的人群提供不同的选择，满足建筑使用者的运动需求。

(5)人文关爱。

医院建筑中，在适宜的室内外空间布置生机盎然的绿色植物，可以营造温馨平和的空间氛围，缓解患者的焦虑情绪，起到促进恢复的作用。应选择无毒无害的植物，这是绿色医疗健康环境的基本保证。除洁净空间、特殊检查室等不适宜布置植物的室内，一般公共空间、医护办公等非医疗空间的室内可以选择具有除甲醛、吸收有害气体、净化空气等功能的绿化植物，如吊兰、君子兰、橡皮树等。在室外活动场地，绿化物种选择适宜当地气候和土壤条件的乡土植物，且采用包含乔木、灌木、草本植物复合的绿化，原则上不应种植夹竹桃、茎叶坚硬或带刺等具有毒性或伤害性的植物。传染病院、污水处理站、焚烧炉等区域，在适当的防护距离处设置绿化隔离带，如需要种植对人体健康有潜在毒性危险或具有伤害性的植物，应设立标语警示、围栏或采取避免儿童接触的措施，以避免误食和接触。主次干道的道路交叉口路边应配置花坛等低矮景观植物，不应影响行车有效视距，扩大司机的视野，提高车行的安全性；同时也便于人们欣赏并隔离车行交通空间。另外，植物种植引起的安全问题不容忽视。屋面种植或地下室顶板种植，应设置抗根阻防水材料，同时考虑荷载问题。大型根系植物与建筑基础、地下管线等设施较近时，植物生长会对地面和管线产生影响，尤其是由于植物根系扩展引起的地面隆起、开裂和铺装材料松动，影响步行安全。

医院建筑室内外应合理进行功能分区，保证洁污、医患、人车等流线组织清晰，并应避免院内感染风险。医院院区内的医疗区、科研教学区、行政后勤保障区要科学规划、合理分区，医院各医疗功能单元之间的流程和各医疗功能单元内部的流程均应满足相关规范的要求。传染病院、污水处理站、焚烧炉等要考虑城市常年主导风向对周边环境的影响并设置足够的防护距离。医院建筑要做到建筑布局紧凑、交通便捷，保证住院、手术、功能检查和教学科研等区域的环境安静，使病房能获得良好朝向；医院出入口不应少于两处，人员出入口不应兼作尸体或废弃物出口；在门诊、急诊和住院用房等入口附近应设车辆停放场地；室内各医疗功能单元，如门诊、急诊、预防保健管理、临床科室、医技科室、医疗管理等，功能分区要明确，洁污、医患、人物等流线组织清晰合理。医院建筑交通流线比较复杂，为方便就医人群能快捷地到达各个功能区域，室内外应设置具有引导、管理等功能的标识系统，标识系统可结合实际场所采用多种方式实现，如图像引导、分科导医地图、多媒体导医等，且标识应具备简明、规范、差异化、习惯性的特点。

良好的视野与避免视线干扰是建筑设计的基本要求。医院建筑主要功能房间，如病房、诊室、办公室等，需要设置外窗并具有良好的视野。因为外窗除了具有自然通风和天然采光的功能，还有从视觉上沟通内外、感知自然、调整节律的作用。合理设置视觉窗口，不仅可以提供良好的视野，而且有助于改善人的情绪，帮助患者恢复健康，使医护人员提高工作质量和效率。

场地与建筑的无障碍设计是满足场地功能需求的重要组成部分，是保障残疾人参与社会生活的基本设施，也是方便老年人、妇女、儿童等其他社会人员生活的重要措施。医院建筑中，无障碍设计更需要创造人性化的医疗环境，方便残疾人及年老体弱患者，体现对患者的人文关爱。医院建筑设计中，从总平面规划到内部细节及装修设计，均应采用无障碍技术，保证无障碍设计的实现。

建筑的室内空间设计在满足内部医疗技术功能要求的同时，还要从患者、医护人员的心理角度出发，结合色彩、标识、不同功能区特点设计，提供舒适、温馨、优美的就医、诊疗环境，在适合的医疗区室内空间，根据场所的使用特性，融入相应的令人愉悦、缓解紧张的因素。

(6)服务。

健康医院应制定并实施建筑管理制度，应向医护工作者、患者及来访人员展示室外空气质量、温度、湿度、风级及气象灾害预警的信息。按照《标准》对物业管理情况、食品安全情况及宣传情况进行评价和打分。

7.1.3 健康医院建筑设计未来趋势

健康是促进人的全面发展的必然要求，是经济社会发展的基础条件，是民族昌盛和国家强盛的重要标志，也是广大人民群众的共同追求。但工业化、城镇化、人口老龄化、疾病普遍化、生态环境及生活方式变化等新形势，为维护和促进健康带来一系列新的挑战。为解决这一系列挑战，根据党的十八届五中全会精神，中共中央、国务院于 2016 年 10 月 25 日印发了《“健康中国 2030”规划纲要》(以下简称《纲要》)，明确提出推进健康中国建设。推进健康中国建设，是全面建成小康社会、基本实现社会主义现代化的重要基础，是全面提升中华民族健康素质、实现人民健康与经济社会协调发展的国家战略。健康中国建设以普及健康生活、优化健康服务、完善健康保障、建设健康环境、发展健康产业为重点，全方位、全周期维护和保障人民健康。《纲要》提出了 2030 年的战略目标：到 2030 年，促进全民健康的制度体系更加完善，健康领域发展更加协调，健康生活方式得到普及，健康服务质量和健康保障水平不断提高，健康产业繁荣发展，基本实现健康公平，主要健康指标进入高收入国家行列。

科学技术的发展促进了医学的进步，使人的健康水平有了较大的提高，人均寿命得以延长，人们的生活和生命质量均有所提高。本书对未来健康医院环境的营造有以下几点思考。

1. 人性化、人本化、人文化是健康医院环境营造的永远原则

医学是研究人的健康与疾病及其相互转化规律的学科，必须以人的本质属性为核心与出发点。医学不可脱离人性活动对疾病、健康问题的影响而单独存在、作用和发展。医学的人性化决定了医学的人文属性，医学即人学，人文、人道是医学的基本特征。因此，“生物一心理一社会医学模式”的观点过于狭隘和凝滞，应称为“人文一社会一生物医学模式”，这说明了健康医院环境营造中“以人为本”的重要性。

2. 切实做好医院建设的前期策划工作

医院尤其是大型综合医院建筑的项目策划中，策划所花费的时间有时会超过规划设计所花费的时间，但这里所花费的时间对整个医院的建设和健康医院环境的营造会起到事半功倍的效果。

3. 审慎地进行医院建筑的选址与发展

无论是新建还是改扩建，都要做好医院的总体规划，并注意规划设计的弹性，以适应未来发展的需要。医院的改扩建将是医院建设项目的主流。今后，医院仍将呈多元化发展态势。一方面，集中式布局虽然是目前时代发展的产物，但由于更多地考虑患者、医护人员的心理感受，出现了医院建筑由高度集中向略微扩散，成为半集中式，甚至村落式和分散式，由高层向低层方向转化的发展趋势。另一方面，医院建设将从大型综合医院向小型化、专业化、专科化方向发展，但无论向哪个方向发展，其创造健康医院环境的目标不会改变。

4. 提高医院环境的公共卫生安全水平愈显重要

只有公共卫生的安全性、可靠性的标准非常高，才能充分发挥医院的医疗保障作用，实现救死扶伤的工作目标，保证社会的稳定和人民的生命健康安全，这正是营造健康医院环境的目标之一。

5. 数字化对医院的影响加大

数字化对医院的影响加大，数字化医院不断涌现。狭义的数字化医院是指通过宽带网络把数字化医疗设备、数字化医学影像系统和医疗信息系统等全部临床作业过程纳入数字化网络中，使之更快捷、全面地获取信息，真正实现以患者为中心，提高医疗及服务质量。广义的数字化医院则是把最先进的网络技术充分应用于医疗保健行业，着眼于每个享受医疗保健服务的人，将整个社会的医疗保健资源和各种医疗保健服务整合成一个系统，以提高整个社会医疗保健服务的工作效率。这个系统与药品供应系统、金融保险系统、社区家庭医疗系统、远程医疗系统紧密地联系在一起，达到医院与社会资源的高度共享，实现更广泛的健康医院环境，全面提高人们的生活质量。

6. 完善服务体系的设计

随着社会的发展，人们更加注重医院空间对人所产生的生理、心理和社会意识的影响，追求医院建筑的人情味，在环境设计中引入生活气息以满足精神的需求。未来的医院设计将越来越重视公共空间的设计，从某种意义上说，医院公共空间的设计处理与其他公共建筑相比区别将越来越小，并力图达到一种世俗化的艺术效果，中庭、医疗街的出现已体现了这一点。除鲜花礼品店、小卖部外，银行营业厅、餐厅、商店、休息厅、儿童娱乐设施、健康咨询、网络查询、健身场所、康复中心等公共设施和场所将被引入医院公共空间，使人们忘却身在医院之中，以一种轻松平和的心态面对就医的过程。

7. 健康医院环境的开放性增强

健康医院环境不仅对医院内开放，而且对所在社区和社会开放，成为人们健身和宣传健康的场所。健康医院环境创造是一个长期的、不断发展的过程，医院建筑的学科发展随各个科学系统的进步不断变化，不可知因素将越来越多。健康医院环境概念是医院建筑设计现在和未来的基本理念，并且将随着时代的进步不断发展完善。

7.2 转化医学模式

7.2.1 转化医学概念及发展背景

转化医学(translational medicine)是近年国际上兴起的一种前沿医学理念，该理念的雏形最早可追溯到20世纪六七十年代，当时医学界学者G. R. Mckinney首次提出了“从实验台到病床(from bench to bedside)”的医学研究思想，直到近年来才被发觉其重要性。转化医学最根本的着眼点是基础医学研究、药物研发与临床治疗等医疗职能之间的关系，力图打破其间的阻碍，保证研究、临床试验、临床应用，甚至教育培训、知识传播、成果普及等一系列的医疗活动能够衔接贯通，从而使医学研究的新发现能够迅速地转化成为推进医疗健康事业发展和服务于社会的成果。从人员的参与状况来看，转化医学一改传统的医学研究人员单方介入的模式，强调医学研究人员与受试志愿者应建立起更加紧密直接的关系，以寻求研究成果的高效性和正确性。此环节涵盖了多层级的临床试验、效果反馈以及不同规模的人员测试等，多步骤、紧密联系并确保安全性的循环验证是新药物或新疗法高效普及的有效途径。另外，转化医学所要解决的核心问题是要打破基础研究与临床实践之间的鸿沟，将与其相关的职能进行时空融合，用以在疾病谱复杂化与致病因素多元化的情况下，实现对患者的个性化诊疗。

自 20 世纪末，人类生活环境在现代社会条件的影响下发生了巨大变化，从而也导致了疾病谱中病种数量的迅猛增长，这给人类健康带来了非常大的影响。尤其是近年来，肿瘤、心血管疾病和代谢疾病已经成为人类健康的主要威胁，这类疾病依靠单因素治疗和研究的医学方法已经不能有效地进行控制，多学科交叉、多职能融合、多环节协作的医疗时代已经到来，只有这样才能全面、多层次地应对现代疾病的多致病因素属性。传统医学基础研究建立于自然科学实验的基础之上，并以专业的科研院所为平台；临床医疗则以各类医院为依托，流程化地开展诊治工作。二者在互动与衔接上严重地受到时空限制，这种现象被医学界称为横亘在医学基础研究与临床治疗之间的“死亡之谷”。可见，没有临床信息即时反馈的医学基础研究很难有高效进展，只有以患者需求为导向，强调基础研究与临床治疗紧密结合的转化医学，才是让医学走出“死亡之谷”的最佳途径。因此，将医学基础研究与临床试验治疗紧密结合，或是当下及未来解决该问题的主导思想。

7.2.2　转化医学设计应用现状

国外从 2003 年起，逐步提出了 T1～T4 转化医学的 4 个阶段，即将转化医学研究与治疗流程划分成 4 个阶段：第一阶段，向人的转化（translation to humans）；第二阶段，向患者转化（translation to patients）；第三阶段，向实践转化（translation to practice）；第四阶段，向人群健康转化（translation to population health）。T1 和 T2 阶段转化医学模型如图 7.1 所示。T3 阶段的转化医学模型有两种，分别如图 7.2 和图 7.3 所示。T4 阶段转化医学模型如图 7.4 所示。第四阶段的模型与以往研究的最大区别在于细化了基础研究向受试患者转化的过程，主张在中间增加新疗法或新药物的自身验证环节，以保证向人的转化时的安全等级。现提出的 T4＋阶段转化医学模型融合了之前多种模式的特点，对转化医学中心的设计虽没有更新的指导思想产生，但却更加系统化。后期构建的模型总体来说包含着对前期模型的补充，但并非是单纯地在原基础上进行理论扩充，也存在着同一阶段的修改或替换。因此，转化医学模型之间没有明显的优劣之分，各模型都有其值得采纳的因子，共同反映着建筑载体的功能特征。不同的 T4 阶段转化医学模型及 T4＋阶段转化医学模型分别如图 7.5～7.8 所示。

我国对转化医学全国范围内的研究活动始于 2011 年“十二五”规划的提出，国内转化医学相关研究文献多集中在医学边缘学科、肿瘤学、中医药学等研究方向。总体来讲，由于国外对转化医学模式的研究，如 T2 阶段、T3 阶段、T4 阶段模型已被广泛地认可和接受，国内相关研究多基于这些已经成熟的模式开展下一层级的生物医学研究。

转化医学中心是顺应当前兴起的转化医学模式而产生的，目前还没有比较系统完整的定义阐述，各国都处于探索阶段。本书通过分析国内外命名为转化医学中心的机构归纳出以下 3 种模式：第一种，跨现有单位的院（医院）所（研究所）结合成立的，如宾夕法尼亚大学转化医学中心（图 7.9）；第二种，现有的医院或科研机构依托自身原有平台，凭借

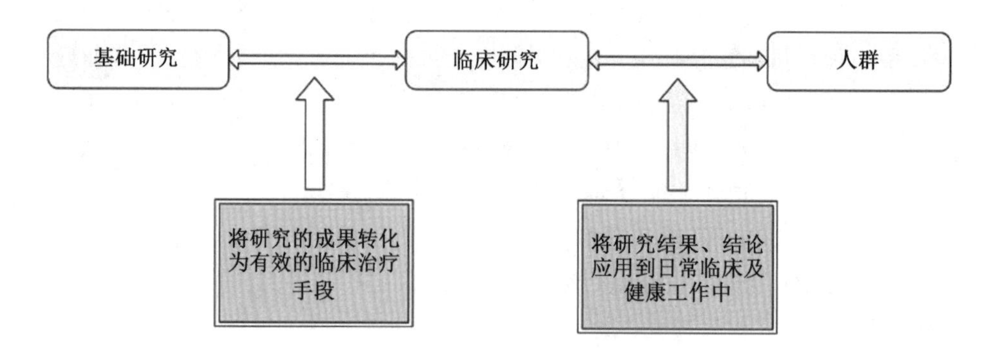

图 7.1　Sung 的 T1 和 T2 阶段转化医学模型

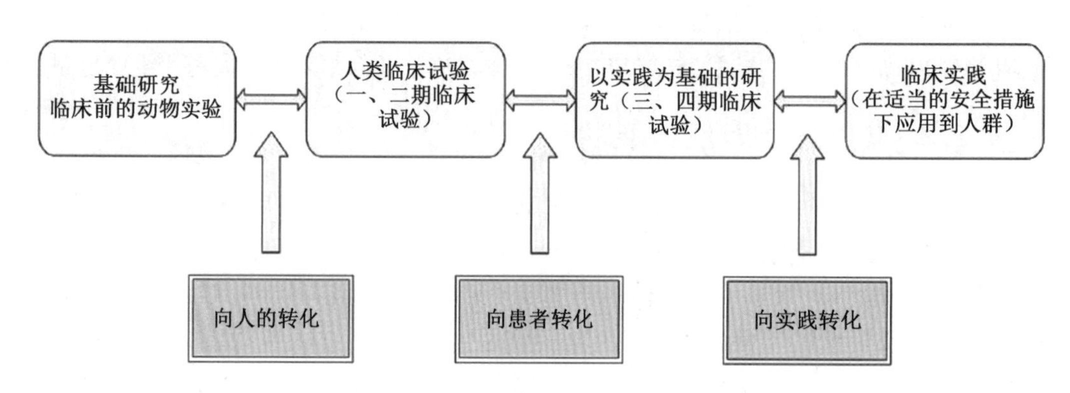

图 7.2　Westfall 的 T3 阶段转化医学模型

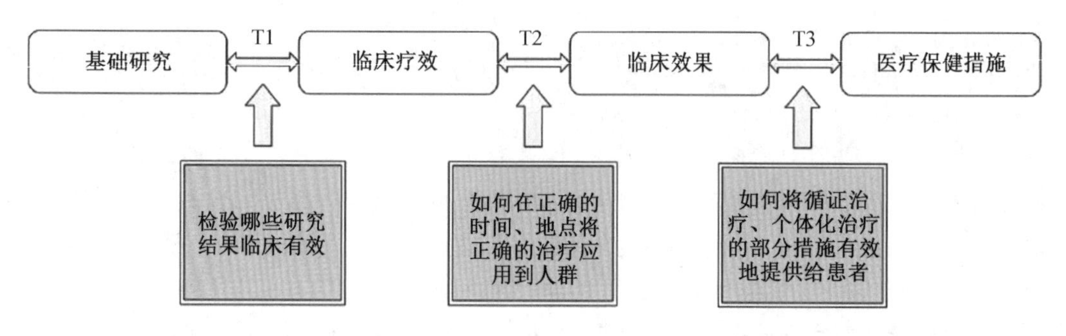

图 7.3　Dougherty 的 T3 阶段转化医学模型

自身的优势科室或主攻研究方向，直接成立转化医学中心，如澳大利亚墨尔本皇家儿童医院（图 7.10）；第三种，依托医院或医学研究单位等扩建或组建功能相对完善的、空间上联系便利的转化医学中心建筑或建筑群，或者在具备客观条件的情况下，直接建立全新的转化研究与治疗的建筑载体，这种模式近几年随着转化医学发展的深入，在美国建设得越来越多，如佛罗里达医院转化医学中心（图 7.11），我国近两年启动建设的转化医学研究机构也在向该模式发展，如中山大学转化医学中心（图 7.12）。

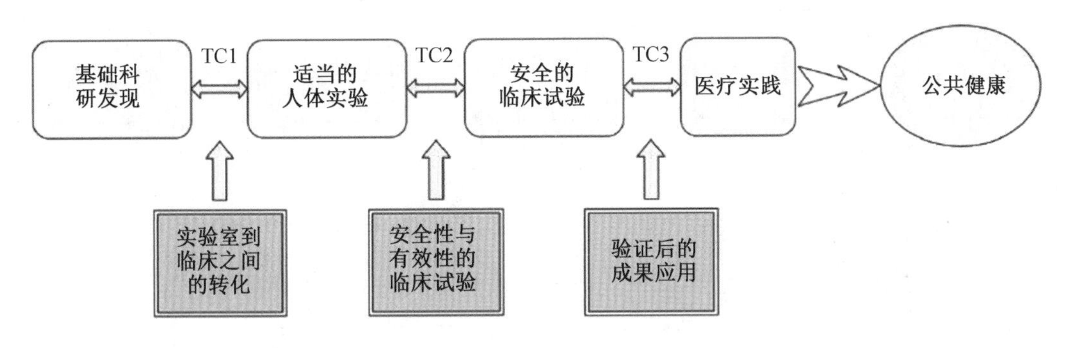

图 7.4　Drolet 和 Lorenzid 的生物医学研究转化流程(T4 阶段转化医学模型)

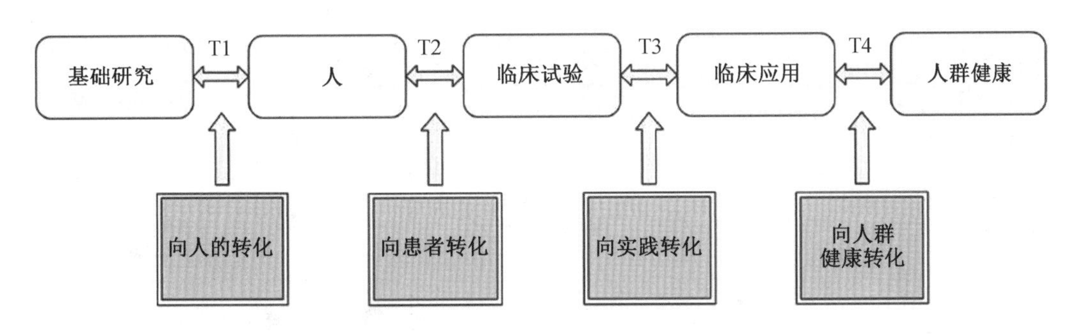

图 7.5　哈佛大学 T4 阶段转化医学模型

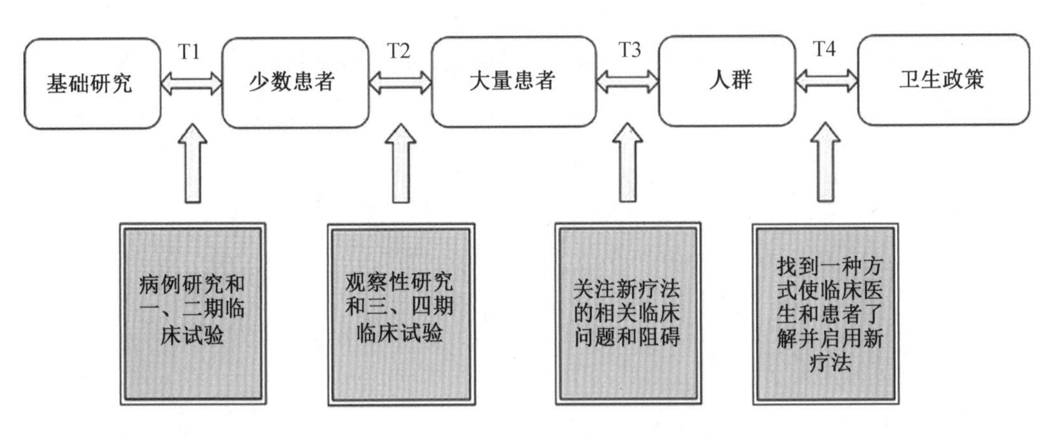

图 7.6　塔夫茨大学 T4 阶段转化医学模型

7.2.3　转化医学设计未来趋势

转化医学模式的兴起,是社会与医疗科技发展的必然趋势,也是医学模式变迁的认识转归。医学模式的革新必然带来医疗行为活动的改变,这就对其载体——医疗建筑提出了新的要求,因此迎合转化医学模式的医疗建筑平台,在世界多个国家和地区进行了探索与实践。

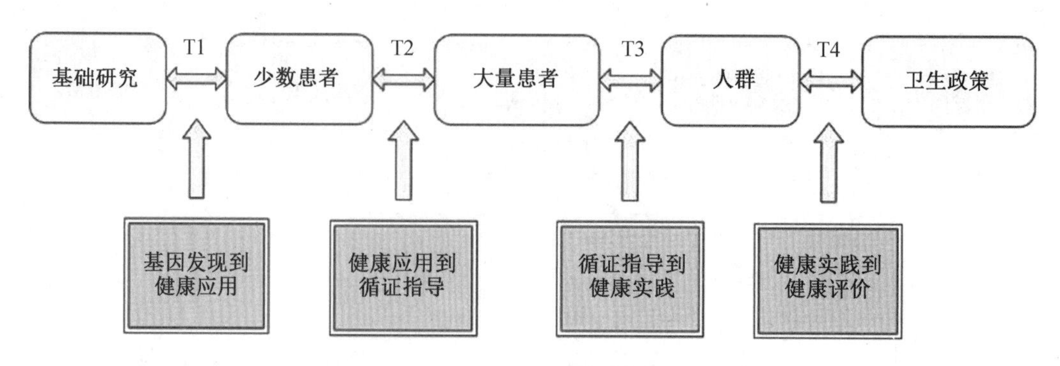

图 7.7　Khoury 的 T4 阶段转化医学模型

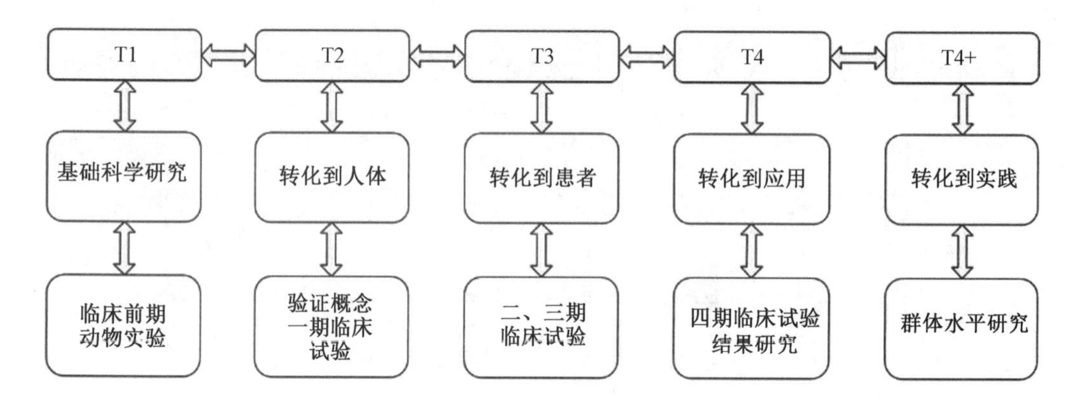

图 7.8　Blumberg 的 T4＋阶段转化医学模型

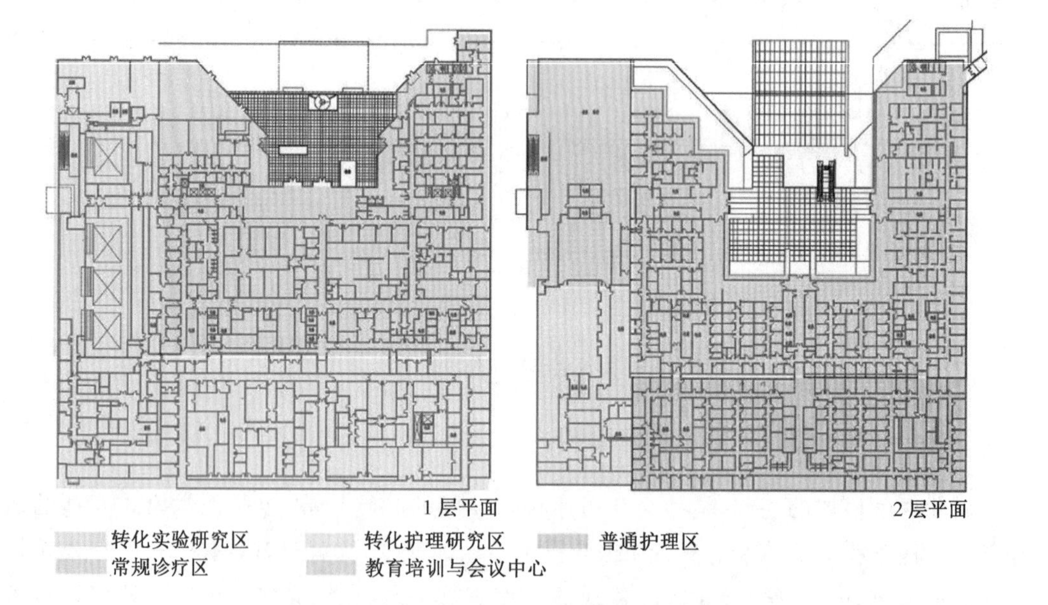

图 7.9　宾夕法尼亚大学转化医学中心平面图

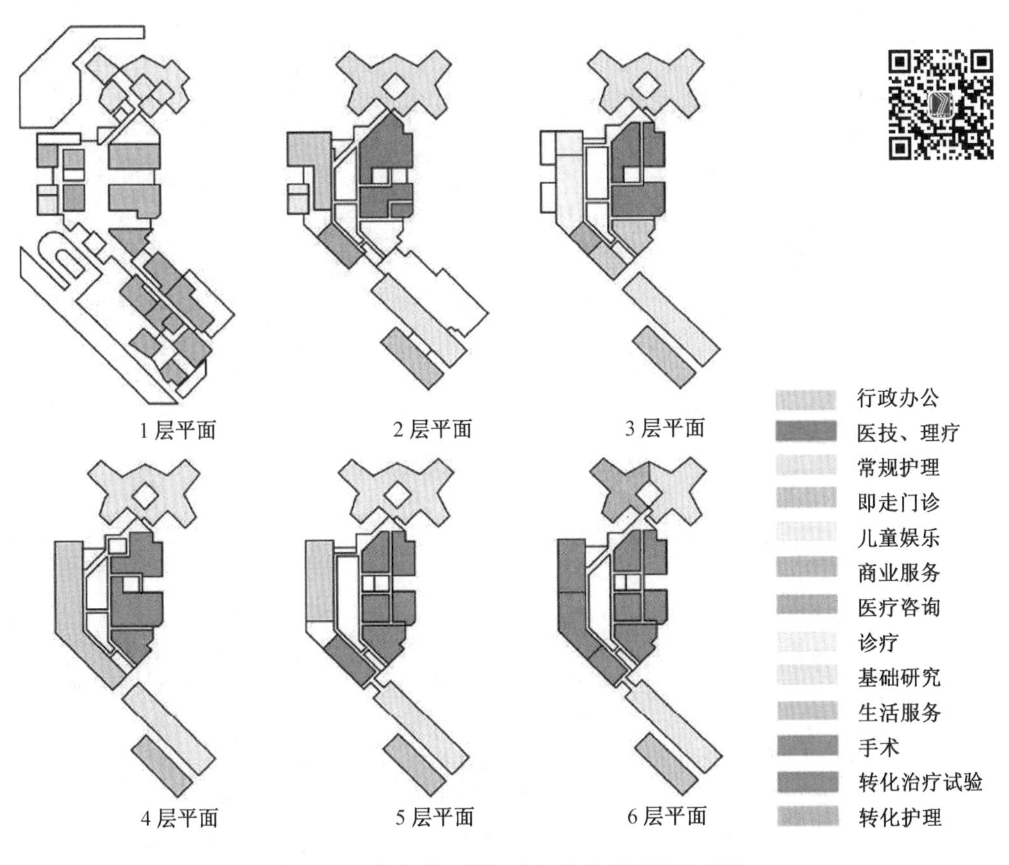

图 7.10　澳大利亚墨尔本皇家儿童医院平面图

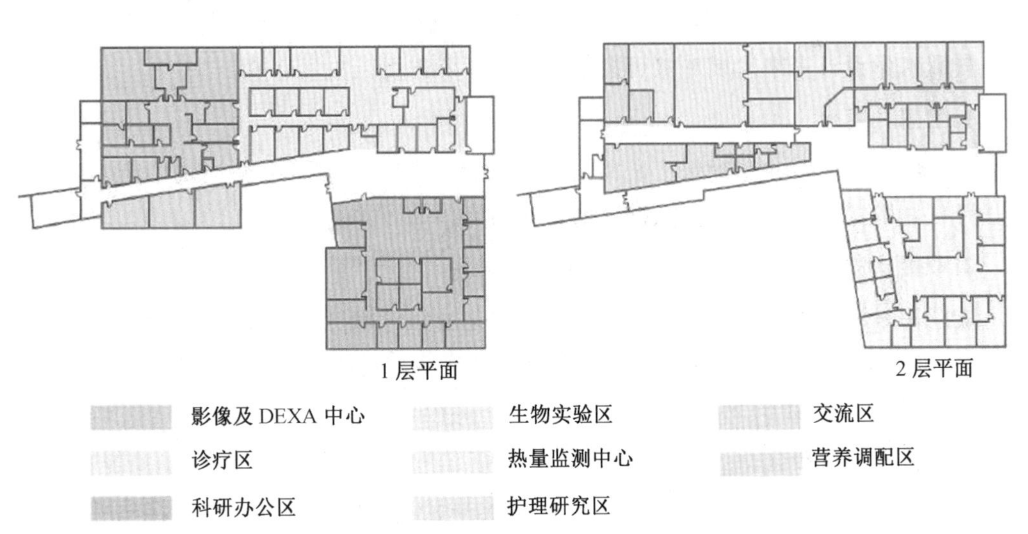

图 7.11　佛罗里达医院转化医学中心平面图

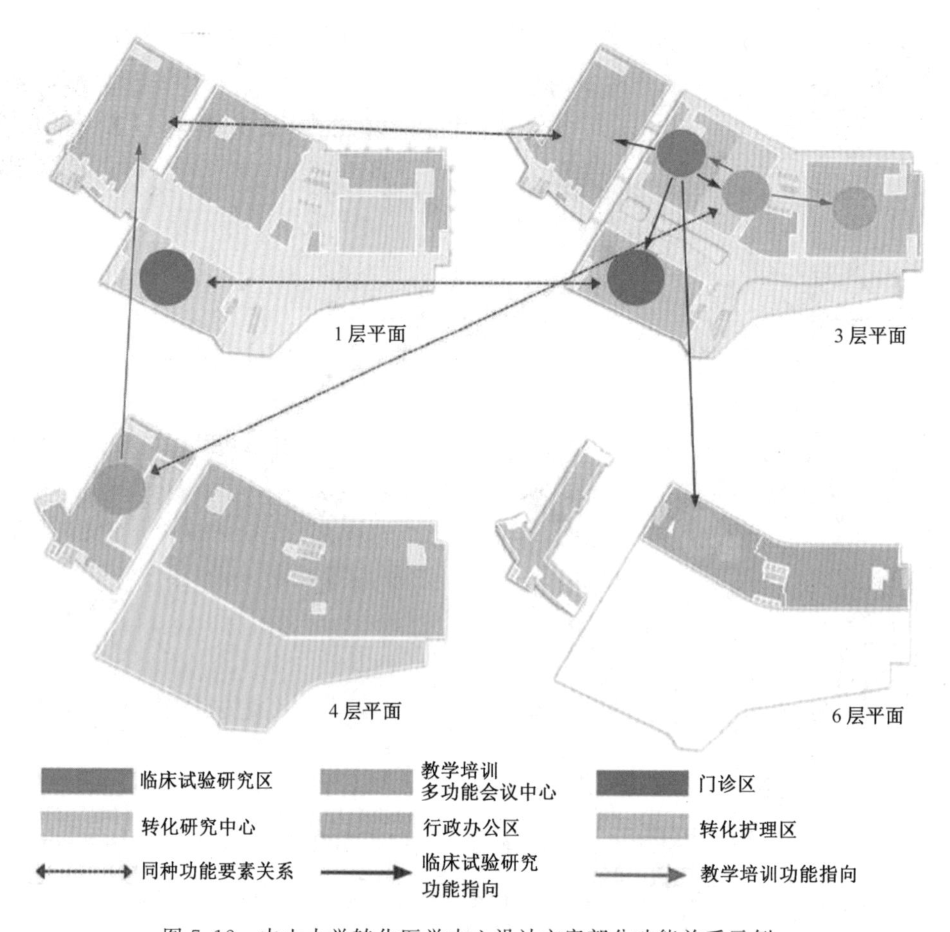

图 7.12　中山大学转化医学中心设计方案部分功能关系示例

转化医学设计未来发展趋势可概括为以下 3 个方面。

1. 信息共享化

每个阶段的信息共享确保了研究人员工作的连贯性，又满足了患者的临床需求及社会医疗健康的需求，形成综合的、循证的科学环境。

2. 职能构成综合化

转化医学模式主张“产一学一研一疗”一体化的医疗职能组合方式，即把从事医学基础研究、临床治疗护理和医学教育培训等相关医疗活动的人员集中在一起，进行交叉合作与互动，形成学科上的纵向联系。

3. 人员构成复合化

转化医学模式将涉及多学科融合，如生物医学基础与临床、生物医学与伦理、生物医学与工程、新型医学护理、医学教育培训，以及相关的工程学、法学、管理学、设计学等学科类型，并基于此推演梳理相应的人员构成。如此庞大的专业人才组合团队，使得转化

医学模式的运行和发展更为顺畅。转化医学人员构成模式如图 7.13 和图 7.14 所示。

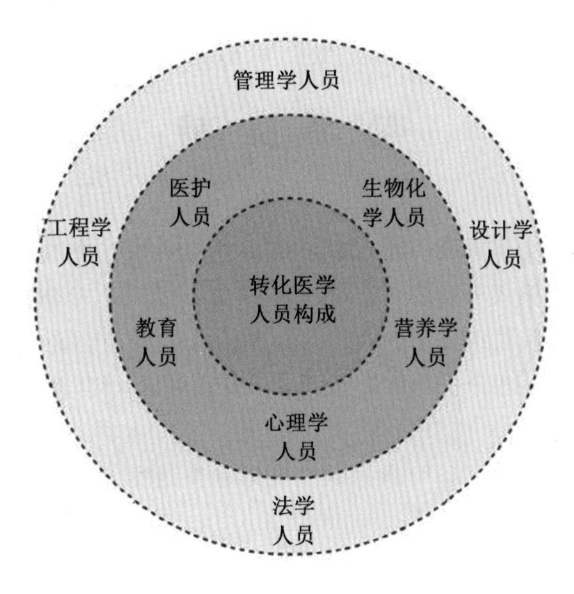

图 7.13　哈佛大学转化医学人员构成模式

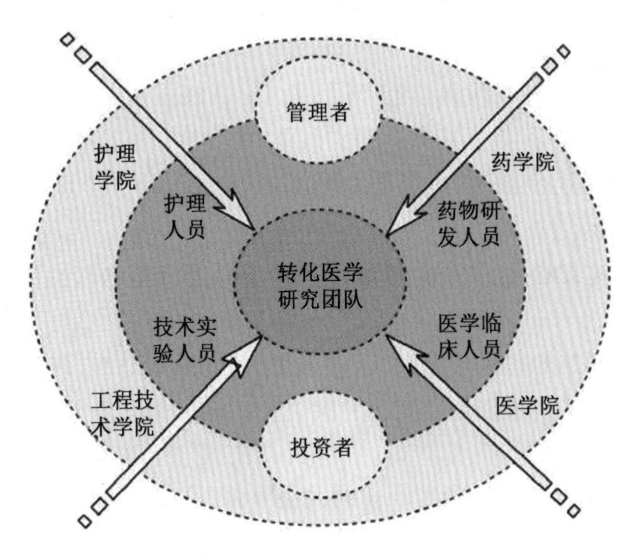

图 7.14　Krontiris 的转化医学人员构成模式

参考文献

[1] 白晓霞. 医院建筑空间系统功能效率研究[D]. 哈尔滨：哈尔滨工业大学，2011.

[2] 孙黎明. 医疗联盟模式下医院建筑设计研究[D].哈尔滨:哈尔滨工业大学,2013.

[3] 董黎. 我国当前医院建筑设计的若干问题探讨[J]. 城市建筑，2006(6)：15-17.

[4] 裴立东. 基于行为心理分析的精神卫生中心设计对策研究[D]. 哈尔滨：哈尔滨工业大学，2013.

[5] 中华人民共和国卫生部. 2010 国家卫生统计调查制度[M]. 北京：中国协和医科大学出版社，2010.

[6] 董四平. 县级综合医院规模经济效率及其影响因素研究[D]. 武汉：华中科技大学，2010.

[7] 王昭. 基于成本控制的综合医院建筑设计研究[D]. 哈尔滨：哈尔滨工业大学，2012.

[8] 唐维新，易利华. 医院现代化导论[M]. 北京：人民卫生出版社，2003.

[9] 党锐. 新医学模式下医院景观设计研究[D]. 哈尔滨：哈尔滨工业大学，2011.

[10] 中华人民共和国卫生部. 综合医院建设标准:建标 110—2008[M]. 北京:中国计划出版社,2008.

[11] 李海燕. 医院建筑公共空间使用者心理需求与设计策略研究[D]. 北京：清华大学,2006.

[12] 张雪飞. 医疗建筑的非医疗空间[D]. 天津：天津大学，2014.

[13] 周天夫. 基于患者应激恢复性测评的医院室内环境优化研究[D]. 哈尔滨：哈尔滨工业大学，2020.

[14] 赵秀杰. “一站式”服务模式下的医院门诊空间设计对策研究[D]. 哈尔滨：哈尔滨工业大学，2012.

[15] 罗运湖. 现代医院建筑设计[M]. 北京：中国建筑工业出版社，2002.

[16] 张宇飞. 应对突发公共卫生事件的综合医院急救中心设计研究[D]. 哈尔滨：哈尔滨工业大学，2008.

[17] 卫生部统计信息中心. 2008 中国西部地区卫生服务调查研究：第四次国家卫生服务调查专题研究报告(三)[M]. 北京：中国协和医科大学出版社，2010.

[18] 中华人民共和国国家卫生和计划生育委员会. 2012 年我国卫生和计划生育事业发

展统计公报[J]. 中国实用乡村医生杂志，2013,20(21)：1-5.

[19] 李德华，李永莲. 人文关怀对改善住院患者体验的调查分析[J]. 华西医学，2017，32(8)：1262-1265.

[20] 刘远立，孙静，胡广宇，等. 全国改善医疗服务第三方评估调查[J]. 中华医院管理杂志，2016，32(6)：404-409.

[21] 黄舒晴，徐磊青. 疗愈环境与疗愈建筑研究的发展与应用初探[J]. 建筑与文化，2017(10)：101-104.

[22] 福柯. 福柯读本[M]. 汪民安，译. 北京：北京大学出版社，2010.

[23] 刘玉龙. 中国近现代医疗建筑的演进：一种人本主义的趋势[D]. 北京：清华大学，2006.

[24] LAWTON M P，SIMON B. The ecology of social relationships in housing for the elderly[J]. The gerontologist，1968，8(2)：108-115.

[25] BURGE P S. Sick building syndrome[J]. Occupational and environmental medicine，2004，61(2)：185-190.

[26] 张颀，徐虹，黄琼. 人与建筑环境关系相关研究综述[J]. 建筑学报，2016(2)：118-124.

[27] 齐冬晖. 综合医院整建设计策略研究[D]. 北京：清华大学，2004.

[28] 蒋伊琳. 数字化技术辅助下的医院建筑设计方法研究[D]. 哈尔滨：哈尔滨工业大学，2011.

[29] 王瑞嵚. 为医院建筑设计明天：访全国工程设计大师黄锡璆[J]. 中国医院建筑与装备，2009(3)：34-37.

[30] 齐奕. 基于防控体系的传染病医院设计策略研究[D]. 哈尔滨：哈尔滨工业大学，2011.

[31] 刘涛. 基于绿色医院建筑评价标准的寒地医院建筑设计研究[D]. 哈尔滨：哈尔滨工业大学，2013.

[32] 杨洁敏. 医院与社区双向转诊监控体系的信息化研究[D]. 武汉：华中科技大学，2010.

[33] 衣晓峰，黄春英. 透视医疗事故的背后[N]. 医药经济报，2005-11-28(B08).

[34] KHAN Y，O'SULLIVAN T，BROWN A，et al. Public health emergency preparedness：A framework to promote resilience[J]. BMC public health，2018，18(1)：1344.

[35] AGANOVIC A，CAO G Y. Evaluation of airborne contaminant exposure in a single-bed isolation ward equipped with a protected occupied zone ventilation system[J]. Indoor and built environment，2019，28(8)：1092-1103.

[36] 沈晋明，唐喜庆. 上海医院发热门诊改造[J]. 中国医院建筑与装备，2004，5(2)：6-10.
[37] 周颖，钱程，王伟，等. 急性期病区的设计动向[J]. 江苏建筑，2019(S1)：27-30.
[38] 科布斯，斯卡洛斯，博布罗，等. 医疗建筑[M]. 魏飞，奚凌晨，译. 北京：中国建筑工业出版社，2005.
[39] 寇婧. 基于医患分离理念的综合医院门诊空间设计研究[D]. 哈尔滨：哈尔滨工业大学，2010.
[40] 郝晓赛. 从“Best Buy”到“Nucleus”医院模式：英国经济型医院建筑设计演进与启示[J]. 城市建筑，2014，11(22)：11-15.
[41] 李郁葱. 比利时鲁汶大学医疗建筑教学研究及实践：合理化设计、中国医院和Meditex体系[J]. 城市建筑，2008，5(7)：33-35.
[42] 何柏川. 基于护理效率研究的护理单元平面设计[D]. 重庆：重庆大学，2008.
[43] 崔巍文. 中英医院护理单元比较研究[D]. 哈尔滨：哈尔滨工业大学，2017.
[44] 廖梦雯. 基于行为心理的医疗建筑护理单元空间设计研究：以成都地区大型综合医院为例[D]. 成都：西南交通大学，2015.
[45] 郝晓赛. 医学社会学视野下的中国医院建筑研究[D]. 北京：清华大学，2012.
[46] 杜雪岩. 基于传统中医理论的中医诊疗空间及其设计对策研究[D]. 哈尔滨：哈尔滨工业大学，2015.
[47] 孔哲. 新健康观念下当代妇产医院建筑设计研究[D]. 哈尔滨：哈尔滨工业大学，2011.
[48] 李辉. 肿瘤医院的循证设计思路[J]. 中国医院建筑与装备，2015(3)：27-30.
[49] 林泽乾. 基于转化医学的研究型肿瘤医院建筑设计对策研究[D]. 哈尔滨：哈尔滨工业大学，2016.
[50] 王海瑞. 综合医院急诊部建筑物理环境现状及控制对策研究[D]. 北京：北京建筑大学，2013.
[51] 陈仲武. 我国现代康复医学事业的发展历程[J]. 心血管康复医学杂志，2000(4)：3-5.
[52] 李建军，武亮，卫波，等. 我国残疾人康复工作近况调查分析报告[J]. 中国康复理论与实践，2008，14(11)：1076-1080.
[53] 马玉林. 基于医疗资源合理配置的康复中心设计研究[D]. 哈尔滨：哈尔滨工业大学，2013.
[54] ZHOU J，ZENG Z Y，LI L. A meta-analysis of Watson for Oncology in clinical application[J]. Scientific reports，2021，11(1)：5792.
[55] KATO K，YOSHIMI T，TSUCHIMOTO S，et al. Identification of care tasks for

the use of wearable transfer support robots — an observational study at nursing facilities using robots on a daily basis[J]. BMC health services research, 2021, 21(1): 652.

[56] 刘荭达. 共享医疗背景下的医疗商场设计研究[D]. 哈尔滨: 哈尔滨工业大学, 2019.

[57] 陈静, 夏述旭. 紧密型医疗联合体人力资源配置与共享关键问题分析[J]. 中国医院管理, 2018, 38(2): 50-52.

[58] 王杉. 整合型医疗卫生服务体系研究与实践:医疗卫生服务共同体(X+X)试运营两年[J]. 医学与哲学(人文社会医学版), 2009, 30(12): 3-5,25.

[59] 陈傲雪, 王涵, 周博. 新型就医模式下医院建筑计划研究[J]. 中外建筑, 2016(7): 65-67.

[60] 本刊综合. 共享医院:边逛商场边看病[J]. 发明与创新(大科技), 2017(12): 42-43.

[61] 刘玉龙. 发达国家当代医疗建筑发展及其对中国的启示[J]. 城市建筑, 2009(7): 26-28.

[62] 李燎原. 严寒地区可移动应急医疗空间设计策略研究[D]. 哈尔滨: 哈尔滨工业大学, 2017.

[63] 赵能. 虚拟仿真技术在建筑设计中的应用研究[D]. 长沙:长沙理工大学, 2009.

[64] 孙甜甜, 沈晋明. 绿色医院建筑评价体系的研究[J]. 洁净与空调技术, 2010(3): 1-5.

[65] 中华人民共和国住房和城乡建设部. 绿色建筑评价标准: GB/T 50378—2019[S]. 北京:中国建筑工业出版社, 2019.

[66] 王霞, 褚振海. 对"绿色医院"标准的再思考[J]. 医院管理论坛, 2009, 26(9): 8-10.

[67] 中华人民共和国住房和城乡建设部. 绿色医院建筑评价标准: GB/T 51153—2015[S]. 北京: 中国计划出版社, 2016.

[68] 戴海锋. 英国绿色建筑实践简史[J]. 世界建筑, 2004(8): 54-59.

[69] PAPAMICHAEL K. Green building performance prediction/assessment[J]. Building research & information, 2000(5/6): 394-402.

[70] 谷口汎邦. 医疗设施[M]. 任子明, 庞云霞, 译. 北京: 中国建筑工业出版社, 2004.

[71] 李亚楠. 基于全寿命周期的建筑可持续性设计技术系统以及方案优选[D]. 武汉: 华中科技大学, 2005.

[72] 韩玲. 医院建筑绿色设计研究[D]. 合肥: 合肥工业大学, 2006.

[73] 中国建筑学会. 健康建筑评价标准: T/ASC 02—2021[S]. 北京: 中国建筑工业出版社, 2022.

[74] MCKINNEY G R, STAVELY H E. From bench to bedside: The biologist in drug development[J]. BioScience, 1966, 16(10): 683-687.

[75] 李鲁. 社会医学[M]. 5 版. 北京:人民卫生出版社,2017.

[76] 栗美娜,刘嘉祯,张鹭鹭,等. 转化医学的发展困境及模式探讨[J]. 中国医院管理,2014(10):63-64.

[77] 中华人民共和国国家统计局. 中国第三产业统计年鉴 2017[M]. 北京:中国统计出版社,2017.

[78] 周来新. 转化医学科研组织模式构建的研究[D]. 重庆:第三军医大学,2012.

[79] 蒋学武. 哈佛大学医学院转化医学实践的启示[J]. 中华医学杂志,2010(22):1519-1521.

[80] SUNG N S, CROWLEY W F, GENEL M, et al. Central challenges facing the national clinical research enterprise[J]. JAMA, 2003, 289(10): 1278-1287.

[81] WESTFALL J M, MOLD J, FAGNAN L. Practice-based research: "Blue Highways" on the NIH roadmap[J]. JAMA, 2007, 297(4): 403-406.

[82] DOUGHERTY D, CONWAY P H. The "3T's" road map to transform US health care: The "how" of high-quality care[J]. JAMA, 2008, 299(19): 2319-2321.

[83] DROLET B C, LORENZI N M. Translational research: Understanding the continuum from bench to bedside[J]. Translational research, 2011, 157(1): 1-5.

[84] 莱什纳. 转化医学的研究与探索:解读 HIN-CTSA 2.0[M]. 时占祥,译. 北京:科学出版社,2014.

[85] KHOURY M J, GWINN M, YOON P W, et al. The continuum of translation research in genomic medicine: How can we accelerate the appropriate integration of human genome discoveries into health care and disease prevention? [J]. Genetics in medicine, 2007, 9(10): 665-674.

[86] BLUMBERG R S, DITTEL B, HAFLER D, et al. Unraveling the autoimmune translational research process layer by layer[J]. Nature medicine, 2012, 18(1): 35-41.

[87] KRONTIRIS T G, RUBENSON D. Matchmaking, metrics and money: A pathway to progress in translational research[J]. BioEssays, 2008, 30(10): 1025-1029.

名词索引